高·等·学·校·教·材

有机化学学习指导

刘 杰 主编 盛良全 副主编

化学工业出版社
·北京·

《有机化学学习指导》的章节安排与内容设置代表性强，与目前高校普遍采用的课程体系高度吻合，每章包括基本要求、主要内容、例题分析和习题解析四个部分。在例题分析中选入了部分考研习题，并简要介绍了解题思路。

本书可作为高等院校课时相对较少的化学类专业及近化学专业的有机化学课程教学的辅助教材，也可作为相关教师的参考书及考研辅导书。

图书在版编目（CIP）数据

有机化学学习指导/刘杰主编．—北京：化学工业出版社，2018.7
高等学校教材
ISBN 978-7-122-32272-2

Ⅰ.①有⋯　Ⅱ.①刘⋯　Ⅲ.①有机化学-高等学校-教学参考资料　Ⅳ.①O62

中国版本图书馆CIP数据核字（2018）第112666号

| 责任编辑：宋林青 | 文字编辑：刘志茹 |
| 责任校对：王　静 | 装帧设计：关　飞 |

出版发行：化学工业出版社（北京市东城区青年湖南街13号　邮政编码100011）
印　　装：三河市双峰印刷装订有限公司
787mm×1092mm　1/16　印张13　字数329千字　2018年9月北京第1版第1次印刷

购书咨询：010-64518888（传真：010-64519686）　售后服务：010-64518899
网　　址：http://www.cip.com.cn
凡购买本书，如有缺损质量问题，本社销售中心负责调换。

定　　价：32.00元　　　　　　　　　　　　　　　　　　　　版权所有　违者必究

本书得到以下项目的资助：
安徽省重大教学改革研究项目（2014zdjy081）
安徽省专业综合改革试点（2015zy037）

前 言

有机化学是高等院校化学、化工、生物、医药、材料、环境、食品等相关专业一门重要的基础课,也是相关专业研究生考试的主要课程之一。作者在长期的教学实践中深切地体会到,有机化学内容繁多,知识点分散,学生如果抓不住重点、分不清层次,就会有很乱的感觉,尤其是对开课时间只有一学期的、有机化学知识相对薄弱的专业的学生来说,编写一本适合他们的教辅书显得尤为重要。另外,一本适合专业基础、开课需求的教辅书,可以真正指导学生理清知识脉络,抓住重难点,运用所学知识解决具体问题,避免出现"一听就懂、一做就错"的现象。

本书的章节安排与目前高等学校普遍采用的有机化学课程体系高度吻合,每章内容包括基本要求、主要内容、例题分析和习题解析四个部分。其中,在例题分析中编入部分考研习题,并简要介绍了解题思路。本书可作为高等院校课时相对较少的及近化学专业的有机化学课程教学的辅助教材,也可作为相关专业教师上课的参考书。

本书得到了安徽省自然科学基金项目(KJ2018ZD035、1708085MB43、1608085MB34)、安徽省质量工程项目(2016jyxm0749、2016jyxm0750)、阜阳市政府横向合作科研项目(XDHX2016030)、校级质量工程项目优势传统品牌专业(2016PPZY01)、校级青年人才基金重点项目(2017rcxm15)、校级自然科学研究项目(2018FSKJ18)和环境污染物降解与监测安徽省重点实验室资助,特此表示感谢。

本书由刘杰任主编,盛良全任副主编,在编写过程中得到了阜阳师范学院有机化学教研室乔瑞、陈水生、凡素华、杨松、苗慧、魏标等老师的指导与帮助;化学工业出版社的编辑对本书的出版付出了大量的心血,给予了许多支持和帮助,在此谨向他们表示衷心的谢意。

限于编者的水平,加之时间仓促,书中难免存在疏漏和不足之处,敬请读者批评指正。

编者

2018 年 5 月 12 日

目 录

第一章	绪　论	1
第二章	饱和烃（烷烃）	7
第三章	不饱和烃	16
第四章	环　烃	30
第五章	旋光异构	43
第六章	卤代烃	52
第七章	光谱法在有机化学中的应用	62
第八章	醇、酚、醚	74
第九章	醛、酮、醌	86
第十章	羧酸及其衍生物	102
第十一章	取代酸	115
第十二章	含氮化合物	125
第十三章	含硫和含磷有机化合物	140
第十四章	碳水化合物	146
第十五章	氨基酸、多肽与蛋白质	160
第十六章	类脂化合物	171
第十七章	杂环化合物	182
第十八章	分子轨道理论简介	195
主要参考文献		201

第一章
绪 论

基本要求

（1）通过有机化学的产生和发展简史，了解有机化合物和有机化学的涵义及有机化学的研究任务。

（2）理解有机化合物和无机化合物之间不同特点的差别原因。

（3）掌握共价键理论的基本概念、特点，共价键的键参数及其断裂方式。

（4）掌握有机化合物的分子式、凯库勒（Kekulé）结构式和路易斯（Lewis）电子结构式的含义及正确表达方式。

（5）掌握分子间作用力的类型及其产生的原因。

（6）了解研究有机化学的一般方法，理解有机化合物的分类原则和常见官能团的名称。

主要内容

一、有机化合物的特点

有机化合物是指碳氢化合物及其衍生物，有机化学则是研究"碳氢化合物及其衍生物的化学"，它的研究内容包括有机化合物的来源、制备、结构、性质、应用以及有关理论和方法学。有机化合物虽然组成元素不多，但其核心碳元素之间结合形式可以是链状的、环状的，饱和的或是不饱和的，即使是同一分子式，也有不同的异构体（同分异构现象），因此，有机化合物种类繁多，数目庞大，组成的结构复杂又精巧。大多数有机化合物与无机化合物之间的区别见表1-1。

表 1-1　有机化合物与无机化合物之间的区别

特点	有机化合物	无机化合物
可燃性	多数可燃	一般不可燃
耐热性	不耐热,受热易分解,熔点低,一般为 40~300℃	耐热性好,受热不易分解,熔点高
溶解性	难溶于水,易溶于有机溶剂	易溶于水,难溶于有机溶剂
导电性	溶液不导电	水溶液可导电
反应速率	慢	快,常在瞬间完成
反应产物	除主反应外,常有副反应,副产物多,产率一般不高	一般无副反应和副产物,产率高
同分异构	同分异构现象普遍	很少有同分异构现象

二、共价键

1. 共价键理论

对共价键的解释有价键理论和分子轨道理论。

价键理论认为:共价键是成键的两原子间通过未成键且自旋相反的电子相互配对,配对后就不能再与第三个电子配对了,而且成键的两个原子轨道必须以某一方向接近才能达到最大程度重叠,结合成稳定的共价键。因此,共价键具有方向性和饱和性的特点。现代化学价键理论通过原子轨道重叠、轨道杂化以及电负性等概念解释了共价键的方向性和饱和性。

分子轨道理论认为:分子轨道是指分子中每个电子的运动状态。分子轨道是由原子轨道线性组合而成的,而有效的线性组合必须符合——对称匹配、原子轨道最大程度重叠和能量相近。分子中电子的排布仍遵守能量最低原理、保里原理和洪特规则。组合后的分子轨道分为成键轨道、反键轨道和非键轨道。

2. 共价键类型

按照形成共价键时原子轨道的重叠方式不同,共价键可分为 σ 键和 π 键,它们的主要特点见表 1-2。

表 1-2　σ 键和 π 键的主要特点

特点	σ 键	π 键
形成	成键的原子轨道沿键轴"头碰头"重叠,重叠程度较大	成键的原子轨道 p 轨道平行"肩并肩"重叠,重叠程度较小
存在	可以单独存在,存在于任何共价键中	不能单独存在,只能与 σ 键同时存在
性质	1. 电子云呈柱状,沿键轴呈圆柱形对称,电子云密集于两原子核之间 2. 成键的两原子可沿着键轴自由旋转 3. 键能较大,键较稳定 4. 电子云受核约束大,不易被极化	1. 电子云呈块状,通过键轴有一对称面,电子云分布在平面上下方 2. 成键的两原子不能沿着键轴自由旋转 3. 键能较小,键不稳定 4. 电子云受核约束小,易被极化

3. 共价键的键参数

键长:成键的两个原子核之间的距离,单位常用 nm 或 pm。

键角:两个共价键之间的夹角,它反映了分子的空间结构。

键能:成键的两个原子(气态)结合生成分子(气态)时,放出的能量,单位常用 $kJ \cdot mol^{-1}$。这里要注意键能和键的解离能之间的差别。对于双原子分子,键能就是键的解离能;但对于多原子分子,键能是指同一类的共价键的解离能的平均值。

偶极矩：共价键的偶极矩是衡量键的极性大小的物理量，是一矢量，单位常用 C·m（库仑·米）或是 D（德拜）。分子的偶极矩则是衡量分子极性大小的物理量，它是分子中各共价键偶极矩的矢量和。

4. 共价键的断裂方式

共价键的断裂有两种方式：均裂和异裂，这两种断裂方式的特点见表 1-3。

表 1-3 均裂和异裂的主要特点

特点	均裂	异裂
电子的分配形式	成键的一对电子平均分给两个原子或原子团	成键的一对电子完全给予某个原子或原子团
活性中间体	自由基(R·)	离子(R^+/R^-)
产生条件	光照或加热或过氧化物	酸碱或极性介质中
反应类型	自由基型反应	离子型反应

三、分子间的作用力

分子间的作用力较弱，比化学键能小 1~2 个数量级。分子间的作用力主要分为三种：偶极-偶极相互作用、色散力和氢键。分子间的作用力是决定物质物理性质的重要因素。

四、有机化合物结构式的表达

有机化合物的分子结构包括构造、构型和构象。其中，构造是指分子中原子之间互相连接的顺序，表示化合物构造的化学式称为构造式，通常用凯库勒（Kekulé）结构式、路易斯（Lewis）电子结构式和结构简式来表示。构型是指具有一定构造的分子中原子在空间的排列状况。

例题分析

● **例 1.1** 根据碳是四价、氢是一价、氧是二价，氮是三价的原则，把下列分子式写成任何一种可能的构造式：

(1) C_3H_8　　　　　　(2) C_3H_8O　　　　　　(3) C_3H_9N

解：(1) $H_3C-H_2C-CH_3$

(2) $H_3C-H_2C-CH_2-OH$　或　$H_3C-H_2C-O-CH_3$

(3) $H_3C-H_2C-CH_2-NH_2$　或　$H_3C-H_2C-HN-CH_3$

● **例 1.2** 把下列化合物由结构简式改写成键线式或由键线式改写成结构简式：

(1) $CH_3CHCH_2CH_2CHCH_2CH_3$ （含 Cl 和 CH_3 取代基）

(2) $CH_3CH_2C\equiv CCH_2CH(CH_3)_2$

(3) 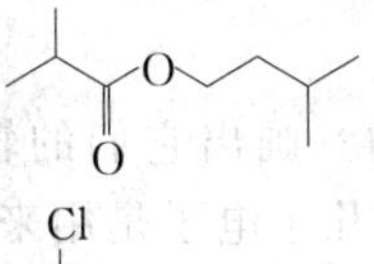 异丁基 2-氯丙酸酯结构式

(4) 含 NO_2 的环己基结构式

解：(1) 键线式

(2) 键线式

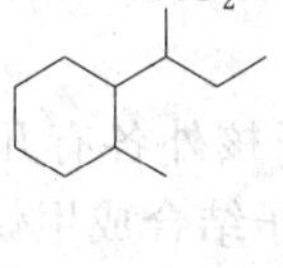

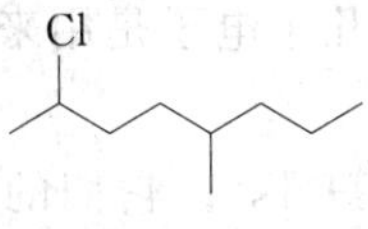

(3) $(CH_3)_2COOCH_2CH(CH_3)_2$ (4)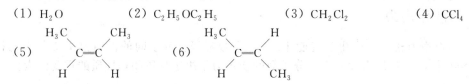

● **例 1.3** 写出下列化合物价电子层的路易斯结构式。假若它们完全是共价化合物，除氢以外，每个原子外层是完整的八隅体，并且两个原子间可以共用一对以上的电子：

(1) NH_3 (2) $CH_3OC_2H_5$ (3) CH_3Cl

解：(1)
```
   H
   ..
H :N: H
   ..
   H
```
(2)
```
   H   H H
   ..  .. ..
H :C: O :C: C :H
   ..  .. ..
   H   H H
```
(3)
```
   H
   ..  ..
H :C: Cl:
   ..  ..
   H
```

● **例 1.4** 判断下列化合物有无极性（偶极矩）：

(1) H_2O (2) $C_2H_5OC_2H_5$ (3) CH_2Cl_2 (4) CCl_4

(5) $\begin{array}{c}H_3C\quad CH_3\\ C=C\\ H\qquad H\end{array}$ (6) $\begin{array}{c}H_3C\quad H\\ C=C\\ H\qquad CH_3\end{array}$

解：由元素电负性的大小，得到各化学键的偶极矩相对强弱和方向，再根据分子的真实空间结构等知识，可以判断出化合物（4）和（6）没有极性，化合物（1）、（2）、（3）和（5）具有极性。

习题解析

★ **1.1** 扼要归纳典型的以离子键形成的化合物与以共价键形成的化合物的物理性质，以及有机化合物的一般特点。

解：以离子键形成的化合物具有较大的硬度、相当高的熔点和水溶性；以共价键形成的化合物中，液体较多；固体的晶体较软，熔点较低，水溶性较差。有机化合物的一般特点参考表 1-1 中描述。

★ **1.2** NaCl 及 KBr 各 1mol 溶于水中所得的溶液与 NaBr 及 KCl 各 1mol 溶于水中所得的溶液是否相同？如将 CH_4 及 CCl_4 各 1mol 混在一起，与 $CHCl_3$ 及 CH_3Cl 各 1mol 的混合物是否相同？为什么？

解：NaCl 及 KBr 各 1mol 溶于水中所得的溶液与 NaBr 及 KCl 各 1mol 溶于水中所得的溶液相同，因为这四个化合物是由离子键形成的离子型化合物，它们在水溶液中能完全电离成相应的离子；而将 CH_4 及 CCl_4 各 1mol 混在一起，与 $CHCl_3$ 及 CH_3Cl 各 1mol 的混合物则不相同，因为这四个化合物是由共价键形成的共价化合物，它们在水中是以分子状态存在的。

★ **1.3** 碳原子核外及氢原子核外各有几个电子？它们是怎样分布的？画出它们的轨道形状。当四个氢原子与一个碳原子结合成甲烷（CH_4）时，碳原子核外有几个电子是用来与氢成键的？画出它们的轨道形状及甲烷分子的形状。

解：碳原子核外及氢原子核外各有 6 和 1 个电子；C $1s^2 2s^2 2p^2$，H $1s^1$；它们的轨道形状如下：

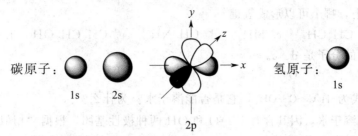

当四个氢原子与一个碳原子结合成甲烷（CH_4）时，碳原子核外有 4 个电子是用来与氢成键的。它们的轨道形状及甲烷分子的形状如下图：

 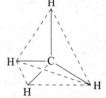

C 原子核外电子是 sp^3 杂化： 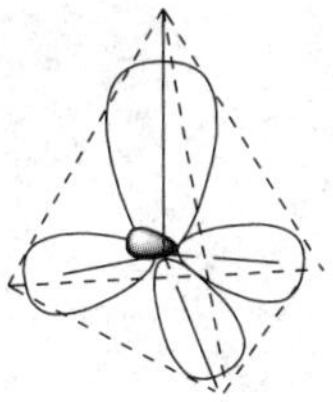 甲烷分子的形状：

★ **1.4** 假若下列化合物完全是共价化合物，除氢以外，每个原子外层是完整的八隅体，并且两个原子间可以共用一对以上的电子，写出它们价电子层的路易斯（Lewis）结构式。

a. C_2H_4 b. CH_3Cl c. NH_3 d. H_2S e. HNO_3
f. CH_2O g. H_3PO_4 h. C_2H_6 i. C_2H_2 j. H_2SO_4

解：

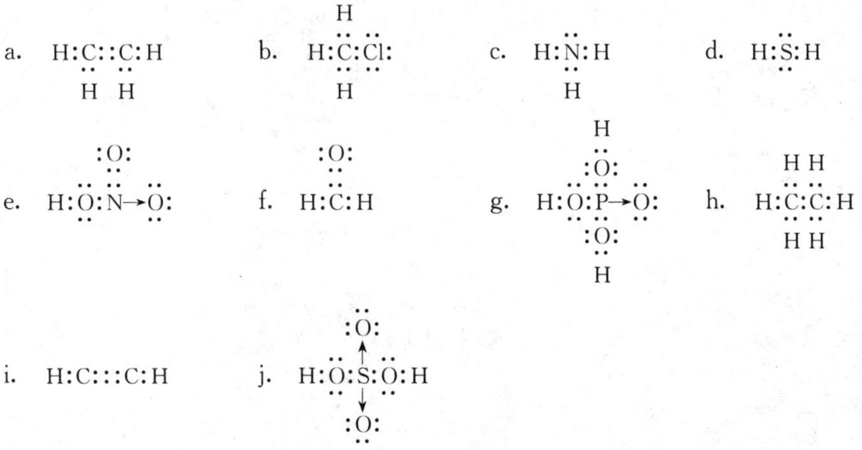

a. H:C::C:H (with H H below)   b. H:C:Cl: (with H H)   c. H:N:H (with H)   d. H:S:H

e. H:O:N→:O: (with :O:)   f. H:C:H (with :O:)   g. H:O:P→:O: (with :O: and H below, H above)   h. H:C:C:H (with H H above and H H below)

i. H:C:::C:H   j. H:O:S:O:H (with :O: above and :O: below)

★ **1.5** 下列各化合物哪个有偶极矩？画出其方向。

a. I_2 b. CH_2Cl_2 c. HBr   d. $CHCl_3$ e. CH_3OH f. CH_3OCH_3

解： 除了 a. 没有偶极矩之外，其他的化合物都有。如下：

★ **1.6** 根据 S 与 O 的电负性差别，H_2O 与 H_2S 相比，哪个有较强的偶极-偶极作用力或氢键作用？

解： O 的电负性（3.44）大于 S 的电负性（2.58），且 H_2O 与 H_2S 都是 V 形结构，因此，H_2O 比 H_2S 有较强的偶极-偶极作用力，且 H_2O 分子间存在氢键作用。

★ **1.7** 下列分子中,哪个可以形成氢键?

　　a. H_2　　b. CH_3CH_3　　c. SiH_4　　d. CH_3NH_2　　e. CH_3CH_2OH　　f. CH_3OCH_3

解: 能形成氢键的分子是 d、e。

★ **1.8** 醋酸分子式为 $H_3C-\overset{\overset{O}{\|}}{C}-OH$,它是否能溶于水?为什么?

解: 醋酸分子能溶于水,因其含有 C=O 和 OH 两种极性基团,根据"相似相溶原理",因此,醋酸可以溶于水。

第二章

饱和烃（烷烃）

基本要求

(1) 熟悉烷烃的通式、同系列、同系物、系列差、同分异构（构造异构）、构型和构象等概念；掌握伯碳（氢）、仲碳（氢）、叔碳（氢）、季碳的分类。

(2) 理解烷烃中碳原子的杂化状态（sp^3 杂化和 σ 键）、结构特征（碳的四面体结构）；掌握楔形透视式、锯架透视式、纽曼投影式等几种表示构型和构象的方法。

(3) 熟练掌握常见烷基的名称，"次序规则"以及烷烃的普通命名法和系统命名法（IUPAC 命名法）。

(4) 理解烷烃的结构与相应的物理性质（如熔点、沸点等）之间的关系。

(5) 了解烷烃的氧化反应、热裂解反应。

(6) 掌握烷烃的卤代反应特点：反应的条件、反应机理（自由基反应机理）、各种氢原子的相对活性，碳原子自由基稳定性；理解卤代反应中位能变化及过渡态理论。

主要内容

一、烷烃的结构特征

1. 烷烃的定义及构造异构

只含有碳和氢两种元素，且具有通式 C_nH_{2n+2} 的饱和烃称为烷烃。所谓构造异构是指分子式相同，但构造不同的异构，而烷烃中的构造异构是由碳架构造不同引起的，称为碳干异构，它是构造异构中的一种。

2. 烷烃中碳原子的构型

烷烃中的碳原子以 sp^3 杂化方式成键，杂化后的四个完全等同的 sp^3 杂化轨道指向四面体的四个顶点，与氢原子的 s 轨道或另一个碳原子的 sp³ 杂化轨道沿对称轴方向重叠，形成 C—H σ 键或是 C—C σ 键，构成了以碳原子为中心的四面体构型，键角为 109°28′。σ 键比较牢固且可围绕键轴自由旋转。

3. 烷烃的构象及表示方法

由于 σ 键可以自由旋转，使分子中的原子或基团在空间产生不同的排列，这种特定的排列形式称为构象，由此产生的不同形象的分子，称为构象异构体。常用楔形透视式（伞形式）、锯架透视式、纽曼投影式（Newman 投影式）。典型的构象有交叉式和重叠式。

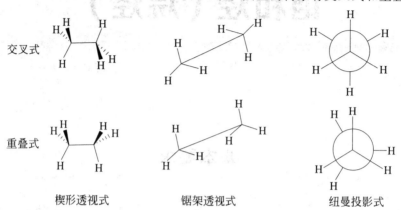

楔形透视式　　　锯架透视式　　　纽曼投影式

常温下，分子的热运动产生的能量就足以使构象与构象之间相互转化，因此同一个有机化合物可以有无穷种构象。不同的构象异构体由于各原子或基团在空间的相对位置不同，其对应的能量高低也不同，稳定性也不同。各原子间相对重叠程度越小，则能量越低，就越稳定。

二、烷烃的命名

烷烃的命名是烃及其衍生物命名的基础，应熟练掌握。

1. "次序规则"

"次序规则"是为了表达某些化合物的立体化学关系，需要决定有关原子或基团的排列顺序，它的主要内容如下。

（1）单原子取代基　将单原子取代基按原子序数大小排列，原子序数大者为"较优"基团；若为同位素，则原子量高者为"较优"基团。例如：

$$I>Br>Cl>S>P>F>O>N>C>D>H$$

（2）多原子取代基　如果与主链直接相连的第一个原子相同，则顺次比较与它相连的其他原子，比较时，按原子序数由大到小排列，先比较最大的，如相同，再顺序比较居中的、最小的。如仍相同，再依次外推，直至比较出较优基团为止。例如：—CH₂Cl(Cl,H,H)>—CHF₂(H,F,F)

（3）含有重键（如双键或叁键）的基团　可将重键拆开成连有两个或三个相同的原子，例如：

—C≡CH > —C(CH₃)₃ > —CH=CH₂ > —CH₂CH₃

2. 普通命名法

普通命名法只适用于直链及部分带支链的简单烷烃。直链烷烃根据所含碳原子数目称为某烷,表示为"正某烷";当从链端开始在第二个碳原子上有一个—CH_3支链,而无其他支链的直链烷烃称为"异某烷";当从链端开始在第二个碳原子上有两个—CH_3支链,而无其他支链的直链烷烃称为"新某烷"。

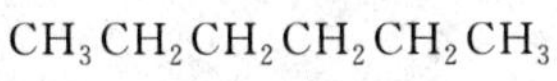

$CH_3CH_2CH_2CH_2CH_2CH_3$　　　　　$CH_3CH-CH_2CH_2CH_3$　　　　　$H_3C-C-CH_2CH_3$
　　　　　　　　　　　　　　　　　　　　　　　|　　　　　　　　　　　　　　　|
　　　　　　　　　　　　　　　　　　　　　　CH_3　　　　　　　　　　　　CH_3（上下）

　　　正己烷 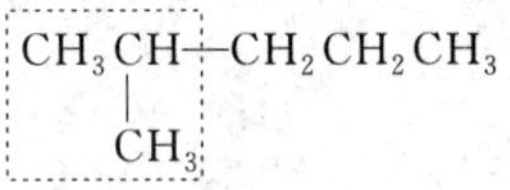　　　　　　　　　　　异己烷 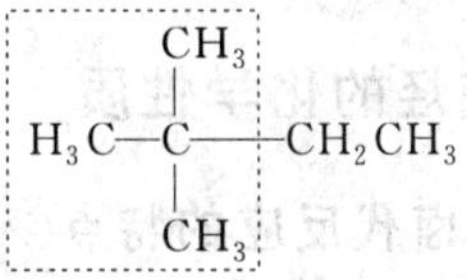　　　　　　　　　　　新己烷

3. 系统命名法

系统命名法是我国根据1892年日内瓦国际化学会议首次拟定的系统命名原则。国际纯粹与应用化学联合会（简称IUPAC）几次修改补充后的命名原则,结合我国文字特点而制定的命名方法,又称日内瓦命名法或国际命名法。

系统命名法的基本点是如何确定主链和取代基的位次。烷烃中的取代基即烷基；烷烃分子去掉一个氢原子后余下的部分,其通式为$C_nH_{2n+1}-$,常用R—表示。

在系统命名法中,对于无支链的烷烃,省去正字。对于结构复杂的烷烃,则按以下步骤命名。

（1）主链

选择分子中最长的碳链作为主链；若有几条等长碳链时,选择支链较多的一条为主链。

（2）编号

从距支链较近的一端开始,给主链上的碳原子编号。若主链上有2个或者2个以上的取代基时,则主链的编号顺序应使支链位次尽可能低,即要符合"最低系列规则"。

（3）写法

取代基位次→半字线→取代基名称→母体名称。

如果含有几个相同的取代基时,要把它们合并起来。取代基的数目用二、三、四……表示,写在取代基的前面,其位次必须逐个注明,位次的数字之间要用逗号隔开。

如果含有几个不同取代基时,取代基排列的顺序,是按照"次序规则"所定的"较优"基团写在后面。

三、烷烃的物理性质

一般来说,同系列中各物质的物理常数是随着分子量的增加而递变的。烷烃为非极性分子,偶极矩为零,但分子中的电荷分配不是很均匀的,在运动中可以产生瞬时偶极矩,分子间产生了较弱的色散力。

正烷烃的沸点随分子量的增加而升高,这是因为分子运动所需的能量增大,同时分子间的接触面（即相互作用力）也增大。但在其同分异构体中,由于支链的位阻作用,分子间的接触面积减少,从而分子间的作用力减小,沸点较低。

固体烷烃分子的熔点也随着分子量的增加而升高,这与质量大小及分子间作用力有关外,还与分子在晶格中的排列有关,分子对称性高,排列比较整齐,分子间吸引力大,熔点就高。

$$CH_3CH_2CH_2CH_2CH_3 \qquad CH_3\underset{\underset{CH_3}{|}}{CH}-CH_2CH_3 \qquad H_3C-\underset{\underset{CH_3}{|}}{\overset{\overset{CH_3}{|}}{C}}-CH_3$$

	正戊烷	异戊烷	新戊烷
沸点/℃：	36.1	28	9.5
熔点/℃：	−129.7	−159.9	−16.6

四、烷烃的化学性质

1. 卤代反应的特点

① 烷烃的卤代反应产物通常是混合物。
② X_2 反应活性：$F_2 > Cl_2 > Br_2$；I_2 通常不反应。
③ 各级氢的反应活性：$3°H > 2°H > 1°H > CH_3-H$。
④ 室温下，叔、仲、伯氢氯代反应的相对活性为 5∶4∶1；而溴代反应的相对活性为 1600∶82∶1。由此可见：活性较低的 X_2 选择活性较高的氢反应，溴的选择性大于氯。

2. 卤代反应的机理

$$RH + X_2 \xrightarrow{h\nu} RX + HX$$

链引发：　　　　　$X_2 \xrightarrow{h\nu} 2X\cdot$

链传递：　　　　　$X\cdot + RH \longrightarrow R\cdot + HX$

　　　　　　　　　$R\cdot + X_2 \longrightarrow RX + X\cdot$

链终止：　　　　　$X\cdot + X\cdot \longrightarrow X_2$

　　　　　　　　　$R\cdot + R\cdot \longrightarrow R-R$

烷烃中，各级氢的活性与链增长阶段所生成的各级自由基的稳定性有关。烷基 C—H 键的解离能越小，键就越易均裂，形成的自由基的内能也越低，稳定性越大。所以叔、仲、伯氢的活性次序是 $3° > 2° > 1°$，相应碳自由基的稳定性次序是 $3° > 2° > 1°$。

例题分析

▶ **例 2.1** 用系统命名法命名下列化合物。

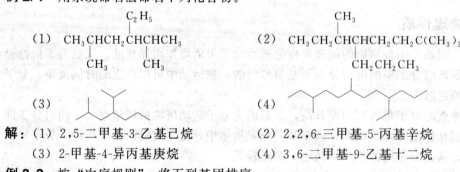

解：（1）2,5-二甲基-3-乙基己烷　　　（2）2,2,6-三甲基-5-丙基辛烷
　　　（3）2-甲基-4-异丙基庚烷　　　　（4）3,6-二甲基-9-乙基十二烷

▶ **例 2.2** 按"次序规则"，将下列基团排序。

（1）a. $-CCl_3$　　b. $-CH_2Br$　　c. $-OCH_3$　　d. $-CHBrCl$

（2）a. $-CH_3$　　b. $-CH=CH_2$　　c. $-CH_2CH_3$　　d. $-CH(CH_3)_2$

解：(1) c>d>b>a
(2) b>d>c>a

▶ **例 2.3** 写出符合下列条件的烷烃结构式：
(1) 只含有伯氢原子和仲氢原子的己烷；
(2) 由一个丁基和一个异丙基组成的烷烃；
(3) 只生成一种一氯取代产物的戊烷；
(4) 含一个侧链甲基且分子量为 86 的烷烃。

解：(1) CH$_3$CH$_2$CH$_2$CH$_2$CH$_3$

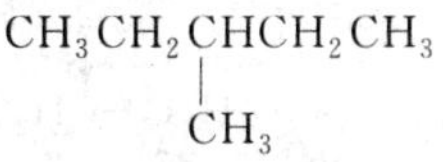

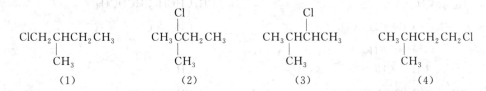

▶ **例 2.4** 将下列化合物按沸点的高低排列成序：
(1) 2,2-二甲基丁烷 (2) 正己烷 (3) 2,2-二甲基戊烷 (4) 2,2-二甲基己烷

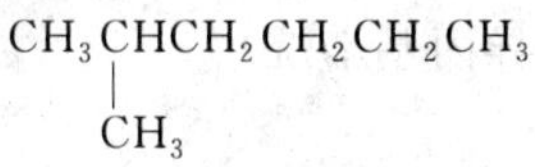

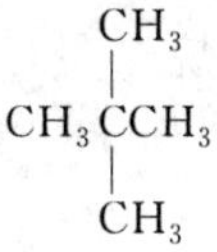

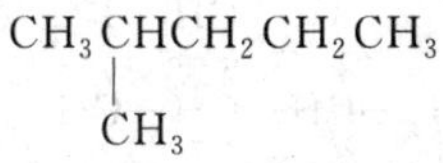

解：(4)>(2)>(3)>(1)。

▶ **例 2.5** 室温下，2-甲基丁烷与溴在光照下进行一溴代反应，可得到几种产物？其中哪种最多？为什么？

解：因为 2-甲基丁烷有 4 种不同类型的氢原子，故可得 4 种一溴代产物：

其中，一溴代产物 (2) 最多，因为烷烃进行的卤代反应中，各级氢的反应活性为：3°>2°>1°，尤其是溴代反应，三类氢原子的这种差别更为明显（3°H：2°H：1°H＝1600：82：1）。

习题解析

★ **2.1** 卷心菜叶表面的蜡质中含有 29 个碳的直链烷烃，写出其分子式。

解：饱和烷烃的通式是 C$_n$H$_{2n+2}$，因此它的分子式为：C$_{29}$H$_{60}$。

★ **2.2** 用系统命名法（如果可能的话，同时用普通命名法）命名下列化合物，并标出 c 和 d 中各碳原子的级数。

a. CH$_3$(CH$_2$)$_3$CH(CH$_2$)$_3$CH$_3$
      |
      C(CH$_3$)$_2$
      |
      CH$_2$CH(CH$_3$)$_2$

b. 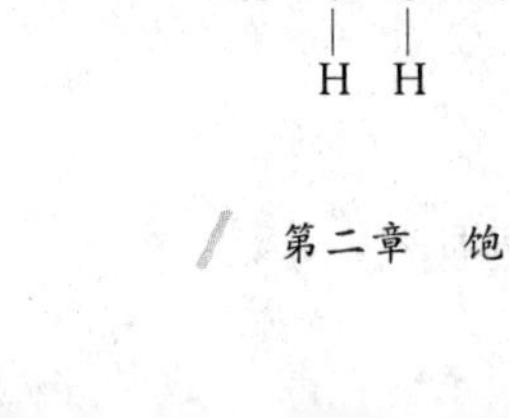
H H H H
| | | |
H-C-C-C-C-H
| | | |
H H H H
    |
    H-C-H
    |
    H

c. $CH_3CH_2C(CH_2CH_3)_2CH_2CH_3$

d. $H_3C-CH_2-\overset{\overset{H_3C}{|}}{CH}-CH_2-\overset{\overset{CH_3}{|}}{CH}-\overset{}{\underset{\underset{CH_2-CH_2-CH_3}{|}}{CH}}-CH_3$

e. $H_3C-\overset{\overset{CH_3}{|}}{\underset{\underset{CH_3}{|}}{C}}-H$

f. $(CH_3)_4C$

g. $CH_3\underset{\underset{C_2H_5}{|}}{CH}CH_2CH_3$

h. $(CH_3)_2CHCH_2CH_2CH(C_2H_5)_2$

解：a. 2,4,4-三甲基-5-丁基壬烷 b. (正)己烷
c. 3,3-二乙基戊烷 d. 3-甲基-5-异丙基辛烷

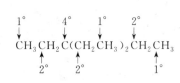

e. 2-甲基丙烷(异丁烷) f. 2,2-二甲基丙烷(新戊烷)
g. 3-甲基戊烷 h. 2-甲基-5-乙基庚烷

★ **2.3** 所列各结构式共代表几种化合物？用系统命名法命名。

a. $H_3C-\overset{\overset{CH_3}{|}}{CH}$
   $H_2C-CH-CH-CH_3$
   $\underset{\underset{CH_3}{|}}{}\underset{\underset{CH_3}{|}}{}$

b. $CH_3\underset{\underset{CH_3}{|}}{CH}CH_2\underset{\underset{CH_3}{|}}{CH}CHCH_3$

c. $CH_3\underset{\underset{CH_3}{|}}{CH}\underset{\underset{CH_3}{|}}{CH}\underset{\underset{CH_3}{|}}{CH}CH_3$

d. $CH_3\underset{\underset{CH_3}{|}}{CH}CH_2\underset{\underset{CH_3}{|}}{CH}CH$
   $\underset{\underset{CH_3}{|}}{}$

e. $CH_3\underset{\underset{CH_3}{|}}{CH}CH\underset{\underset{CH_3}{|}}{CH}CHCH_3$

f. $CH_3-\underset{\underset{CH_3}{|}}{CH}-\underset{\underset{CH_3}{|}}{CH}-\underset{\underset{CH_3}{|}}{CH}-CH_3$

解：下列各结构式共代表 2 种化合物，其中，a、b、d、e 皆为 2,3,5-三甲基己烷；c、f 皆为 2,3,4,5-四甲基己烷。

★ **2.4** 写出下列各化合物的结构式，假如某个名称违反系统命名原则，予以更正。

a. 3,3-二甲基丁烷 b. 2,4-二甲基-5-异丙基壬烷
c. 2,4,5,5-四甲基-4-乙基庚烷 d. 3,4-二甲基-5-乙基癸烷
e. 2,2,3-三甲基戊烷 f. 2,3-二甲基-2-乙基丁烷
g. 2-异丙基-4-甲基己烷 h. 4-乙基-5,5-二甲基辛烷

解：a. 错误，应为：2,2-二甲基丁烷，结构式为 $H_3C-\overset{\overset{CH_3}{|}}{\underset{\underset{CH_3}{|}}{C}}-CH_2CH_3$

b. 正确，结构式为：CH₃CH₂CH₂CHCH₂CH₂CH₃
          | |
          CH₃ CH(CH₃)₂
（上方标注的异丙基基团 CH(CH₃)₂ 位于第5位，CH₃ 位于第3位）

结构式为：
$$CH_3CH_2CH_2CH(CH_3)CH_2CH(CH(CH_3)_2)CH_2CH_3$$

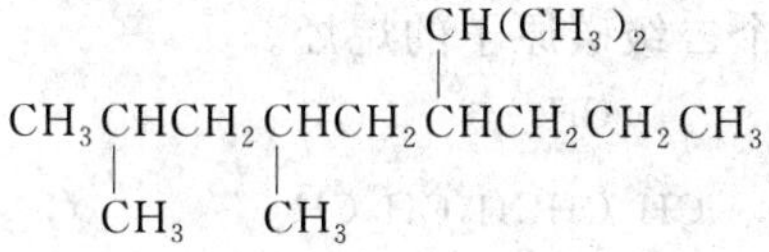

c. 正确，结构式为：
$$CH_3CH_2CH_2C(CH_3)(CH_2CH_3)C(CH_3)(CH_2CH_3)CH_2CH_3$$

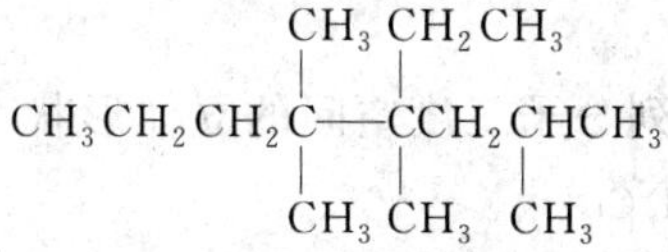

d. 正确，结构式为：
$$CH_3CH_2CH(CH_3)C(CH_3)(CH_2CH_3)CH_2CH_2CH_2CH_3$$

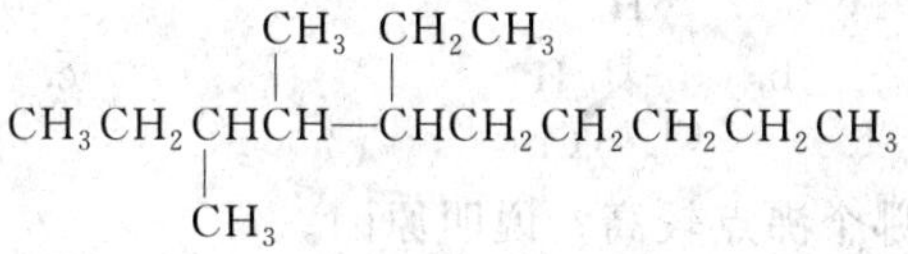

e. 正确，结构式为：
$$CH_3C(CH_3)(CH_3)CH(CH_3)CH_2CH_3$$

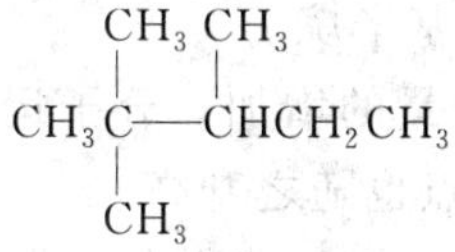

f. 错误，应为：2,3,3-三甲基戊烷，结构式
$$H_3CHC(CH_3)C(CH_3)(CH_3)CH_2CH_3$$

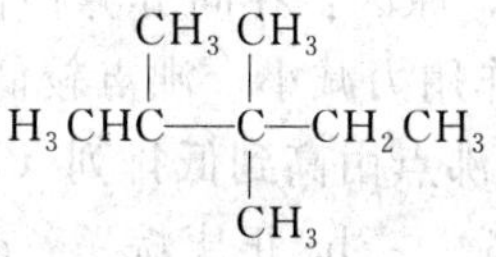

g. 错误，应为：2,3,5-三甲基庚烷，结构式
$$CH_3CH(CH_3)CH(CH_3)CH_2CH(CH_3)CH_2CH_3$$

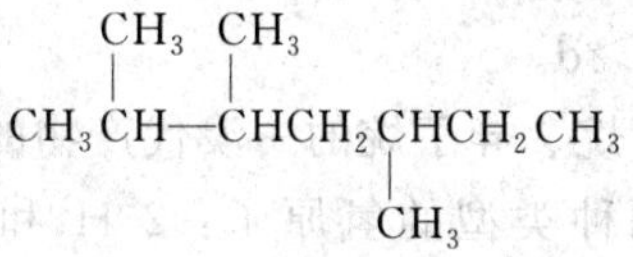

h. 错误，应为：4,4-二甲基-5-乙基辛烷，结构式
$$CH_3CH_2CH_2C(CH_3)(CH_3)CH(CH_2CH_3)CH_2CH_2CH_3$$

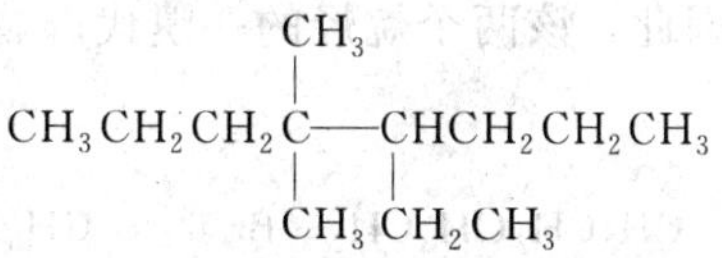

★ **2.5** 写出分子式为 C_7H_{16} 的烷烃的各种异构体，用系统命名法命名，并指出含有异丙基、异丁基、仲丁基或叔丁基的分子。

解： 分子式为 C_7H_{16} 的烷烃有 9 种同分异构体：

（1）庚烷　　　　　（2）2-甲基己烷　　　　（3）3-甲基己烷

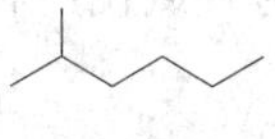

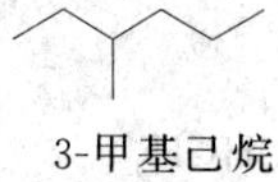

（4）2,3-二甲基戊烷　（5）2,4-二甲基戊烷　　（6）2,2-二甲基戊烷

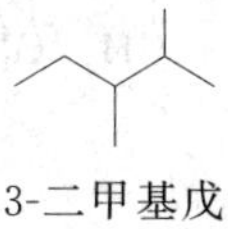

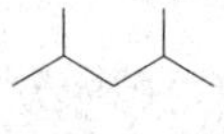

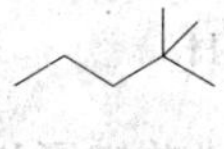

（7）3,3-二甲基戊烷　（8）3-乙基戊烷　　　　（9）2,2,3-三甲基丁烷

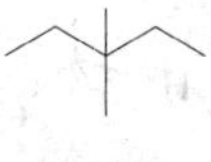

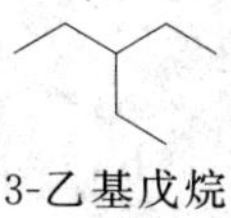

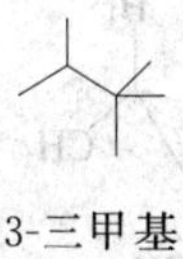

其中，含有异丙基的分子有（2）、（4）、（5）、（9）；含有异丁基的分子有（2）、（4）、（5）、（9）；含有仲丁基的分子有（3）、（4）、（7）；含有叔丁基的分子有（6）、（9）。

★ **2.6** 写出符合以下条件的含 6 个碳的烷烃的结构式：

  a. 含有两个三级碳原子的烷烃；

  b. 含有一个异丙基的烷烃；

c. 含有一个四级碳原子和一个二级碳原子的烷烃。

解：a. CH₃CH(CH₃)—CH(CH₃)CH₃   b. CH₃CH(CH₃)CH₂CH₃   c. CH₃—C(CH₃)₂—CH₂CH₃

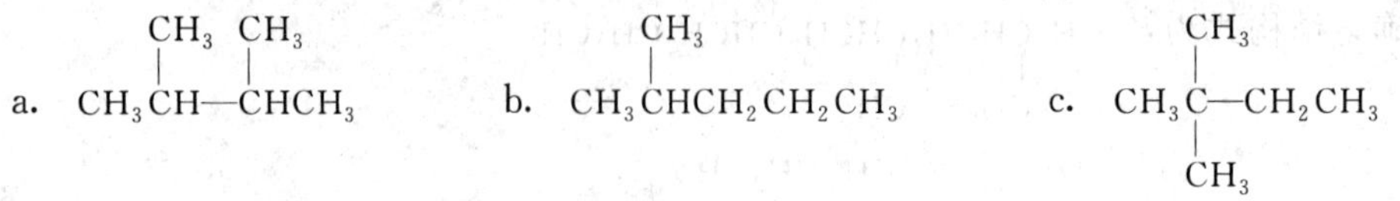

★ **2.7** 用 IUPAC 建议的方法，画出下列分子三度空间的立体形状：
a. CH₃Br   b. CH₂Cl₂   c. CH₃CH₂CH₃

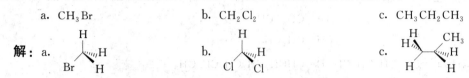

★ **2.8** 下列各组化合物中，哪个沸点较高？说明原因。
a. 庚烷与己烷   b. 壬烷与3-甲基辛烷

解：a. 庚烷的沸点高，原因：正烷烃随着分子量的增加，分子运动所需的能量增大，同时分子间的接触面（即相互作用力）也增大，沸点也随之升高。
b. 壬烷的沸点高，原因：在同分异构体中，由于支链的位阻作用，分子间的接触面积减少，从而分子间的作用力减小，沸点较低。

★ **2.9** 将下列化合物按沸点由高到低排列（不要查表）。
a. 3,3-二甲基戊烷   b. 正庚烷   c. 2-甲基庚烷   d. 正戊烷   e. 2-甲基己烷

解：c＞b＞e＞a＞d。

★ **2.10** 写出正丁烷、异丁烷的一溴代产物的结构式。

解：正丁烷有两种类型的氢原子：2°H 和 1°H；异丁烷也有两种类型的氢原子：3°H 和 1°H；因此，该两个烷烃的一溴代产物均有两个：

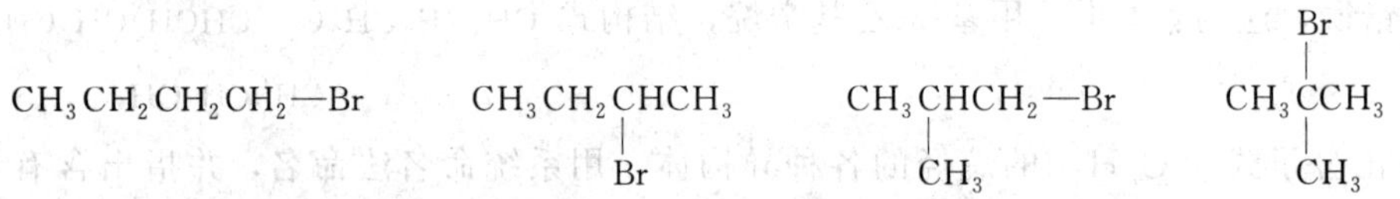

CH₃CH₂CH₂CH₂—Br   CH₃CH₂CH(Br)CH₃   CH₃CH(CH₃)CH₂—Br   (CH₃)₃C—Br

★ **2.11** 写出 2,2,4-三甲基戊烷进行氯代反应可能得到的一氯代产物的结构式。

解：2,2,4-三甲基戊烷进行氯代反应得到的一氯代产物的结构式有：

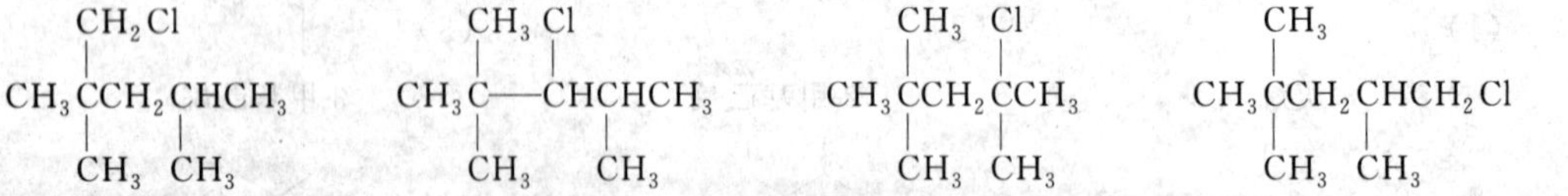

ClCH₂C(CH₃)₂CH₂CH(CH₃)CH₃   CH₃C(CH₃)(Cl)CH₂CH(CH₃)CH₃   CH₃C(CH₃)₂CH(Cl)CH(CH₃)CH₃   CH₃C(CH₃)₂CH₂CH(CH₃)CH₂Cl

★ **2.12** 假定碳碳单键可以自由旋转，下列哪一对化合物是等同的？

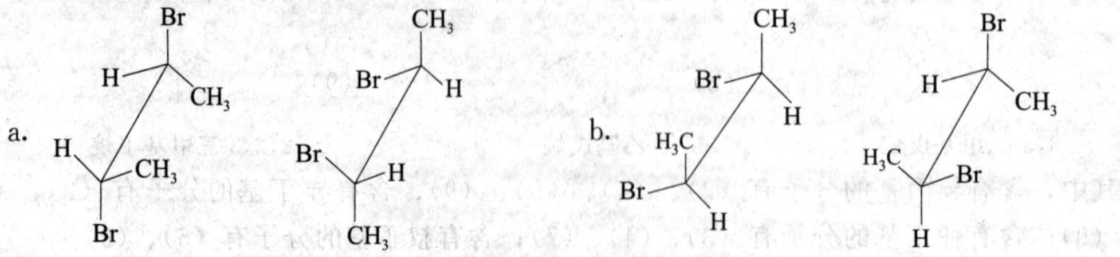

解：a 中两个化合物是等同的；b 中两个化合物是不等同的。

★ **2.13** 用纽曼投影式画出 1,2-二溴乙烷的几个有代表性的构象。下列势能图中的 A、B、C、D 各代表哪一种构象的内能？

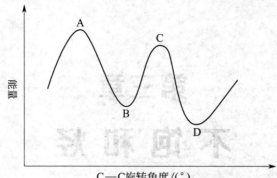

解：1,2-二溴乙烷有 4 个代表性的构象，用纽曼投影式画出如下：

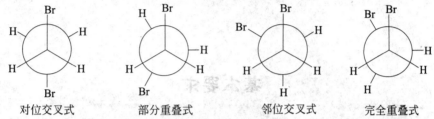

  对位交叉式　　　　　部分重叠式　　　　　邻位交叉式　　　　　完全重叠式

  根据势能图中 A、B、C、D 能量的高低，可以得出：A 代表完全重叠式的构象；B 代表邻位交叉式的构象；C 代表部分重叠式的构象；D 代表对位交叉式的构象。

★ **2.14** 按照甲烷氯代生成氯甲烷和二氯乙烷的历程，继续写出生成三氯甲烷及四氯化碳的反应历程。

解：甲烷氯代生成三氯甲烷及四氯化碳的反应历程如下：

$$Cl\cdot + CH_2Cl_2 \longrightarrow \cdot CHCl_2 + HCl$$
$$\cdot CHCl_2 + Cl_2 \longrightarrow Cl\cdot + CHCl_3$$
$$Cl\cdot + CHCl_3 \longrightarrow \cdot CCl_3 + HCl$$
$$\cdot CCl_3 + Cl_2 \longrightarrow Cl\cdot + CCl_4$$
$$\cdots\cdots \qquad\qquad \cdots\cdots$$

★ **2.15** 分子式为 C_8H_{18} 的烷烃与氯在紫外线照射下反应，产物中的一氯代烷只有一种，写出这个烷烃的结构。

解：这个烷烃的结构如下：

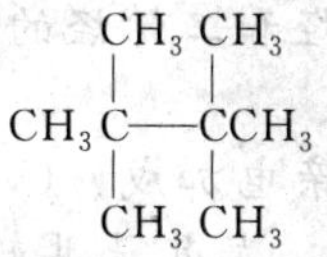

$$\begin{array}{c} \quad\ \ CH_3\ CH_3 \\ \quad\ \ \ |\quad\ \ | \\ CH_3-C-C-CH_3 \\ \quad\ \ \ |\quad\ \ | \\ \quad\ \ CH_3\ CH_3 \end{array}$$

★ **2.16** 将下列自由基按稳定性由大到小排列：

  a. $CH_3CH_2CH_2\overset{\cdot}{C}HCH_3$ b. $CH_3CH_2CH_2CH_2\cdot$ c. 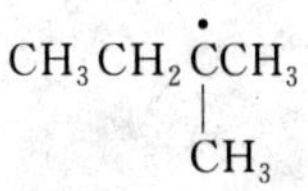 $CH_3CH_2\overset{\cdot}{C}CH_3$
                                     | CH_3

解：下列自由基的稳定性由大到小：c＞a＞b。

第三章 不饱和烃

基本要求

一、烯烃

(1) 理解双键碳原子的 sp^2 杂化、π 键的形成和特点;掌握双键的结构特征及对烯烃性质的影响。

(2) 掌握烯烃的异构现象、顺反异构命名及 Z/E 标记法、巩固"次序规则"的应用和系统命名法。

(3) 掌握烯烃的亲电加成反应、氧化反应、催化氢化、侧链 α-H 自由基卤代反应。

(4) 理解马尔科夫尼科夫规则(简称"马氏规则")及亲电加成反应的机理;正确判断碳正离子的稳定性;了解诱导效应对亲电加成反应区域选择性的解释。

二、炔烃和二烯烃

(1) 理解炔烃中,叁键碳原子的 sp 杂化和两个 π 键的形成及结构特点;通过电子的离域、π-π 键共轭效应的概念,理解共轭二烯烃的结构。

(2) 了解二烯烃的分类;掌握炔烃和二烯烃的系统命名法,包括二烯烃的顺反异构命名(用顺、反或 Z、E 表示)。

(3) 掌握炔烃的化学性质,包括亲电加成、(部分)催化氢化、氧化及炔氢的反应。

(4) 掌握共轭二烯烃的化学性质,尤其是共轭加成和 Diels-Alder 反应,理解速率控制产物和平衡控制产物。

主要内容

一、烯烃的结构特征

1. 双键碳原子的构型

分子中含有一个 C=C 双键官能团,且符合通式 C_nH_{2n} 的不饱和化合物称为单烯烃。

烯烃中的双键碳原子为 sp^2 杂化，形成的 3 个完全等同的 sp^2 杂化轨道，可分别与 2 个氢原子的 1s 轨道和另一个双键碳原子的 sp^2 杂化轨道在轴向重叠成 2 个 C_{sp^2}—H_{1s} σ 键和 1 个 C_{sp^2}—C_{sp^2} σ 键，这 3 个 σ 键都处在同一平面上，∠H—C—H 键角为 120°；每个双键碳原子还剩下一个垂直于上述平面的 p 轨道，相互平行，侧面重叠成 C_{p_y}—C_{p_y} π 键。

2. π 键的特点

① π 键阻止了 C=C 双键的自由旋转，因此当每个双键碳上有不同取代基时，就会产生顺反异构现象。

② π 键的重叠程度小于 σ 键，因此它比 σ 键键能小，不如 σ 键稳定，易破裂；π 键电子云分布于两碳所在平面的上下两侧，原子核对 π 电子的束缚力较小，使得 π 键电子云具有较大的流动性，易变形或极化，从而导致 π 键断裂发生化学反应。

二、烯烃的异构现象和命名

① 烯烃的异构包括碳架异构、官能团（双键）位置异构和顺反异构。顺反异构体属于构型异构，代表基团在空间的排列方式不同，具有不同的物理性质。

② 当烯烃存在顺反异构体时，通常用顺/反或 Z/E 法标记：相同基团在双键同侧的为顺式，在异侧的为反式；按"次序规则"比较时，优先基团在同侧为 Z 式，在异侧的为 E 式。但需注意，顺/反或 Z/E 标记法之间的差异性。

③ 烯烃的命名：选择含有双键的最长碳链为主链，编号时应使双键的位次最小，当存在几种可能编号的情况下，应使取代基的编号符合"最低系列"规则；在书写次序上，要体现烯烃的顺反构型和双键的位次：烯烃的顺反构型→取代基位次→半字线→取代基名称→双键的位次→母体名称。

三、烯烃的化学性质

烯烃的化学性质比烷烃活泼，其反应主要发生在 C=C 键及 α-H 上。

1. 亲电加成反应

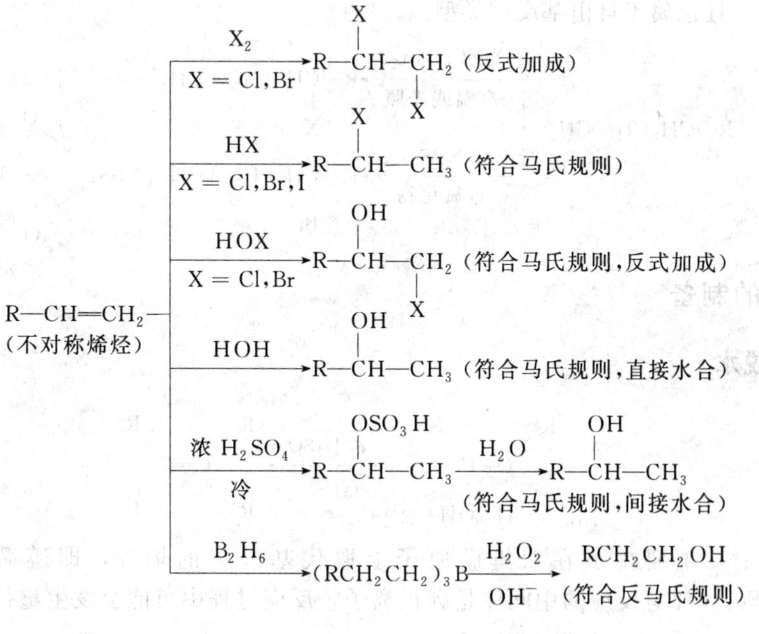

R—CH=CH₂（不对称烯烃）

- X_2，X = Cl, Br → R—CHX—CH₂X（反式加成）
- HX，X = Cl, Br, I → R—CHX—CH₃（符合马氏规则）
- HOX，X = Cl, Br → R—CH(OH)—CH₂X（符合马氏规则，反式加成）
- HOH → R—CH(OH)—CH₃（符合马氏规则，直接水合）
- 浓 H_2SO_4 冷 → R—CH(OSO₃H)—CH₃ $\xrightarrow{H_2O}$ R—CH(OH)—CH₃（符合马氏规则，间接水合）
- B_2H_6 → $(RCH_2CH_2)_3B$ $\xrightarrow[OH^-]{H_2O_2}$ RCH_2CH_2OH（符合反马氏规则）

亲电加成反应的活性大小取决于双键上电子云密度的高低，双键上烷基取代基增多，亲电加成反应速率增加。反应速率的排序为：

$$(CH_3)_2C=CH_2 > CH_3CH=CHCH_3 > CH_3CH=CH_2 > CH_2=CH_2 > H_2C=CHCl$$

烯烃与氢卤酸加成时，酸的活性顺序是：$HI > HBr > HCl$。

在过氧化物（ROOR）存在下，HBr 与不对称烯烃得到反马氏加成产物，称为过氧化物效应或卡拉施效应（Kharasch 效应），反应的历程为自由基加成；而 HF、HCl 和 HI 都不能发生过氧化物效应的反应。

$$R-CH=CH_2 + HBr \xrightarrow{ROOR} RCH_2CH_2Br$$

2. 催化氢化

烯烃加氢是顺式加成，即两个氢原子从双键的同侧加上去。加氢的难易与烯烃的空间位阻有关，空间位阻增大，反应速率减少。常见烯烃的催化氢化速率：

$$CH_2=CH_2 > RCH=CH_2 > R_2C=CH_2 > RCH=CHR > R_2C=CHR > R_2C=CR_2$$

3. 氧化反应

$$R-CH=CH_2 \text{（不对称烯烃）}\begin{cases} \xrightarrow[\text{冷,OH}^-]{\text{稀 KMnO}_4} R-\underset{OH}{\underset{|}{CH}}-\underset{OH}{\underset{|}{CH_2}} \text{（顺式邻二醇，可用于鉴别烯烃）}\\ \xrightarrow[H^+,\triangle]{\text{KMnO}_4} RCOOH + CO_2 \text{（C=C 键断裂，生成酸或酮；可从产物来推导烯烃结构）}\\ \xrightarrow[2)\text{Zn/H}_2\text{O}]{1)\text{O}_3} RCHO + HCHO \text{（C=C 键断裂，生成醛或酮；可从产物来推导烯烃结构）} \end{cases}$$

4. α-H 卤代反应

α-H 也称为烯丙位氢，受双键的影响比较活泼，在高温或光照条件下易发生类似于烷烃的卤代反应，且也属于自由基反应类型。

$$R-CH_2CH=CH_2 \begin{cases} \xrightarrow[\text{高温或光照}]{X_2(Cl_2,Br_2)} R-\underset{X}{\underset{|}{CH}}-HC=CH_2 \\ \xrightarrow[\text{过氧化物}]{NBS} R-\underset{Br}{\underset{|}{CH}}-HC=CH_2 \end{cases}$$

（NBS 为

$$\begin{array}{c} O \\ \| \\ \diagup\hspace{-0.5em}\diagdown \\ | \quad N-Br \\ \diagdown\hspace{-0.5em}\diagup \\ \| \\ O \end{array}$$ ）

四、烯烃的制备

1. 醇脱水

$$\underset{R^3 \quad H \quad OH \quad R^4}{\underset{|\quad |\quad |\quad |}{R^1-\overset{R^2}{\underset{}{C}}-\overset{}{\underset{}{C}}}} \xrightarrow[\triangle]{\text{浓 H}_2\text{SO}_4} \underset{R^3 \quad\quad R^4}{\underset{|\quad\quad |}{R^1\overset{R^2}{\underset{}{C}}=\overset{}{\underset{}{C}}}}$$

醇脱水时，主要生成在双键碳原子上取代基最多的烯烃，即遵循扎伊采夫规则（Sayteff 规则）。注意反应的中间体是碳正离子，反应过程中可能会发生重排现象。

2. 卤代烃脱卤化氢

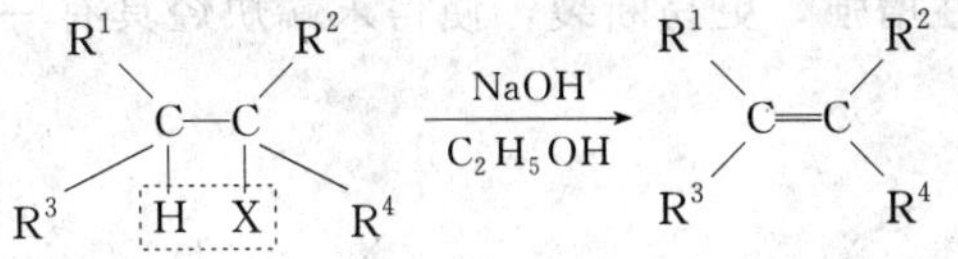

$$\underset{R^3}{\overset{R^1}{\diagdown}}C\underset{H\ X}{\overset{R^2}{|}}C\underset{R^4}{\overset{R^2}{\diagup}} \xrightarrow{\text{NaOH}}{C_2H_5OH} \underset{R^3}{\overset{R^1}{\diagdown}}C=C\underset{R^4}{\overset{R^2}{\diagup}}$$

卤代烃脱卤化氢时，同样也遵循扎伊采夫规则（Sayteff 规则）。

五、亲电加成反应的历程

1. 环状鎓离子中间体机理

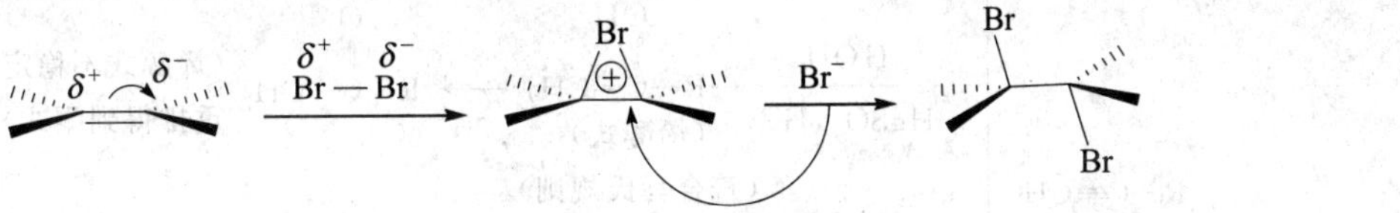

烯烃与 Br_2、Cl_2、HOBr 等亲电试剂加成时，一般首先生成环状鎓离子中间体（决速步骤），然后体系中的负离子从环状鎓离子中间体的背面进攻其中一个碳原子（反式加成），得到反式加成产物。

2. 碳正离子中间体机理

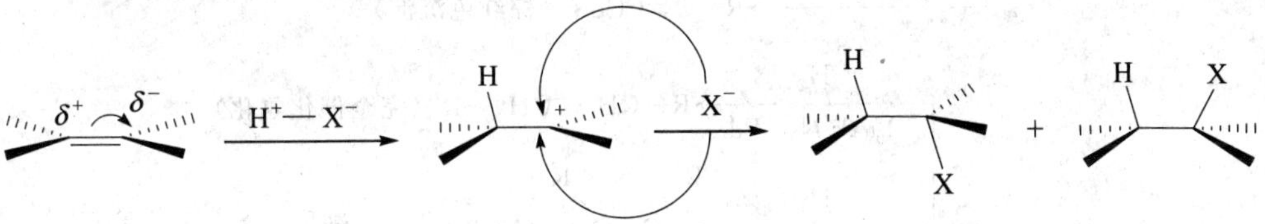

烯烃与酸的加成首先生成平面型的碳正离子中间体，该步是决速步骤；然后负离子 X^- 可以从碳正离子所在平面的上、下两侧进攻正电荷所在的碳，得到顺式加成和反式加成产物的混合物。

3. 亲电加成反应的取向与马氏规则

不对称烯烃与酸发生加成反应时，酸分子中的质子主要加到双键两端含氢较多的碳原子上，其余部分则加到含氢较少的碳原子上，此规则为马氏规则。该经验规则中，体现了亲电加成反应的取向与碳正离子的稳定性有关。

当碳正离子上连有烷基时，由于烷基具有给电子的诱导效应（+I）和超共轭效应（+C：p-σ），使正电荷得以分散而稳定，所以碳正离子上连有的烷基越多，正电荷越能得到分散，体系越稳定。因此，碳正离子的稳定性由大到小排列顺序为：$3°C^+ > 2°C^+ > 1°C^+ > CH_3^+$。

六、炔烃的结构

以乙炔为例，两个碳原子均为 sp 杂化，键角为 180°，所有原子都在一条线上；官能团炔键的三个键是由一个 σ 键和两个相互垂直的 π 键组成。

七、炔烃的化学性质

由于 π 键的存在，炔烃也像烯烃一样能发生亲电加成反应，但由于叁键中碳原子为 sp 杂化，s 成分（50%）较双键中碳的高（33.3%），对 π 电子云的束缚能力增强，不易给出电子，因此炔烃的亲电加成活性低于烯烃；同时，由于 sp 杂化，叁键中碳的电负性相对较大，因此，C—H 键的极性增强，更易断裂，使得末端炔烃具有一定的弱酸性，可与一些金属及金属离子发生反应。

$$R-C\equiv CH \text{（末端炔烃）}\begin{cases} \xrightarrow[X=Cl,Br]{X_2} R-\underset{X}{\underset{|}{C}}=CH \xrightarrow{X_2} R-\underset{X}{\underset{|}{\overset{X}{\overset{|}{C}}}}-CHX_2 \text{（反式加成）}\\ \xrightarrow[X=Cl,Br,I]{HX} R-\underset{X}{\underset{|}{C}}=CH_2 \xrightarrow{HX} R-\underset{X}{\underset{|}{\overset{X}{\overset{|}{C}}}}-CH_3 \text{（符合马氏规则）}\\ \xrightarrow[HgSO_4,H^+]{HOH} R-\underset{OH}{\underset{|}{C}}=CH_2 \text{（烯醇式）} \to R-\overset{O}{\overset{\|}{C}}-CH_3 \text{（烯醇式不稳定，重排得到酮式）}\\ \text{（符合马氏规则）}\\ \xrightarrow[CuCl/NH_4Cl]{HCN} R-\underset{CN}{\underset{|}{C}}=CH_2 \text{（符合马氏规则，需用催化剂）}\\ \xrightarrow{Ag(NH_3)_2^+} R-C\equiv CAg\downarrow \text{（白色沉淀）}\\ \xrightarrow{Cu(NH_3)_2^+} R-C\equiv CCu\downarrow \text{（棕红色沉淀）} \end{cases}$$

（可鉴别末端炔烃）

$$R-C\equiv C-R' \begin{cases} \xrightarrow[\text{Pt 或 Ni, Pd}]{H_2} R-CH_2-CH_2-R' \text{（完全催化氢化）}\\ \xrightarrow[\text{Lindlar 催化剂}]{H_2} \underset{H}{\overset{R}{C}}=\underset{H}{\overset{R'}{C}} \text{（顺式加成）}\\ \xrightarrow[\text{液氨}]{Na} \underset{H}{\overset{R}{C}}=\underset{R'}{\overset{H}{C}} \text{（反式加成）}\\ \xrightarrow[\text{或 }O_3]{KMnO_4} RCOOH + R'COOH \text{（可推测原炔烃结构）} \end{cases}$$

部分催化氢化

八、二烯烃的分类、命名与结构

1. 分类

根据两个双键的相对位置，可把二烯烃分为：累积二烯烃、共轭二烯烃和孤立二烯烃。

2. 命名

多烯烃的系统命名和单烯烃相似，命名时应标出所有双键的位次，并用阿拉伯数字表示，双键的数目则用汉字表示。有顺反异构时，要标出双键的构型，用顺反或 Z/E 来表示。

3. 结构

以 1,3-丁二烯为例，每个碳原子为 sp^2 杂化，所有成键的原子共平面；四个碳原子上未参与杂化的 p 轨道均有一个电子且相互"肩并肩"平行，形成了一个"四中心四电子"的共轭离域体系（π_4^4），四个 p 电子在共轭体系内流动，使得 1,3-丁二烯的键长和电子云密度趋于平均化，也使其能量比相应的孤立二烯烃低。

九、共轭二烯烃的化学性质

共轭二烯烃可发生烯烃的一般反应，如亲电加成、氧化、还原、α-H 的反应，除此之外，还可发生两种特殊的反应：共轭加成（1,2-加成和 1,4-加成）；狄尔斯-阿尔德反应（双烯合成，D-A 反应）。

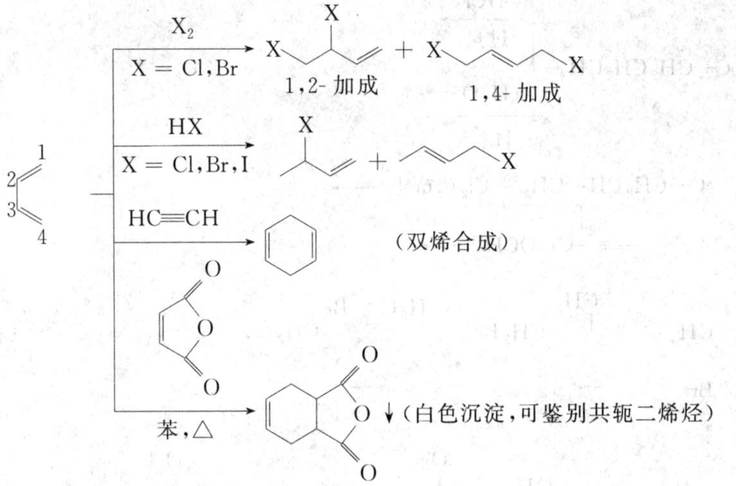

例题分析

▶ **例 3.1** 用系统命名法命名下列化合物。

(1) 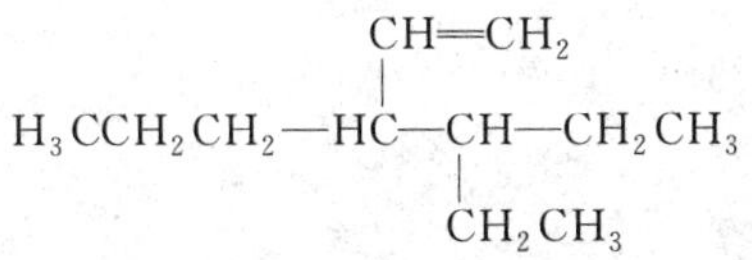 $H_3CCH_2CH_2-CH-CH-CH_2CH_3$ 带 $CH=CH_2$ 和 CH_2CH_3 支链

(2) 含 H_3CH、Cl、CH_2CH_3 的烯烃结构

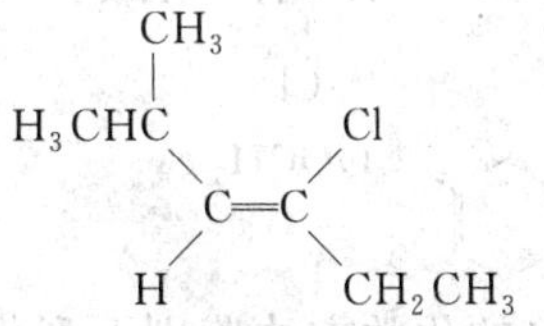

(3) $(H_3C)_3C-C\equiv C-C_2H_5$

(4) 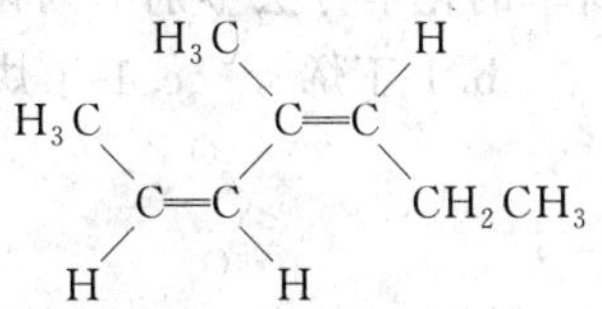 含 H_3C、H、CH_2CH_3 的共轭二烯结构

解：(1) 4-乙基-3-丙基-1-己烯　　(2) Z-2-甲基-4-氯-3-己烯
　　(3) 2,2-二甲基-3-己炔　　　　(4) (2Z,4Z)-4-甲基-2,4-庚二烯

▶ **例 3.2** 写出下列反应的主要产物。

(1) 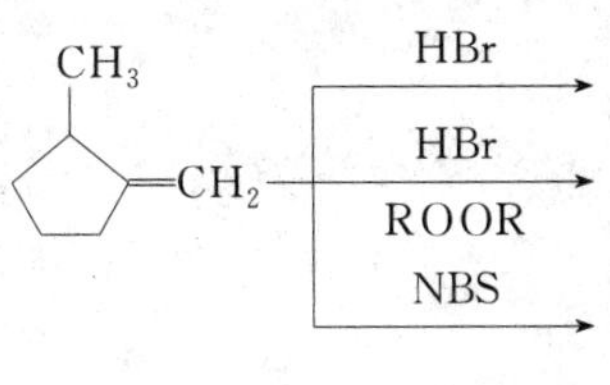 甲基亚甲基环戊烷 + HBr / HBr,ROOR / NBS

(2) 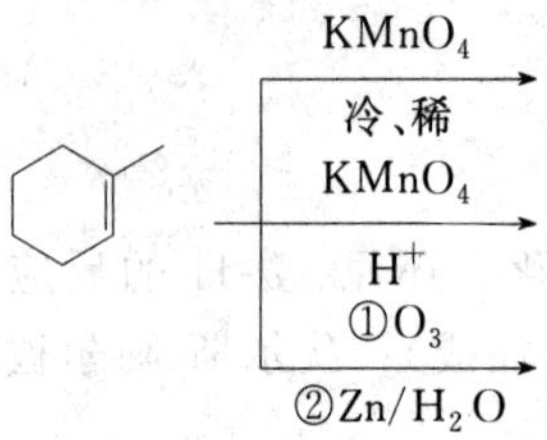 [1-methylcyclohexene] $\xrightarrow[\text{H}^+]{\text{KMnO}_4,\text{冷、稀}}$; $\xrightarrow{\text{KMnO}_4/\text{H}^+}$; $\xrightarrow[\text{②Zn/H}_2\text{O}]{\text{①O}_3}$

(3) $HC\equiv C-CH_2CH_3 \xrightarrow[\text{Hg}^{2+}]{\text{HCl 过量, H}_2\text{O}}$

(4) $H_3CC\equiv C-CH_2CH=CH_2 + Cl_2\ (1\,mol) \longrightarrow$

(5) 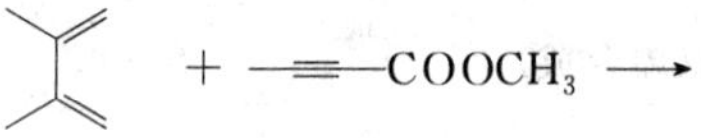 [isoprene] + ≡—COOCH$_3$ ⟶

解：(1) 三种产物（结构式如图）

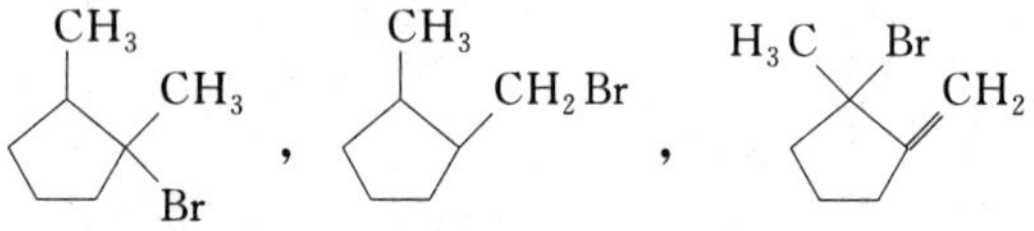

(2) 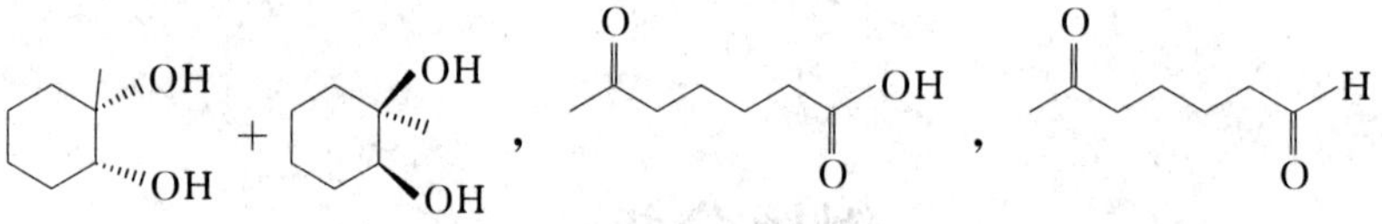 顺/反二醇 + 酮酸 + 酮醛（结构式如图）

(3) $CH_3CCl_2-CH_2CH_2CH_3$ ， $CH_3-CO-CH_2CH_2CH_3$

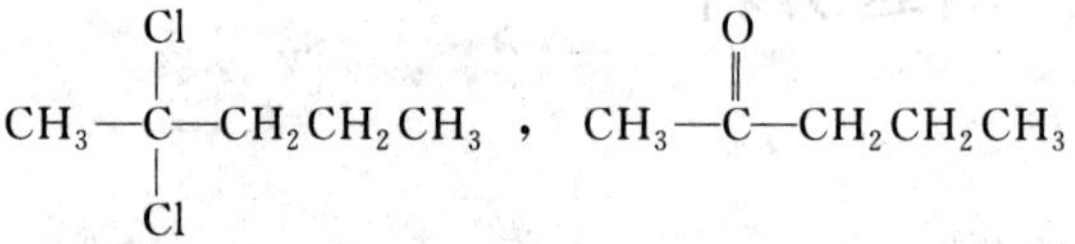

(4) 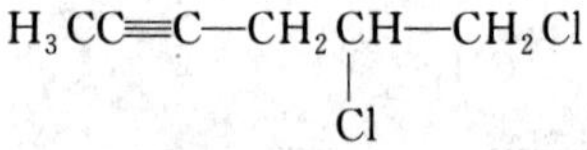 $H_3CC\equiv C-CH_2CH-CH_2Cl$ 含 Cl

(5) 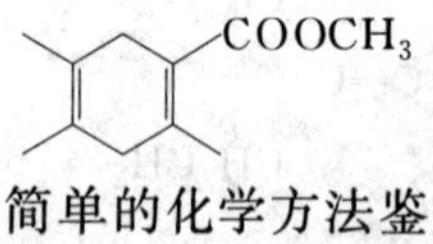 [环己烯-COOCH$_3$ 结构]

例 3.3 用简单的化学方法鉴别下列化合物：

a. 丁烷   b. 1-丁烯   c. 1-丁炔   d. 1,3-丁二烯

解：
- a $\xrightarrow{\text{Br}_2/\text{CCl}_4}$ (−)
- b (+)褪色
- c (+)褪色
- d (+)褪色

→ 苯,△ 马来酸酐：b(−)，c(−)，d(+)白色↓

→ $Ag(NH_3)_2^+$：b(−)，c(+)白色↓

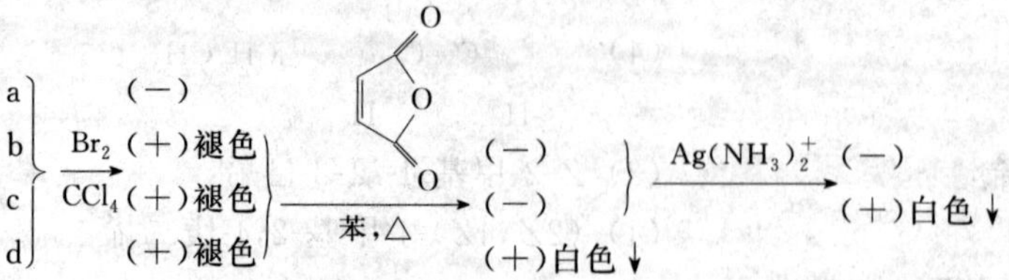

例 3.4 从指定原料出发合成：

(1) $CH_3CHBrCH_3 \Longrightarrow CH_3CH_2CH_2Br$

(2) 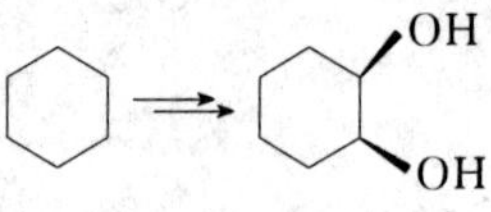 [环己烷] ⟹ [反-1,2-环己二醇]

(3) 1-丁炔 ⟹ (Z)-2-戊烯

解：(1) $CH_3CHBrCH_3 + KOH \xrightarrow[\triangle]{EtOH} CH_2=CHCH_3 \xrightarrow[ROOR]{HBr}$ T.M.

(2) ⬡ $+ Cl_2 \xrightarrow{光照}$ ⬡-Cl $\xrightarrow[EtOH, \triangle]{KOH}$ ⬡ $\xrightarrow[冷、稀]{KMnO_4}$ T.M.

(3) $HC\equiv CCH_2CH_3 \xrightarrow[浓 NH_3(l)]{NaNH_2} NaC\equiv CCH_2CH_3 \xrightarrow{CH_3I} H_3CC\equiv CCH_2CH_3 \xrightarrow[Lindlar]{H_2}$ T.M.

习题解析

★ **3.1** 用系统命名法命名下列化合物。

    a. $(CH_3CH_2)_2C=CH_2$ b. $CH_3CH_2CH_2CCH_2(CH_2)_2CH_3$
                                                                           ‖
                                                                           CH_2

    c. $CH_3C=CHCHCH_2CH_3$ d. $(CH_3)_2CHCH_2CH=C(CH_3)_2$
          $\quad\;\, C_2H_5\;\; CH_3$

解：a. 2-乙基-1-丁烯   b. 2-丙基-1-己烯
    c. 3,5-二甲基-3-庚烯   d. 2,5-二甲基-2-己烯

★ **3.2** 写出下列化合物的结构式或构型式，如命名有误，予以更正。

    a. 2,4-二甲基-2-戊烯   b. 3-丁烯   c. 3,3,5-三甲基-1-庚烯
    d. 2-乙基-1-戊烯   e. 异丁烯   f. 3,4-二甲基-4-戊烯
    g. 反-3,4-二甲基-3-己烯   h. 2-甲基-3-丙基-2-戊烯

解：a. 正确，结构式：$CH_3C=CHCHCH_3$
                                  $|\quad\;\, |$
                                 $CH_3\;\; CH_3$

    b. 错误，应为 1-丁烯，结构式：$CH_2=CHCH_2CH_3$

                                   CH_3
    c. 正确，结构式：$CH_2=CHCCH_2CH_3$
                                 $CH_3\;\; CH_3$

    d. 正确，结构式：$CH_2=CCH_2CH_2CH_3$
                                  C_2H_5

    e. 正确，结构式：$CH_2=CCH_3$
                                CH_3

                                                                                                                CH_3
    f. 错误，应为 2,3-二甲基-1-戊烯，结构式：$CH_3CH_2CHC=CH_2$
                                                                                                         CH_3

                               $CH_3CH_2\;\;\;\; CH_3$
    g. 正确，结构式： $\;\;\;\, C=C$
                                 $H_3C\;\;\;\;\;\;\;\, CH_2CH_3$

                                                                                                      CH_2CH_3
    h. 错误，应为 2-甲基-3-乙基-2-己烯，结构式：$CH_3C=CCH_2CH_2CH_3$
                                                                                             CH_3

★ 3.3 写出分子式为 C_5H_{10} 的烯烃的各种异构体的结构式，如有顺反异构，写出它们的构型式，并用系统命名法命名。

解：分子式 C_5H_{10} 的烯烃有 6 种同分异构体。

(1) 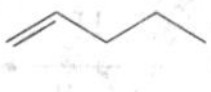 1-戊烯　　(2) 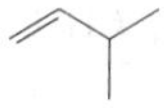 3-甲基-1-丁烯　　(3) 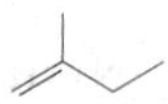 2-甲基-1-丁烯

(4) 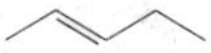 E-2-戊烯　　(5) 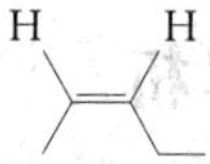 Z-2-戊烯　　(6) 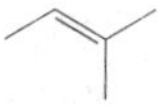 2-甲基-2-丁烯

★ 3.4 用系统命名法命名下列键线式烯烃，指出其中的 sp^2 及 sp^3 杂化碳原子。分子中的 σ 键有几个是 sp^2-sp^3 型的，几个是 sp^3-sp^3 型的？

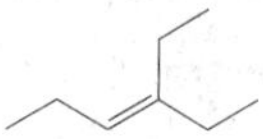

解：该键线式烯烃的系统命名法命名是：3-乙基-3-己烯；其中形成双键的两个碳原子是 sp^2 杂化，其余的碳原子均为 sp^3 杂化。分子中的 sp^2-sp^3 型的 σ 键有 3 个，sp^3-sp^3 型的 σ 键也有 3 个。

★ 3.5 写出下列化合物的缩写结构式。

a. 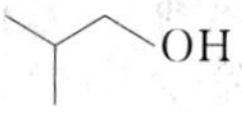　　b. 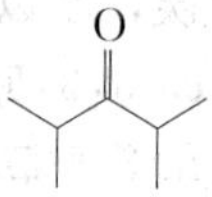　　c. 　　d.

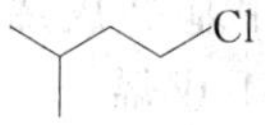

解：a. $(CH_3)_2CHCH_2OH$　　b. $[(CH_3)_2CH]_2CO$

c. 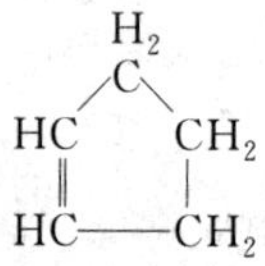 　　d. $(CH_3)_2CHCH_2CH_2Cl$

★ 3.6 将下列化合物写成键线式（包括顺反异构体）。

a. $CH_3CH_2COCH_3$　　b. $CH_3CHCH_2CH_2CHCH_3$ 其中含 CH_3, CH_3　　c. $(CH_3)_3CCH_2CH_2Cl$

d. $CH_3CH=CHCH_2CH=CHCH_3$　　e.

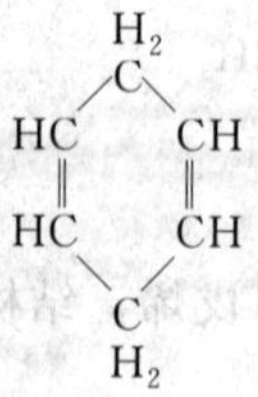

解：a. 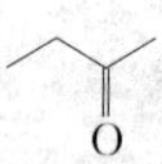　　b. 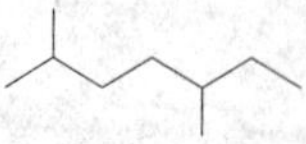　　c.

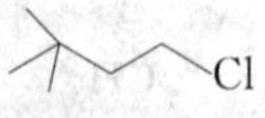

d. 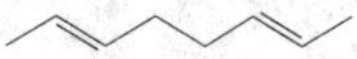　　e.

★ 3.7 写出雌家蝇的性信息素顺-9-二十三碳烯的构型式。

解： (structure: long chain alkene with (CH2)10)

★ 3.8 下列烯烃哪个有顺、反异构？写出顺、反异构体的构型，并命名。

a. CH₃CH₂C(CH₃)(C₂H₅)=CHCH₃   b. CH₂=C(Cl)CH₃   c. C₂H₅CH=CHCH₂I

d. CH₃CH=CHCH(CH₃)₂   e. CH₃CH=CHCH=CH₂   f. CH₃CH=CHCH=CHC₂H₅

解：下列烯烃中有顺反构型的是：c、d、e、f。

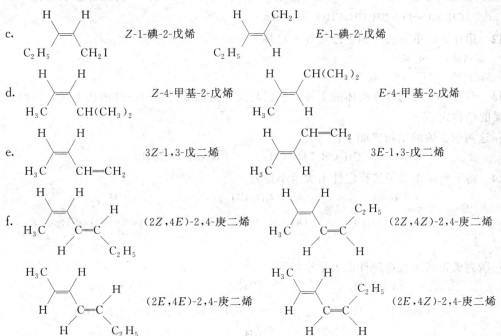

★ 3.9 用 Z、E 确定下列烯烃的构型。

a. (H₃C, H / CH₂Cl, CH₃)   b. ((H₃C)₂HC, H₃C / H, CH₃)   c. (H₃C, H / CH₂CH₂F, CH₂CH₂CH₃)

解：a. Z   b. E   c. Z

★ 3.10 有几个烯烃氢化后可以得到 2-甲基丁烷，写出它们的结构式并命名。

解：有三种烯烃氢化后可得到 2-甲基丁烷，其结构和命名如下：

a. CH₂=C(CH₃)CH₂CH₃   b. CH₃C(CH₃)=CHCH₃   c. CH₃CH(CH₃)CH=CH₂

a. 2-甲基-1-丁烯   b. 2-甲基-2-丁烯   c. 3-甲基-1-丁烯

★ 3.11 完成下列反应式，写出产物或所需试剂。

a. CH₃CH₂CH=CH₂ $\xrightarrow{H_2SO_4}$

b. (CH₃)₂C=CHCH₃ $\xrightarrow{HBr}$

c. CH₃CH₂CH=CH₂ ⟶ CH₃CH₂CH₂CH₂OH

d. $CH_3CH_2CH=CH_2 \longrightarrow CH_3CH_2\underset{OH}{CH}CH_3$

e. $(CH_3)_2C=CHCH_2CH_3 \xrightarrow[②Zn/H_2O]{①O_3}$

f. $CH_2=CHCH_2OH \longrightarrow ClCH_2\underset{OH}{CH}CH_2OH$

解：a. $CH_3CH_2\underset{OSO_3H}{CH}-CH_3$ b. $(CH_3)_2\underset{Br}{C}-CH_2CH_3$

c. ①B_2H_6 ②H_2O_2/OH^- d. H_2O/H^+

e. $(CH_3)_2C=O + CH_3CH_2CHO$ f. $HOCl$

★ **3.12** 用什么简单方法鉴别正己烷和1-己烯。

解：$\left.\begin{array}{l}\text{正己烷}\\\text{1-己烯}\end{array}\right\} \xrightarrow[CCl_4]{Br_2} \begin{array}{l}(-)\\(+)\text{ 褪色}\end{array}$

★ **3.13** 有两种互为同分异构体的丁烯，它们与溴化氢加成得到同一种溴代丁烷，写出这两个丁烯的结构式。

解：这两个丁烯的结构式如下：

$CH_3CH_2CH=CH_2 \qquad CH_3CH=CHCH_3$

★ **3.14** 将下列碳正离子按稳定性由大至小排列。

$CH_3-\underset{\underset{CH_3}{|}}{\overset{\overset{CH_3}{|}}{C}}-CH_2\overset{+}{C}H_2 \qquad CH_3-\underset{\underset{CH_3}{|}}{\overset{\overset{CH_3}{|}}{C}}-\overset{+}{C}HCH_3 \qquad CH_3-\underset{\underset{CH_3}{|}}{\overset{\overset{CH_3}{|}}{C}}-\overset{+}{C}HCH_3$

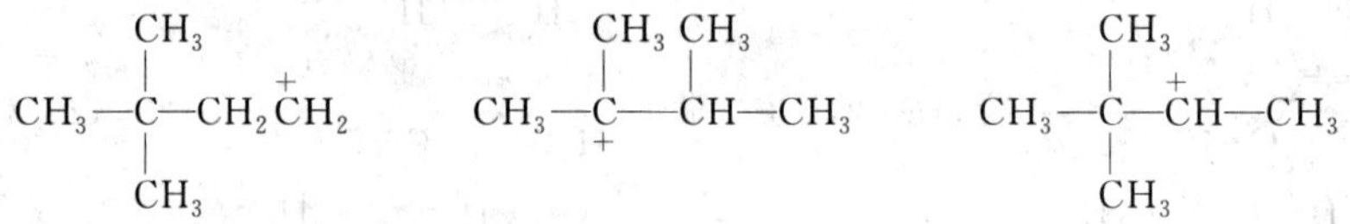

解：所列碳正离子按稳定性由大至小排列：

$CH_3-\overset{+}{\underset{\underset{CH_3}{|}}{C}}-\overset{\overset{CH_3}{|}}{\underset{|}{C}H}-CH_3 > CH_3-\underset{\underset{CH_3}{|}}{\overset{\overset{CH_3}{|}}{C}}-\overset{+}{C}H-CH_3 > CH_3-\underset{\underset{CH_3}{|}}{\overset{\overset{CH_3}{|}}{C}}-CH_2\overset{+}{C}H_2$

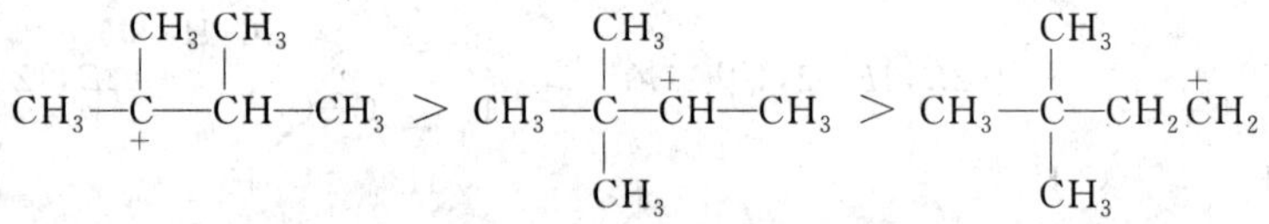

★ **3.15** 写出下列反应的转化过程。

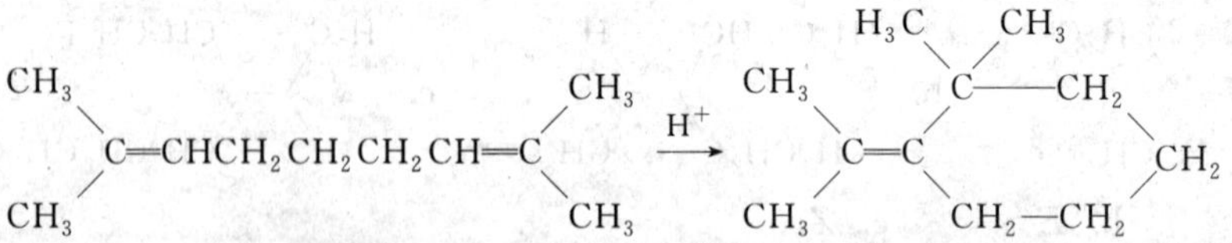

$\underset{CH_3}{\overset{CH_3}{C}}=CHCH_2CH_2CH_2CH=\underset{CH_3}{\overset{CH_3}{C}} \xrightarrow{H^+}$ (产物结构)

解：（反应机理转化过程如图所示）

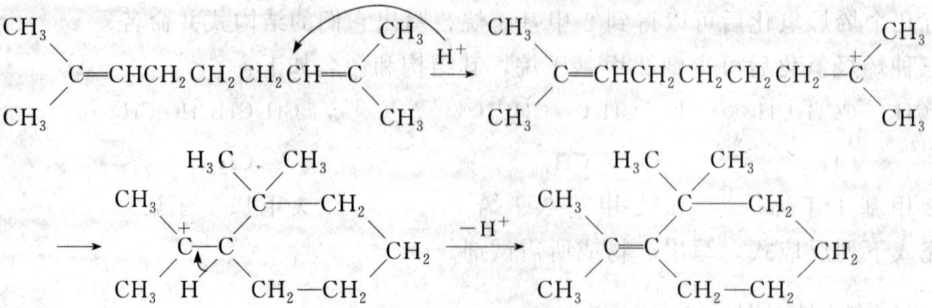

★ **3.16** 分子式为 C_5H_{10} 的化合物 A，与 1 分子氢作用得到 C_5H_{12} 的化合物。A 在酸性溶液中与高锰酸钾作用得到一个含有 4 个碳原子的羧酸。A 经臭氧化并还原水解，得到两种不同的醛。推测 A 的可能结构，用反应式加简要说明表示推断过程。

解：A 的可能结构是：

$$CH_2=CHCH_2CH_3 \quad 或 \quad CH_2=CHCHCH_3$$
$$\qquad\qquad\qquad\qquad\qquad\qquad |$$
$$\qquad\qquad\qquad\qquad\qquad\qquad CH_3$$

根据反应结果：A 在酸性溶液中与 $KMnO_4$ 作用得到一个含有 4 个碳原子的羧酸，可以判断 A 结构中含有 $CH_2=$ 片段；A 经臭氧化并还原水解，得到两种不同的醛，可以判断 A 结构中含有 $-CH=$ 片段。

$$\begin{matrix} CH_2=CHCH_2CH_2CH_3 \\ H_2C=CHCHCH_3 \\ \quad | \\ \quad CH_3 \end{matrix} \xrightarrow[H^+]{KMnO_4} \begin{matrix} CO_2 + CH_3CH_2COOH \\ CO_2 + CH_3CHCOOH \\ \qquad\qquad | \\ \qquad\qquad CH_3 \end{matrix}$$

$$\begin{matrix} CH_2=CHCH_2CH_2CH_3 \\ H_2C=CHCHCH_3 \\ \quad | \\ \quad CH_3 \end{matrix} \xrightarrow[②Zn/H_2O]{①O_3} \begin{matrix} HCHO + CH_3CH_2CH_2CHO \\ HCHO + CH_3CHCHO \\ \qquad\qquad | \\ \qquad\qquad CH_3 \end{matrix}$$

★ **3.17** 命名下列化合物或写出它们的结构式。

a. $CH_3CH(C_2H_5)C\equiv CCH_3$ b. $(CH_3)_3CC\equiv CC\equiv CC(CH_3)_3$

c. 2-甲基-1,3,5-己三烯 d. 乙烯基乙炔

解：a. 4-甲基-2-己炔 b. 2,2,7,7-四甲基-3,5-辛二炔

c. $H_2C=CCH=CHCH=CH_2$ d. $CH_2=CH-C\equiv CH$
    $\quad\quad |$
    $\quad\quad CH_3$

★ **3.18** 写出分子式符合 C_5H_8 的所有开链烃的异构体并命名。

解：由分子式 C_5H_8 可以计算出分子的不饱和度为 2，开链烃分子中可以有两个双键或有一个叁键，因此它的异构体如下：

(1) $CH_3CH=C=CHCH_3$ (2) $CH_2=C=CHCH_2CH_3$ (3) $CH_2=C=CCH_3$
$\qquad\qquad\qquad\qquad\qquad\qquad\qquad\qquad\qquad\qquad\qquad\qquad\qquad\qquad\qquad |$
$\qquad\qquad\qquad\qquad\qquad\qquad\qquad\qquad\qquad\qquad\qquad\qquad\qquad\qquad\qquad CH_3$

2,3-戊二烯   1,2-戊二烯   3-甲基-1,2-丁二烯

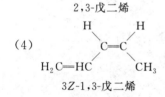

(4) 3Z-1,3-戊二烯   (5) 3E-1,3-戊二烯   (6) 2-甲基-1,3-丁二烯

(7) $CH\equiv CCH_2CH_2CH_3$ (8) $CH_3C\equiv CCH_2CH_3$ (9) $CH\equiv CCHCH_3$
$\qquad\qquad\qquad\qquad\qquad\qquad\qquad\qquad\qquad\qquad\qquad\qquad\qquad\qquad\qquad |$
$\qquad\qquad\qquad\qquad\qquad\qquad\qquad\qquad\qquad\qquad\qquad\qquad\qquad\qquad\qquad CH_3$

1-戊炔   2-戊炔   3-甲基-1-丁炔

(10) $CH_2=CHCH_2CH=CH_2$

1,4-戊二烯

★ **3.19** 以适当炔烃为原料合成下列化合物。

a. $CH_2=CH_2$ b. CH_3CH_3 c. CH_3CHO d. $CH_2=CHCl$ e. $CH_3CBr_2CH_3$

f. $CH_3CBr=CHBr$ g. CH_3CCH_3 h. $CH_3C=CH_2$ i. $(CH_3)_2CHBr$
$\qquad\qquad\qquad\qquad\qquad\qquad\quad ||\qquad\qquad\qquad |$
$\qquad\qquad\qquad\qquad\qquad\qquad\quad O\qquad\qquad\qquad Br$

解：a. $CH\equiv CH + H_2 \xrightarrow{Lindlar}$ T.M

b. $CH\equiv CH + H_2 \xrightarrow{Ni}$ T.M

第三章 不饱和烃   27

c. $CH\equiv CH + H_2O \xrightarrow[H_2SO_4]{HgSO_4}$ T.M

d. $CH\equiv CH + HCl \xrightarrow[120\sim 180℃]{HgCl_2/C}$ T.M

e. $CH\equiv CCH_3 + 2HBr \longrightarrow$ T.M

f. $CH\equiv CCH_3 + Br_2 \longrightarrow$ T.M

g. $CH\equiv CCH_3 + H_2O \xrightarrow[H_2SO_4]{HgSO_4}$ T.M

h. $CH\equiv CCH_3 + HBr \longrightarrow$ T.M

i. $CH\equiv CH + H_2 \xrightarrow{Lindlar} \xrightarrow{HBr}$ T.M

★ **3.20** 用简单并有明显现象的化学方法鉴别下列各组化合物。

a. 正庚烷   1,4-庚二烯   1-庚炔

b. 1-己炔   2-己炔   2-甲基戊烷

解：a. 正庚烷 / 1,4-庚二烯 / 1-庚炔 $\xrightarrow[CCl_4]{Br_2}$ (—) / (+)褪色 / (+)褪色 $\xrightarrow{Ag(NH_3)_2^+}$ (—) / (+)白色↓

b. 2-甲基戊烷 / 2-己炔 / 1-己炔 $\xrightarrow[CCl_4]{Br_2}$ (—) / (+)褪色 / (+)褪色 $\xrightarrow{Ag(NH_3)_2^+}$ (—) / (+)白色↓

★ **3.21** 完成下列反应式。

a. $CH_3CH_2CH_2C\equiv CH + HCl(过量) \longrightarrow$

b. $CH_3CH_2C\equiv CCH_3 + KMnO_4 \longrightarrow$

c. $CH_3CH_2C\equiv CCH_3 + H_2O \xrightarrow[H_2SO_4]{HgSO_4}$

d. $CH_2=CHCH=CH_2 + CH_2=CHCHO \longrightarrow$

e. $CH_3CH_2C\equiv CH + HCN \longrightarrow$

解：a. $CH_3CH_2CH_2C(Cl_2)CH_3$

b. $CH_3CH_2COOH + CH_3COOH$

c. $CH_3CH_2\underset{O}{\overset{O}{C}}CH_2CH_3 + CH_3CH_2CH_2\underset{O}{\overset{O}{C}}CH_3$

d. 环己烯-CHO（环己烯基甲醛）

e. $CH_3CH_2\underset{CN}{C}=CH_2$

★ **3.22** 分子式为 C_6H_{10} 的化合物 A，经催化氢化得 2-甲基戊烷。A 与硝酸银的氨溶液作用能生成灰白色沉淀。A 在汞盐催化下与水作用得到 $CH_3\underset{CH_3}{CH}CH_2\underset{O}{\overset{\|}{C}}CH_3$。推测 A 的结构式，并用反应式加简要说明表示推断过程。

解：由分子式 C_6H_{10} 可以计算出其不饱和度为 2，且可与硝酸银的氨溶液作用生成灰白色沉

淀，表明该官能团为末端炔键；再由催化氢化和汞盐催化下与水作用的结果，可以推断 A 的结构式为：

$$CH\equiv CCH_2\underset{\underset{CH_3}{|}}{C}HCH_3$$

$$CH\equiv CCH_2\underset{\underset{CH_3}{|}}{C}HCH_3 + H_2 \xrightarrow{催化剂} CH_3CH_2CH_2\underset{\underset{CH_3}{|}}{C}HCH_3$$

$$CH\equiv CCH_2\underset{\underset{CH_3}{|}}{C}HCH_3 + Ag(NH_3)_2^+ \longrightarrow CH_3\underset{\underset{CH_3}{|}}{C}HCH_2C\equiv CAg\downarrow$$

$$CH\equiv CCH_2\underset{\underset{CH_3}{|}}{C}HCH_3 + H_2O \xrightarrow[H_2SO_4]{HgSO_4} CH_3\underset{\underset{CH_3}{|}}{C}HCH_2\underset{\underset{O}{\|}}{C}CH_3$$

★ **3.23** 分子式为 C_6H_{10} 的 A 及 B，均能使溴的四氯化碳溶液褪色，并且经催化氢化得到相同的产物正己烷。A 可与氯化亚铜的氨溶液作用产生红棕色沉淀，而 B 不发生这种反应。B 经臭氧化后再还原水解，得到 CH_3CHO 及 $HCOCHO$（乙二醛）。推断 A 及 B 的可能结构，并用反应式加简要说明表示推断过程。

解：由 A、B 分子式 C_6H_{10} 可以计算出其不饱和度为 2，其中，A 可与氯化亚铜的氨溶液作用产生红棕色沉淀，表明该 A 官能团为末端炔键；B 经臭氧化后再还原水解，得到 CH_3CHO 及 $HCOCOH$（乙二醛），表明 B 中含有两个双键官能团，且 A、B 经催化氢化得到相同的产物正己烷，可以推断 A、B 的结构式为：

A. $CH_3CH_2CH_2CH_2C\equiv CH$ B. $CH_3CH=CHCH=CHCH_3$

$$\left.\begin{array}{l}CH_3CH_2CH_2CH_2C\equiv CH\\ CH_3CH=CHCH=CHCH_3\end{array}\right\}\xrightarrow{Br_2/CCl_4}\begin{array}{l}CH_3CH_2CH_2CH_2CBr_2CHBr_2\\ CH_3CHBrCHBrCHBrCHBrCH_3\end{array}$$

$$\left.\begin{array}{l}CH_3CH_2CH_2CH_2C\equiv CH\\ CH_3CH=CHCH=CHCH_3\end{array}\right\}\xrightarrow[Cat.]{H_2}CH_3CH_2CH_2CH_2CH_2CH_3$$

$$CH_3CH_2CH_2CH_2C\equiv CH + Cu(NH_3)_2^+ \longrightarrow CH_3CH_2CH_2CH_2C\equiv CCu\downarrow$$

$$CH_3CH=CHCH=CHCH_3 \xrightarrow[②Zn/H_2O]{①O_3} 2CH_3CHO + H\underset{\underset{O}{\|}}{C}\underset{\underset{O}{\|}}{C}H$$

★ **3.24** 写出 1,3-丁二烯及 1,4-戊二烯分别与 1mol HBr 或 2mol HBr 的加成产物。

解：

$$CH_2=CHCH=CH_2 + HBr \begin{array}{l}\xrightarrow{1,2-加成} CH_3CHBrCH=CH_2\\ \xrightarrow{1,4-加成} BrCH_2CH=CHCH_3\end{array}$$

$$CH_2=CHCH=CH_2 + 2HBr \begin{array}{l}\longrightarrow CH_3CHBrCHBrCH_3\\ \longrightarrow BrCH_2CH_2CHBrCH_3\end{array}$$

$$CH_2=CHCH_2CH=CH_2 \begin{array}{l}\xrightarrow{HBr} CH_3CHBrCH_2CH=CH_2\\ \xrightarrow{2HBr} CH_3CHBrCH_2CHBrCH_3\end{array}$$

第四章 环 烃

基本要求

一、脂环烃

（1）了解脂环烃的分类，掌握单环脂环烃的命名方法。
（2）掌握单环环烷烃的化学性质。
（3）理解环烷烃中角张力和扭转张力的概念，理解环的稳定性与环大小的关系。
（4）掌握直立键和平伏键的概念，掌握环己烷及其取代环己烷的构象及优势构象的分析方法。

二、芳香烃

（1）理解苯环的凯库勒式的含义及其"封闭环状共轭体系"的结构特点。
（2）掌握单环芳烃、稠环芳烃的命名。
（3）熟练掌握单环芳烃的化学性质，主要包括芳环上的亲电取代反应、芳环侧链的卤代反应、氧化反应和加成反应。
（4）掌握芳环发生亲电取代反应的机理及其定位效应。能够用电子效应（诱导效应和共轭效应）对定位规律进行解释，并能合理地运用定位规律进行芳香族化合物的合成设计。
（5）理解芳香性的含义，可利用休克尔规则来判断化合物的芳香性。

主要内容

一、脂环烃的分类与命名

碳干成环状而其化学性质与开链烃（即脂肪烃）相似的烃类称为脂环烃。按分子中有无饱和键可分为：饱和脂肪烃和不饱和脂肪烃；按分子中碳环数目可分为：单环脂环烃和多环烃。

单环脂环烃的命名，与开链烃类似，只是在相应的开链烃前加"环"字。当环上的取代基按"次序规则"进行编号；当存在立体异构时，要在名称前用"顺/反"或"Z/E"进行标明。另外，取代的单环脂环烃可能还存在旋光异构体，应用"R"或"S"标记出，这将在第五章中进行详细阐述。

二、环烷烃的结构与稳定性

环烷烃的稳定性主要取决于角张力和扭转张力。由于键角偏离正常值而引起的张力称为角张力；由于环上各原子间相互重叠而引起的张力叫扭转张力。角张力和扭转张力越大，环烷烃越不稳定。

环烷烃成键碳原子为 sp^3 杂化，正常的键角应为 $109°28'$，但实际上，环大小不同，键角是不同的。

环丙烷中所有的碳原子均在同一平面上，因此，相邻两碳原子的氢原子彼此重叠，具有很大的扭转张力；为了尽可能减少角张力，环上原子间成键是采用弯曲键，键角 $105.5°$。由于重叠程度较小，电子云分散在两个碳原子连线的外侧，容易受到亲电试剂的进攻，发生加成反应而开环。

与环丙烷相比，环丁烷的碳原子不在同一平面上，减少了扭转张力；尽管环丁烷的碳碳键也是弯曲键，但弯曲程度要小些，因此，环丁烷比环丙烷稳定。

从五元环到七元环，角张力和扭转张力进一步减少，其 sp^3 轨道可以沿键轴方向重叠，电子云重叠程度较大，键较牢固，因此环都很稳定。

三、环烷烃的化学性质

小环（环丙烷、环丁烷）化学性质与烯烃相似，易开环进行加成反应。环丁烷的开环较环丙烷稍难，如催化加氢需 $120℃$、与 HX 和卤素的加成开环要在加热的条件才能发生。以环丙烷为例：

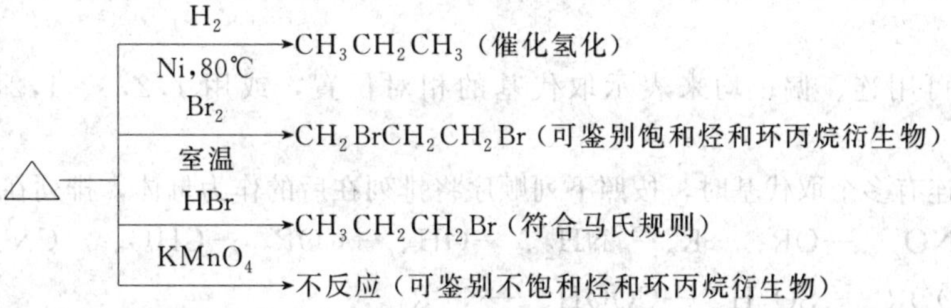

$$\triangle \begin{cases} \xrightarrow{H_2, Ni, 80℃} CH_3CH_2CH_3 \text{（催化氢化）} \\ \xrightarrow{Br_2, 室温} CH_2BrCH_2CH_2Br \text{（可鉴别饱和烃和环丙烷衍生物）} \\ \xrightarrow{HBr} CH_3CHBrCH_2CH_2Br \text{（符合马氏规则）} \\ \xrightarrow{KMnO_4} \text{不反应（可鉴别不饱和烃和环丙烷衍生物）} \end{cases}$$

对于普通环中的环戊烷和环己烷而言，环很稳定，不易发生加成反应，而易发生类似烷烃中的自由基取代反应。

四、(取代)环己烷的构象

1. 环己烷和一取代环己烷的构象

环己烷有三种典型的构象：椅式、船式和扭船式，其中椅式构象是最稳定的，是优势构象。常温下，环己烷分子中 99% 以上为椅式构象；且三种典型的构象之间可以很容易翻转互变，同时原来的直立键（a 键）和平伏键（e 键）也相互发生了转变。

一取代环己烷的取代基一般处于椅式构象的 e 键上，这时体系的能量最低，是优势构象。取代基越大，其在 e 键上的比例越大。

2. 二取代环己烷的构象

环己烷分子上有两个取代基时，应遵循下列顺序和规律来确定优势构象：
① 较大的取代基在 e 键上的构象；
② 取代基的顺、反构型关系；
③ 取代基处于 e 键上最多的构象。

五、苯的结构与芳香性

杂化轨道理论认为，苯分子中的六个碳原子均为 sp^2 杂化，处于同一平面，键角为 $120°$，六个 p 轨道上的 p 电子以"肩并肩"的方式形成了电子云高度平均化、环状闭合的"六中心六电子"的大共轭离域体系（π_6^6）。

从氢化热分析，苯分子的氢化热（$208kJ·mol^{-1}$）要比 3 倍的环己烯氢化热（$120kJ·mol^{-1}$）低 $152kJ·mol^{-1}$，这部分降低的能量称为苯的共振能或离域能。共振能越大，共轭体系越稳定。因此，苯环虽然具有高度不饱和性，但却具有相当的稳定性，难于发生加成和氧化反应，却易于发生亲电取代反应，这种特性就称为"芳香性"。

判断一个化合物是否具有芳香性，可用休克尔规则（Hückel）：一个具有平面封闭环状的共轭体系中，π 电子数为 $4n+2$（$n=0,1,2,3\cdots$）时，则该化合物具有芳香性。因此根据休克尔规则，定义某个化合物是否具有芳香性，必须同时满足以下三个条件：①是一个封闭环状共轭体系；②组成环的原子都在同一平面上；③ π 电子数符合 $4n+2$（$n=$ 整数）通式。

凡符合休克尔规则，但分子中不含苯环的烃类化合物称为非苯芳烃。

六、芳烃的命名

单环芳烃可看作苯环上的氢原子被烃基取代的衍生物，分为一烃基苯、二烃基苯和三烃基苯。命名时，以苯环作为母体，烃基作为取代基，称为某烃基苯。

二烃基苯可用邻（o）、间（m）、对（p）来表示取代基的相对位置，或用 1,2、1,3、1,4 来表示。

三烃基苯可用连、偏、均来表示取代基的相对位置，或用 1,2,3、1,2,4、1,3,5 来表示。

当苯环上连有多个取代基时，按照下列顺序将排列在后的作为母体，排列在前的作为取代基：—Cl、—NO_2、—OR、—R、—NH_2、—OH、—COR、—CHO、—CN、—$CONH_2$、—COX、—COOR、—SO_3H、—COOH、—N^+R_3。

但在下列情况下，苯环常作取代基（即苯基）：①苯环所连接的烃基较长或较复杂；②所连烃基为不饱和烃基；③链烃上有多个苯环。

七、单环芳烃的化学性质

1. 亲电取代反应

芳烃典型的反应是亲电取代反应，主要有卤代、硝化、磺化、傅-克烷基化和酰基化反应。该类型的反应特点是当苯环上有活化基团时，易于发生亲电取代，主要生成邻、对位产物；当苯环上有钝化基团时，难以发生亲电取代，主要生成间位产物。其反应历程可表示为：

$$\text{benzene} + E^+ \rightleftharpoons [\text{benzene}\cdots E^+] \xrightarrow{\text{慢}} [\text{arenium cation with E,H}]^+ \xrightarrow[-H^+]{\text{快}} \text{Ar-E}$$

π-络合物　　　σ-络合物

$$\text{benzene} \begin{cases} \xrightarrow[\text{Fe 粉或 FeX}_3]{X_2(X=Cl/Br)} \text{Ar-X} & \text{卤代反应为不可逆反应} \\[4pt] \xrightarrow[\text{浓 H}_2\text{SO}_4]{\text{浓 HNO}_3} \text{Ar-NO}_2 & \text{硝化反应为不可逆反应} \\[4pt] \xrightarrow[75\sim80℃]{\text{浓 H}_2\text{SO}_4} \text{Ar-SO}_3\text{H} & \text{磺化反应为可逆反应,与稀硫酸中共热可脱去磺酸基,在合成上可用于占位} \\[4pt] \xrightarrow[\text{AlCl}_3]{R-Cl} \text{Ar-R} & \text{多种缺电子的 Lewis 酸可作催化剂;3 个碳以上的烃基易发生碳链异构化;通常有多烷基化产物生成;苯环上有吸电子基团或碱性基团时,反应不发生} \\[4pt] \xrightarrow[\text{AlCl}_3]{RCOX} \text{Ar-COR} & \text{无异构化产物,也无多取代产物} \end{cases}$$

2. α-H 的卤代

烷基苯在光照或加热条件下,可与卤素（Cl_2 和 Br_2）发生侧链 α-H 的卤代,且 α-H 可逐个被取代,其反应历程是自由基取代机理。

$$\text{Ph-CH}_2\text{R} \xrightarrow[\text{日光或高温}]{X_2(X=Cl/Br)} \text{Ph-CHXR}$$

3. 加成反应

芳烃难于加成,但在催化氢化或紫外线的照射下,比较容易发生加成反应。

$$\text{benzene} \begin{cases} \xrightarrow[\text{加压,高温}]{H_2,\text{Ni}} \text{环己烷} & \text{不能发生分段催化氢化} \\[4pt] \xrightarrow[\text{紫外线}]{Cl_2} \text{C}_6\text{H}_6\text{Cl}_6 & \text{自由基加成,产物简称"六六六"} \end{cases}$$

4. 氧化反应

在酸性 $KMnO_4$ 或 $K_2Cr_2O_7$ 等氧化剂作用下,烷基苯被氧化成苯甲酸,无论侧链长短,只要 α-碳上有氢原子,均被氧化成苯甲酸;若 α-碳上无氢原子,侧链就不能被氧化。但在激烈的条件下,苯环也能被氧化破坏。

$$(H_3C)_3C\text{-}\underset{}{\text{C}_6\text{H}_4}\text{-}CH(CH_3)_2 \xrightarrow[H^+,\triangle]{KMnO_4} (H_3C)_3C\text{-}\underset{}{\text{C}_6\text{H}_4}\text{-}COOH$$

$$\text{benzene} \xrightarrow[450\sim500℃]{V_2O_5,O_2} \text{马来酸酐}$$

八、芳环上亲电取代反应的活性与定位效应

1. 两类定位基

（1）邻对位定位基　一般来说，它们都是推电子基团（卤素除外），可向苯环供电子，使苯环的π电子云密度增加，且邻位和对位的电子云密度比间位增加的要多些，有利于亲电取代反应的进行。这类定位基使得新基团主要进入它的邻位和对位（$o+p>60\%$）：$-O^-$、$-NR_2$、$-NHR$、$-NH_2$、$-OH$、OR、$-NHCOR$、$-OCOR$、$-R$、$-Ph$、$-CH=CH_2$、X（活化苯环的能力依次降低）。

（2）间位定位基　它们都是吸电子基团，使得苯环的π电子云密度减少，且邻位和对位的电子云密度比间位减少的更多些，不利于亲电取代反应的进行。这类定位基使得新基团主要进入它的间位（$m>40\%$）：$-N^+R_3$、$-NO_2$、$-CF_3$、$-CCl_3$、$-CN$、$-SO_3H$、$-C=O$、$-COCH_3$、$-COOH$、$-CONH_2$（钝化苯环的能力依次降低）。

2. 定位效应的应用

二元取代苯发生亲电取代时，第三个取代基进入的位置由原取代基的性质决定：两取代基定位方向一致时，共同确定；定位方向不一致时，若取代基为同类，则由强者支配；若取代基为不同类，则由邻、对位定位基支配。

例题分析

例 4.1　用系统命名法命名下列化合物。

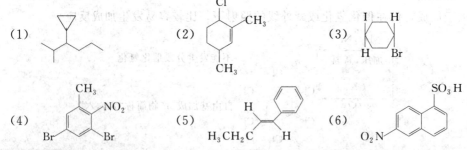

解：(1) 2-甲基-3-环丙基己烷　　　　(2) 1,3-二甲基-6-氯-1-环己烯
　　(3) 反-1-溴-4-碘环己烷　　　　　(4) 2-硝基-3,5-二溴甲苯
　　(5) E-1-苯基-1-丁烯　　　　　　(6) 6-硝基-1-萘磺酸

例 4.2　按照要求回答下列问题。

(1) 画出反-4-叔丁基氯代环己烷的稳定构象式，并指出氯原子位于何种键上。

(2) 用简单的化学方法鉴别下列化合物：a. 正丁烷；b. 1-丁烯；c. 甲基环丙烷。

(3) 氯代苯的芳香亲电取代反应的活性比苯低，但氯取代基又属于邻、对位定位基，请说明原因。

(4) 下面的化合物进行硝化反应的速率顺序是（　　　　　）。

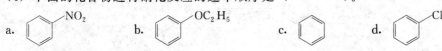

(5) 下列化合物中具有芳香性的是（   ）。

a. 　　b.  　　c.  　　d.

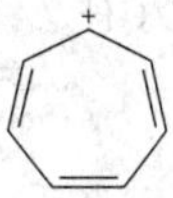

解：（1）氯原子在 e 键上，其稳定构象式如下：

（2）

（3）氯的电负性较大，诱导效应使得苯环上的电子云密度比苯低；而 p-π 共轭效应，使邻、对位活性比间位大。

（4）硝化反应的速率排序：b＞c＞d＞a。

（5）具有芳香性的化合物是：b 和 d。

▶ **例 4.3** 写出下列反应的主要产物。

(1) 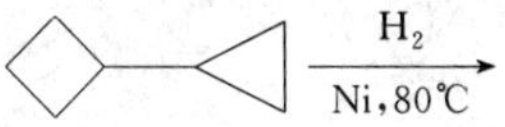 ─⟶ $\xrightarrow{H_2}{Ni,80℃}$

(2) ─⟶ $\xrightarrow{HBr}$

(3) ─⟶ $\xrightarrow{Br_2}{h\nu}$

(4) ─⟶ $\xrightarrow{NBS}{过氧化物}$ $\xrightarrow{KOH}{EtOH}$

(5) ─⟶ $\xrightarrow{HNO_3}{H_2SO_4}$

(6) ─⟶ $\xrightarrow{AlCl_3}$

(7) ─⟶ $\xrightarrow{KMnO_4}{H_2SO_4}$

解：(1) ─CH(CH$_3$)$_2$　　(2) (CH$_3$)$_2$CHCH$_3$ (with Br)　　(3)

(4) ─CHBrCH$_3$，─CH=CH$_2$　　(5)

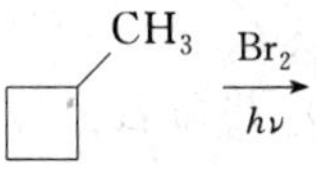

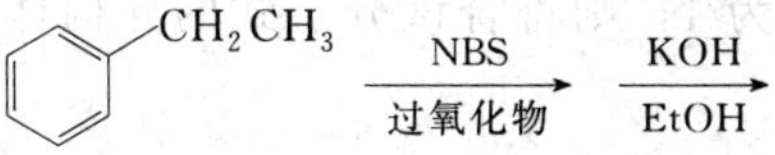

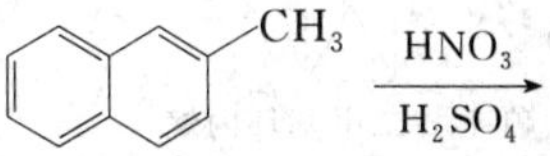

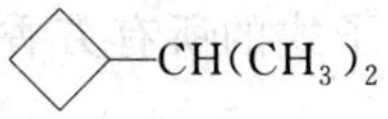

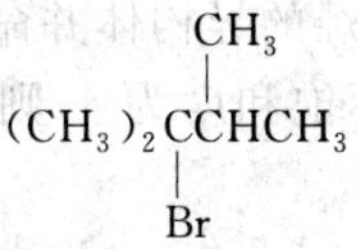

(6) 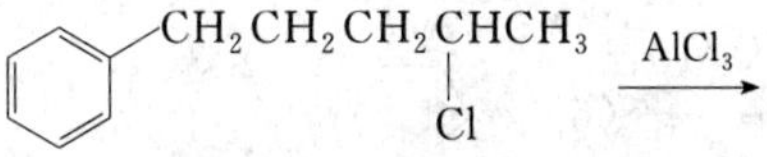 　　(7) 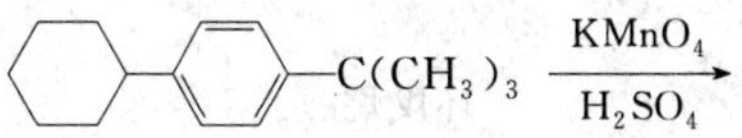 HOOC─⬡─C(CH$_3$)$_3$

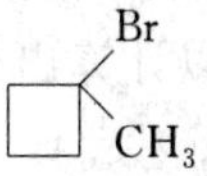

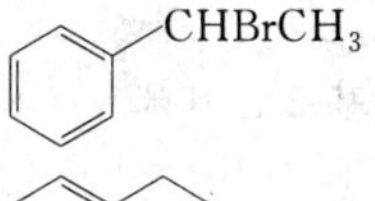

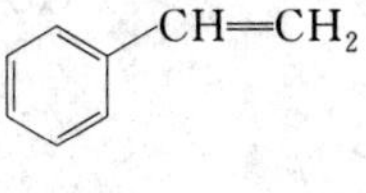

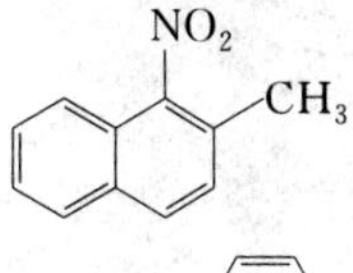

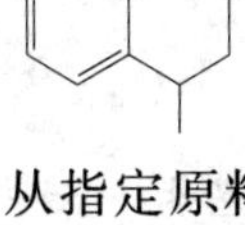

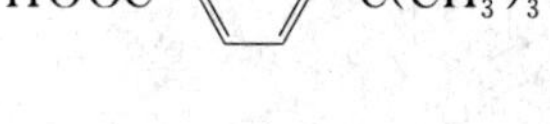

▶ **例 4.4** 从指定原料出发合成下列化合物。

(1) [benzene with CH₃] ⟹ [4-Br, 3-NO₂, 1-COOH benzene]

(2) [toluene] ⟹ O₂N—[benzene]—CH₂—[benzene]

(3) [benzene] ⟹ Cl—[benzene]—CH=CH₂

解：(1) [CH₃-benzene] →(Br₂/FeBr₃)→ [4-Br toluene] →(KMnO₄/H₂SO₄)→ [4-Br benzoic acid] →(浓HNO₃/浓H₂SO₄)→ T.M

(2) [CH₃-benzene] →(Cl₂/hν)→ [PhCH₂Cl] +[benzene]→(AlCl₃)→ [Ph-CH₂-Ph] →(浓HNO₃/浓H₂SO₄)→ T.M

(3) [benzene] →(CH₃CH₂Cl/AlCl₃)→ [PhCH₂CH₃] →(NBS/过氧化物)→ →(KOH/EtOH,△)→ [PhCH=CH₂] →(Cl₂/FeCl₃)→ T.M

习题解析

★ **4.1** 写出分子式符合 C_5H_{10} 的所有脂环烃的异构体（包括顺反异构）并命名。

解：由分子式 C_5H_{10} 可以计算出分子的不饱和度为 1，则符合该分子式的异构体为饱和脂环烃。

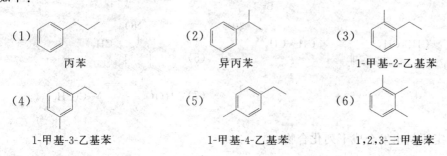

(1) 1,1-二甲基环丙烷   (2) 1-乙基环丙烷   (3) 顺-1,2-二甲基环丙烷

(4) 反-1,2-二甲基环丙烷   (5) 甲基环丁烷   (6) 环戊烷

★ **4.2** 写出分子式符合 C_9H_{12} 的所有芳香烃的异构体并命名。

解：由分子式 C_9H_{12} 可以计算出分子的不饱和度为 4，则符合该分子式的所有芳香烃的异构体如下：

(1) 丙苯   (2) 异丙苯   (3) 1-甲基-2-乙基苯

(4) 1-甲基-3-乙基苯   (5) 1-甲基-4-乙基苯   (6) 1,2,3-三甲基苯

(7) 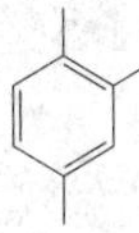 1,2,4-三甲基苯

(8) 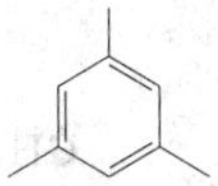 1,3,5-三甲基苯

★ **4.3** 命名下列化合物或写出结构式。

a. 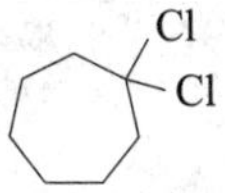 1,1-二氯环庚烷结构

b. 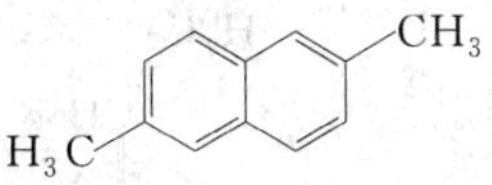 2-甲基-6-甲基萘结构

c. 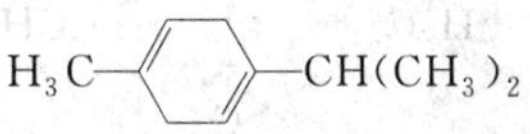 H_3C—苯环—$CH(CH_3)_2$

d. 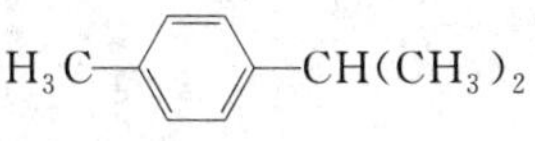 H_3C—苯环—$CH(CH_3)_2$

e. 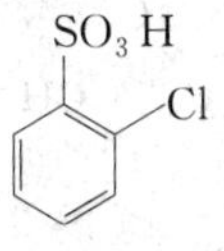 2-氯苯磺酸结构

f. 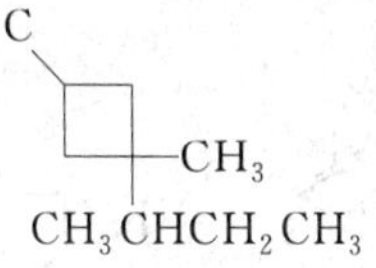 环丁烷取代结构

g. 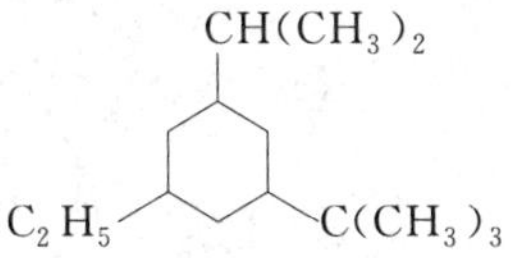 三取代环己烷结构

h. 4-硝基-2-氯甲苯

i. 2,3-二甲基-1-苯基-1-戊烯

j. 顺-1,3-二甲基环戊烷

解：
a. 1,1-二氯环庚烷
b. 2,6-二甲基萘
c. 1-甲基-4-异丙基-1,4-环己二烯
d. 1-甲基-4-异丙苯
e. 2-氯苯磺酸
f. 1,3-二甲基-1-仲丁基环丁烷
g. 1-乙基-3-异丙基-5-叔丁基环己烷
h. 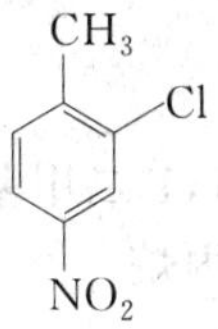 结构式
i. 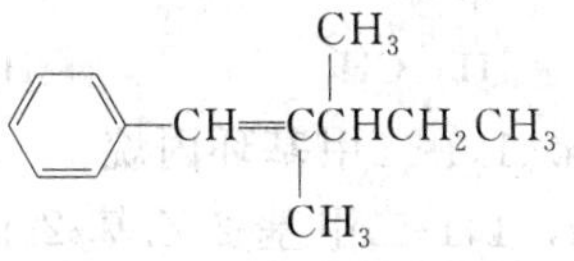 结构式
j. 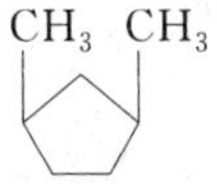 结构式

★ **4.4** 指出下面结构式中 1~7 号碳原子的杂化状态。

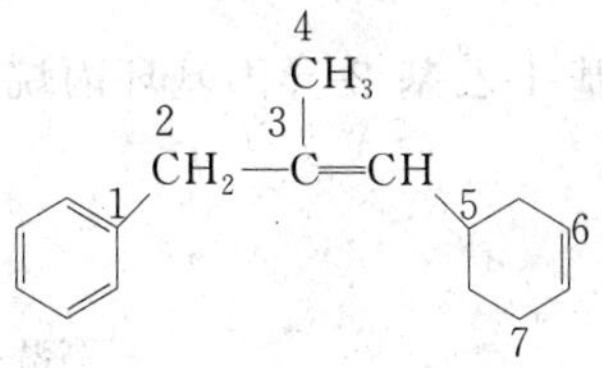

解：下面结构式中，1、3、6 三个碳原子的杂化方式是 sp^2；2、4、5、7 四个碳原子的杂化方式是 sp^3。

★ **4.5** 将下列结构式改写为键线式。

a. 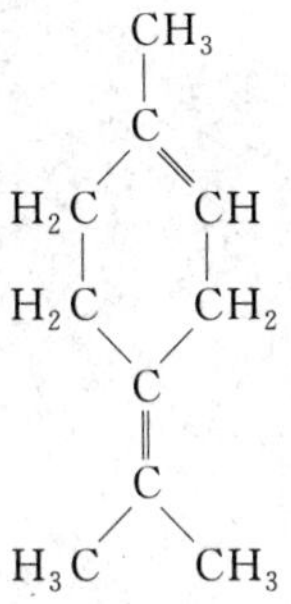 结构式

b. 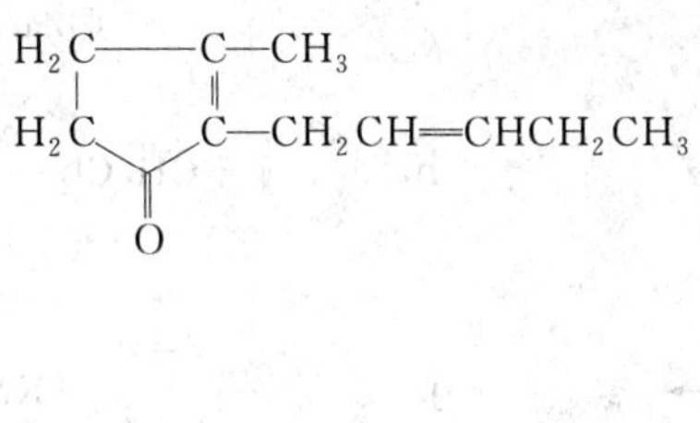 结构式

c. 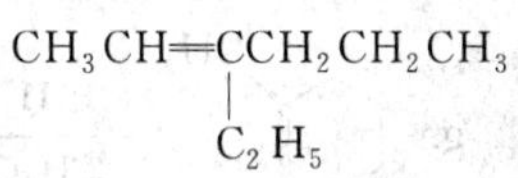 $CH_3CH=CHCH_2CH_3$ 带 C_2H_5

解：a. 　b. 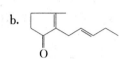　c. 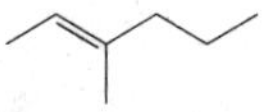 (structure)

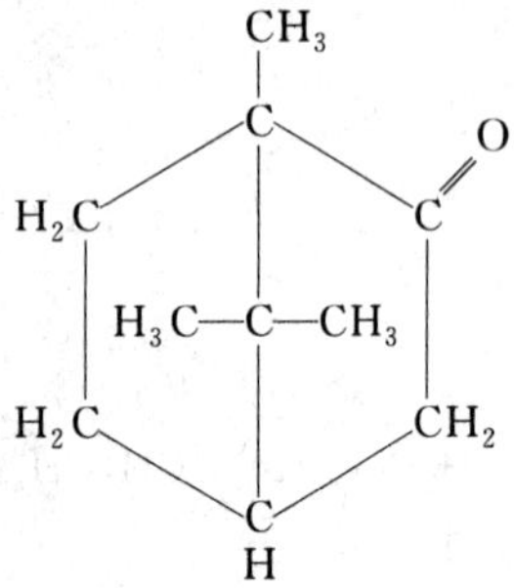

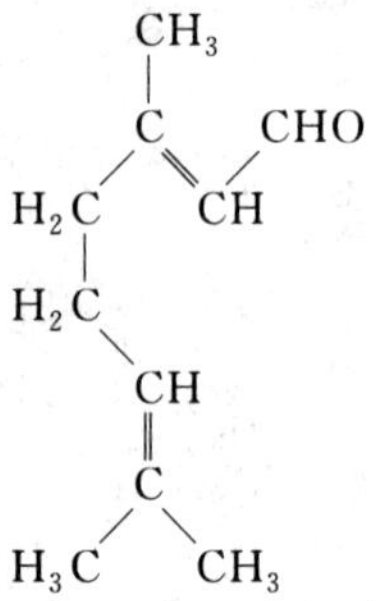

d. 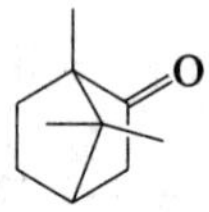 (structure)　e. 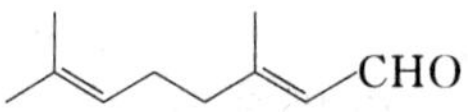 (structure)

★ 4.6 命名下列化合物，指出哪个有几何异构体，并写出它们的构型式。

a. 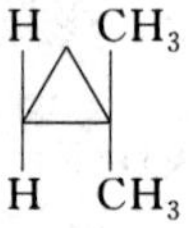 (structure)　b. 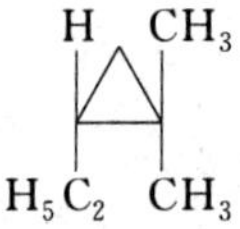 (structure)　c. 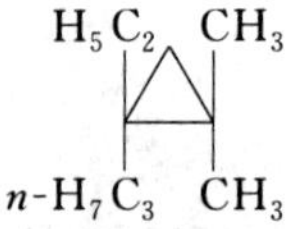 (structure)　d. 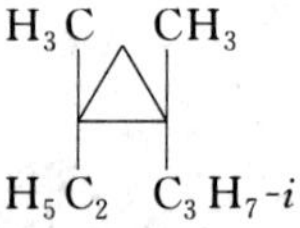 (structure)

解：a. 1,1-二甲基环丙烷　　　b. 1,1-二甲基-2-乙基环丙烷

c. 1,1-二甲基-2-乙基-2-正丙基环丙烷

d. 具有几何异构体：

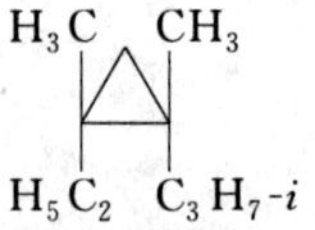

(structure) 顺-1,2-二甲基-1-乙基-2-异丙基环丙烷

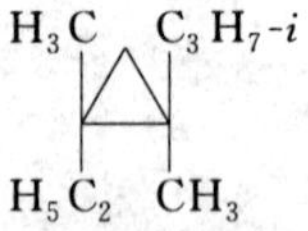

(structure) 反-1,2-二甲基-1-乙基-2-异丙基环丙烷

★ 4.7 完成下列反应。

a. 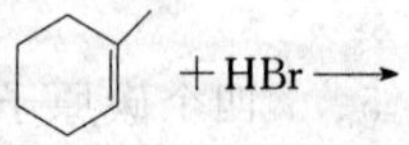 (cyclohexene) $+HBr \longrightarrow$

b. 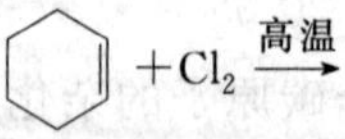 (benzene) $+Cl_2 \xrightarrow{\text{高温}}$

c. 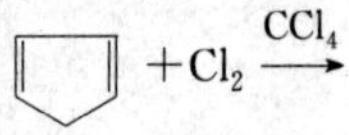 (cyclopentene) $+Cl_2 \xrightarrow{CCl_4}$

d. 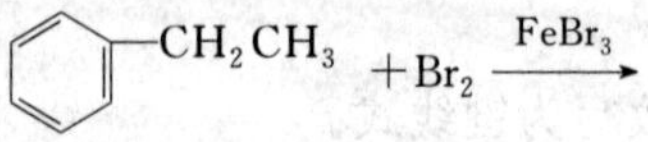 (ethylbenzene) $+Br_2 \xrightarrow{FeBr_3}$

e. 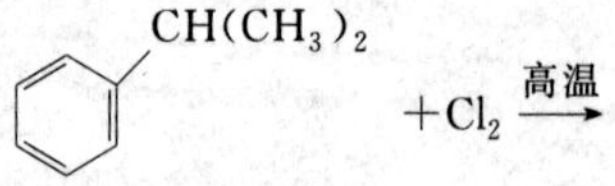 (isopropylbenzene) $+Cl_2 \xrightarrow{\text{高温}}$

f. 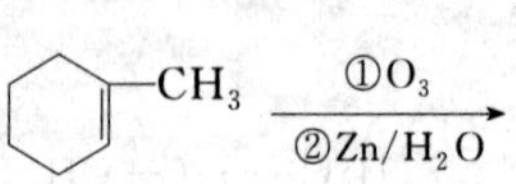 (1-methylcyclohexene) $\xrightarrow{①O_3}{②Zn/H_2O}$

g. (1-methylcyclohexene) $\xrightarrow{①H_2SO_4}{②H_2O, \triangle}$

h. (benzene) $+CH_2Cl_2 \xrightarrow{AlCl_3}$

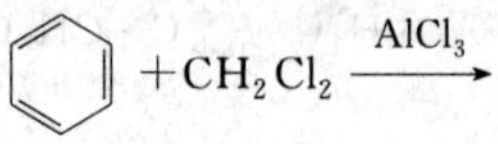

i. 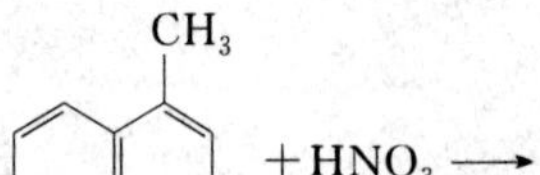 (1-methylnaphthalene) $+HNO_3 \longrightarrow$

j. 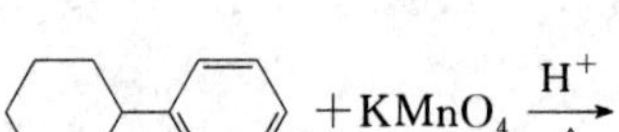 (biphenyl/cyclohexylbenzene) $+KMnO_4 \xrightarrow{H^+}{\triangle}$

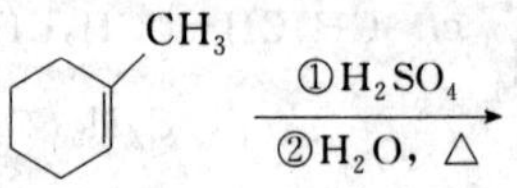

k. 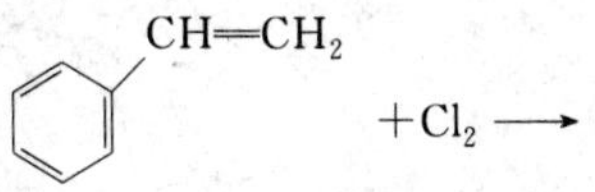 [PhCH=CH₂] +Cl₂ ⟶

解：a. 1-甲基-1-溴环己烷

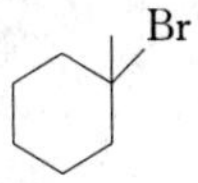

b. 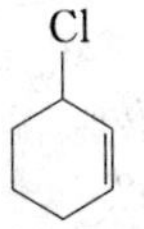 3-氯环己烯

c. 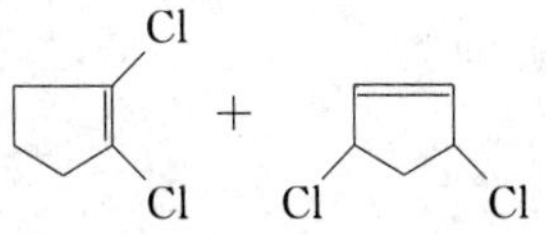 1,2-二氯环戊烯 + 3,4-二氯环戊烯

d. 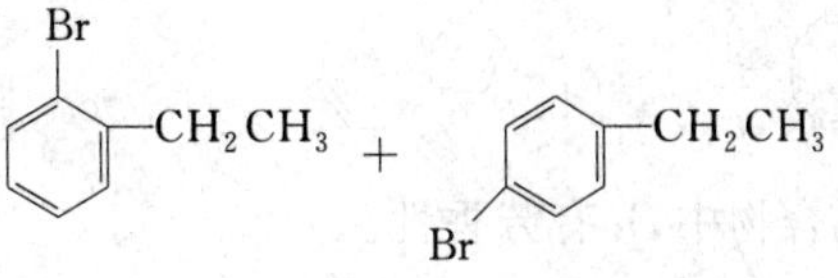 邻溴乙苯 + 对溴乙苯

e. 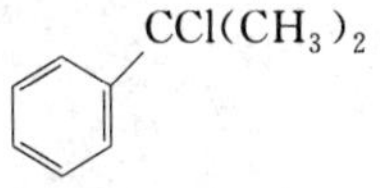 异丙基氯苯 (PhCCl(CH₃)₂)

f. 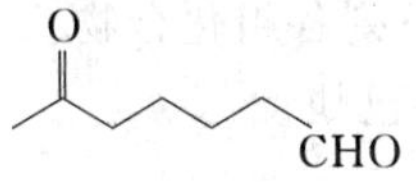 6-氧代己醛 (CH₃CO-(CH₂)₃-CHO)

g. 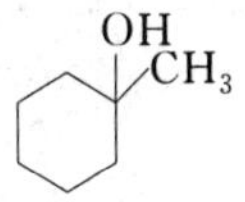 1-甲基环己醇

h. 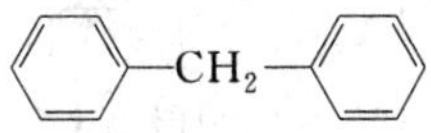 二苯甲烷 (Ph-CH₂-Ph)

i. 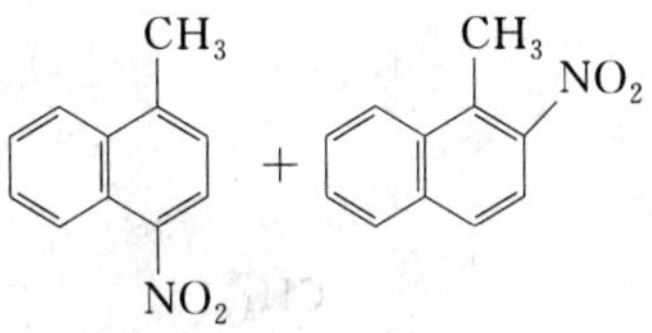 1-甲基-4-硝基萘 + 1-甲基-2-硝基萘

j. 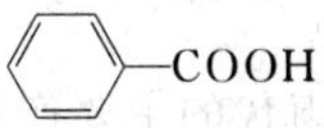 苯甲酸 (Ph-COOH)

k. 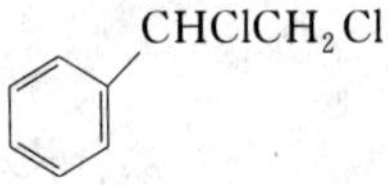 PhCHClCH₂Cl

★ **4.8** 写出反-1-甲基-3-异丙基环己烷及顺-1-甲基-4-异丙基环己烷的可能椅式构象，并指出占优势的构象。

解：反-1-甲基-3-异丙基环己烷的可能椅式构象有：

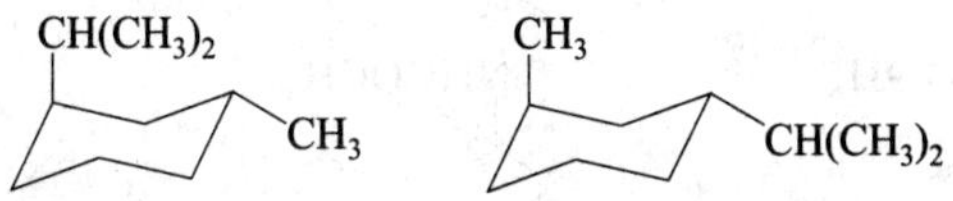

（椅式构象图：CH(CH₃)₂ 与 CH₃） （椅式构象图：CH₃ 与 CH(CH₃)₂） 优势构象

顺-1-甲基-4-异丙基环己烷的可能椅式构象有：

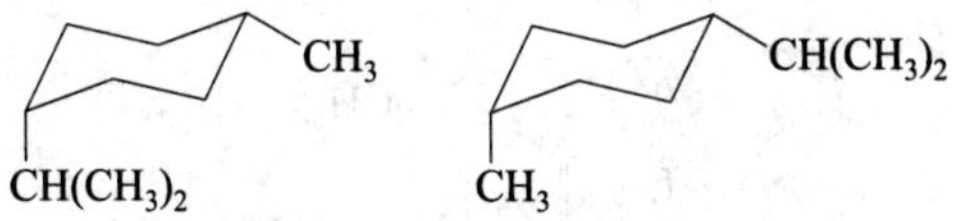

（椅式构象图：CH₃ 与 CH(CH₃)₂） （椅式构象图：CH(CH₃)₂ 与 CH₃） 优势构象

★ **4.9** 二甲苯的几种异构体在进行一元溴代反应时，各能生成几种一溴代产物？写出它们的结构式。

解：邻二甲苯 + Br₂ ─FeBr₃→ 3-溴邻二甲苯 + 4-溴邻二甲苯

间二甲苯 + Br₂ ─FeBr₃→ 4-溴间二甲苯 + 2-溴间二甲苯

第四章 环烃

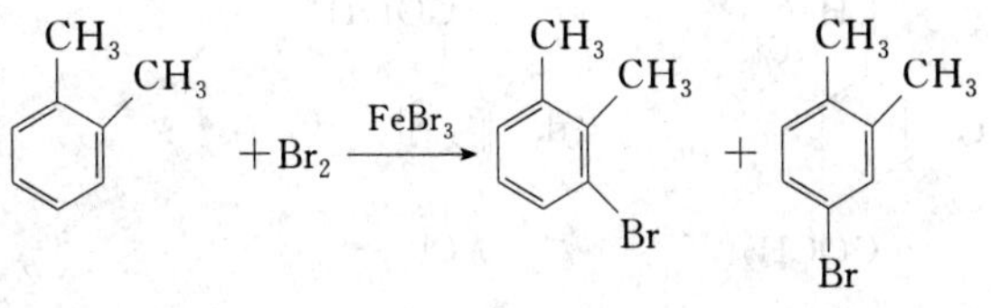

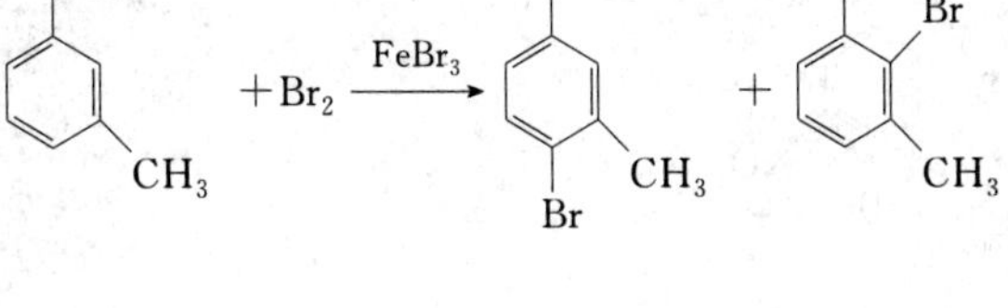

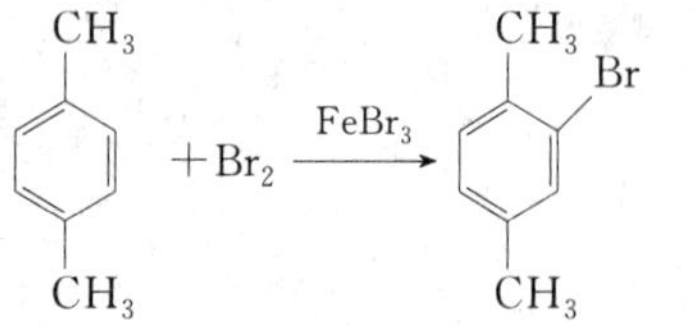

对二甲苯 + Br₂ →(FeBr₃) 2-溴-1,4-二甲苯

★ 4.10 下列化合物中,哪个可能有芳香性?

　　a.  环辛四烯　　b. 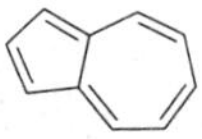 薁　　c.  环戊二烯

解: 所列化合物中,b 有芳香性。

★ 4.11 用简单化学方法鉴别下列各组化合物。

　　a. 1,3-环己二烯、苯和 1-己炔。
　　b. 环丙烷和丙烯。

解: a. 1,3-环己二烯 ⎫　　　　　　　Br₂/CCl₄(+)褪色
　　　　　　苯　　　　　⎬ Ag(NH₃)₂⁺ (−)　 ─────
　　　　　　1-己炔　　　⎭　　　　　　(+)白色↓

　　b. 环丙烷 ⎫ KMnO₄ (−)
　　　　丙烯 　⎬ ────
　　　　　　　⎭ H₂SO₄ (+)褪色

★ 4.12 写出下列化合物进行一元卤代的主要产物。

　a. 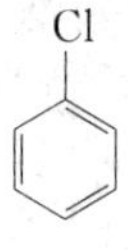 氯苯　　b.  苯甲酸　　c. 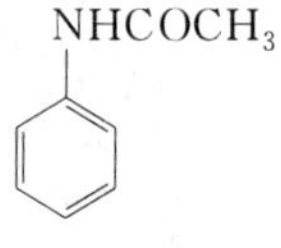 乙酰苯胺　　d. 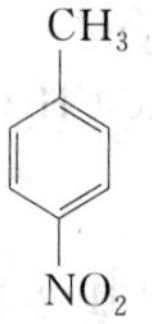 对硝基甲苯

　e. 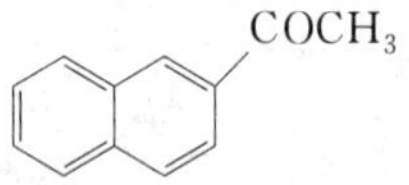 2-乙酰基萘　　f. 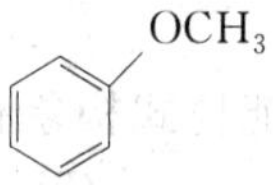 苯甲醚

解: a. 邻、对位取代氯苯　　b.  间位取代苯甲酸　　c. 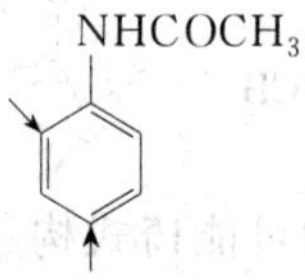 邻、对位取代乙酰苯胺　　d. 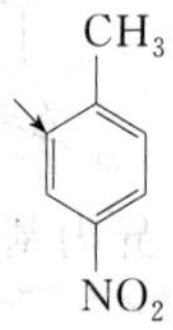 邻位取代对硝基甲苯

　e. 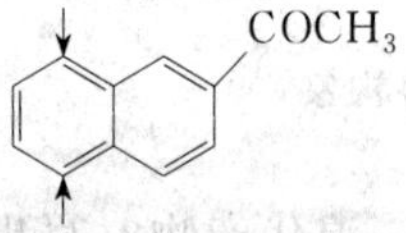 1,8-位取代　　f. 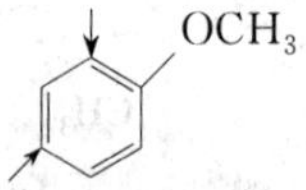 邻、对位取代苯甲醚

★ 4.13 由苯或甲苯及其他无机或必要有机试剂制备下列化合物。

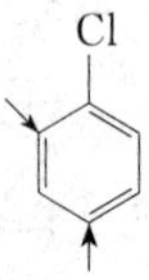

　a. 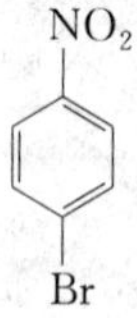 对溴硝基苯　　b. 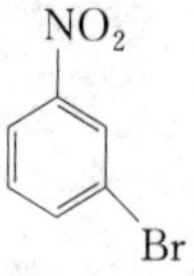 间溴硝基苯　　c. 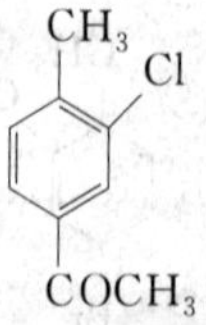 2-氯-4-乙酰基甲苯　　d. 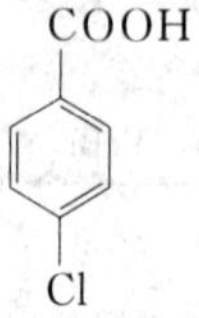 对氯苯甲酸

　e. 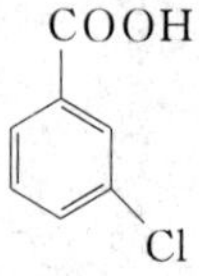 间氯苯甲酸　　f. 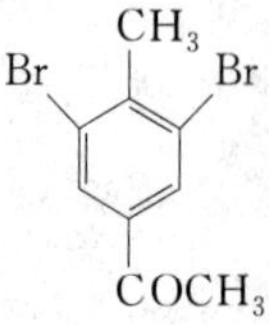 3,5-二溴-4-甲基乙酰苯　　g. 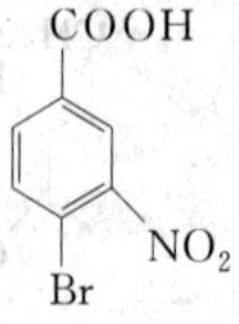 4-溴-3-硝基苯甲酸

解：a. 苯 $\xrightarrow[\text{Fe 粉}]{\text{Br}_2}$ 溴苯 $\xrightarrow[\text{浓 H}_2\text{SO}_4]{\text{浓 HNO}_3}$ T.M

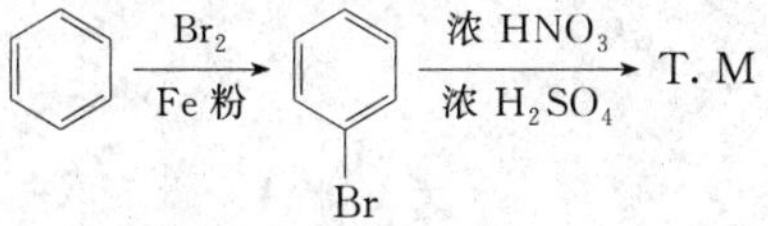

b. 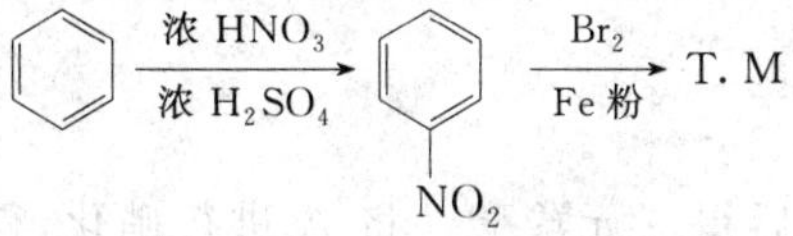 苯 $\xrightarrow[\text{浓 H}_2\text{SO}_4]{\text{浓 HNO}_3}$ 硝基苯 $\xrightarrow[\text{Fe 粉}]{\text{Br}_2}$ T.M

c. 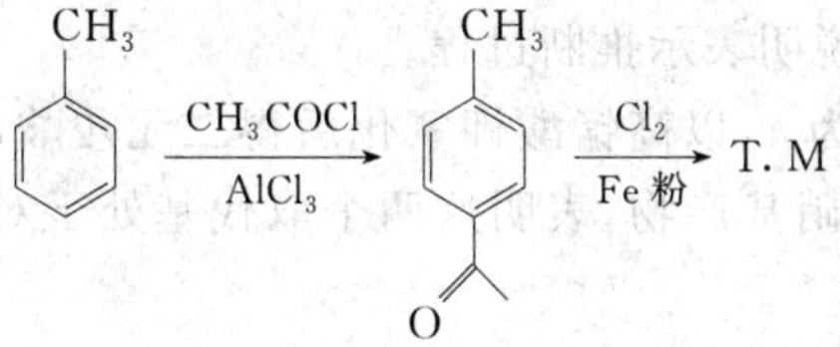 甲苯 $\xrightarrow[\text{AlCl}_3]{\text{CH}_3\text{COCl}}$ 对甲基苯乙酮 $\xrightarrow[\text{Fe 粉}]{\text{Cl}_2}$ T.M

d. 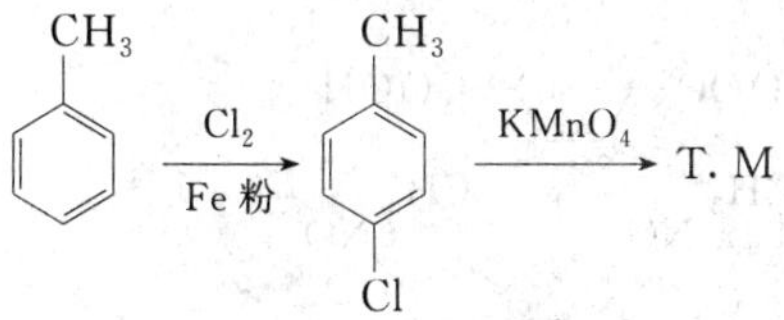 甲苯 $\xrightarrow[\text{Fe 粉}]{\text{Cl}_2}$ 对氯甲苯 $\xrightarrow{\text{KMnO}_4}$ T.M

e. 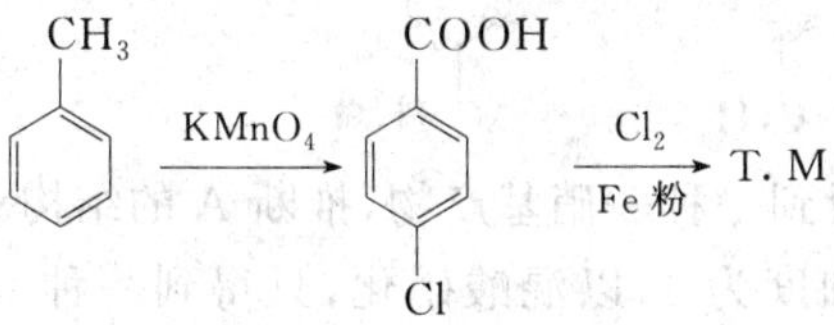 甲苯 $\xrightarrow{\text{KMnO}_4}$ 苯甲酸 $\xrightarrow[\text{Fe 粉}]{\text{Cl}_2}$ T.M

f. 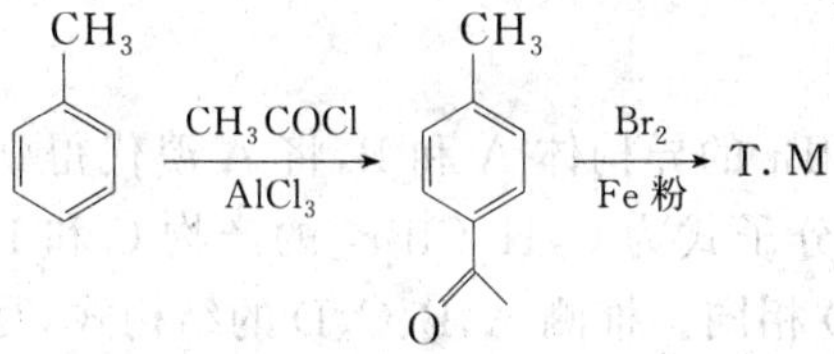 甲苯 $\xrightarrow[\text{AlCl}_3]{\text{CH}_3\text{COCl}}$ 对甲基苯乙酮 $\xrightarrow[\text{Fe 粉}]{\text{Br}_2}$ T.M

g. 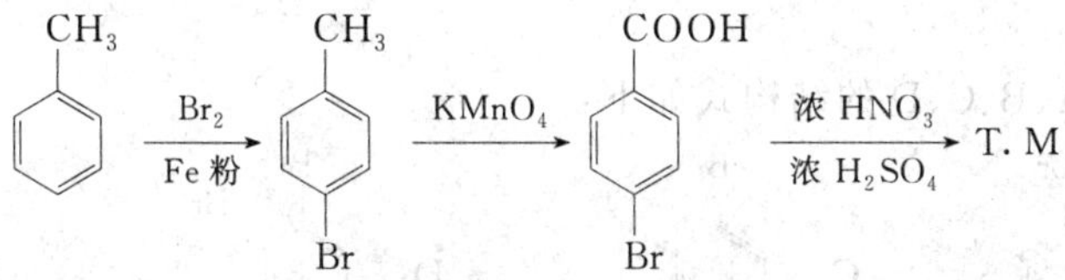 甲苯 $\xrightarrow[\text{Fe 粉}]{\text{Br}_2}$ 对溴甲苯 $\xrightarrow{\text{KMnO}_4}$ 对溴苯甲酸 $\xrightarrow[\text{浓 H}_2\text{SO}_4]{\text{浓 HNO}_3}$ T.M

4.14 分子式为 C_6H_{10} 的 A，能被高锰酸钾氧化，并能使溴的四氯化碳溶液褪色，但在汞盐催化下不与稀硫酸作用。A 经臭氧化，再还原水解只得到一种分子式为 $C_6H_{10}O_2$ 的不带支链的开链化合物。推测 A 的可能结构，并用反应式加简要说明表示推断过程。

解：由分子式 C_6H_{10} 可以计算出分子的不饱和度为 2，根据在汞盐催化下不与稀硫酸作用的条件，可以推断分子中不含叁键；经臭氧化，再还原水解只得到一种分子式为 $C_6H_{10}O_2$ 的不带支链的开链化合物，可以推断分子 A 是含有一个双键的环状化合物。因此，A 可能的结构如下：

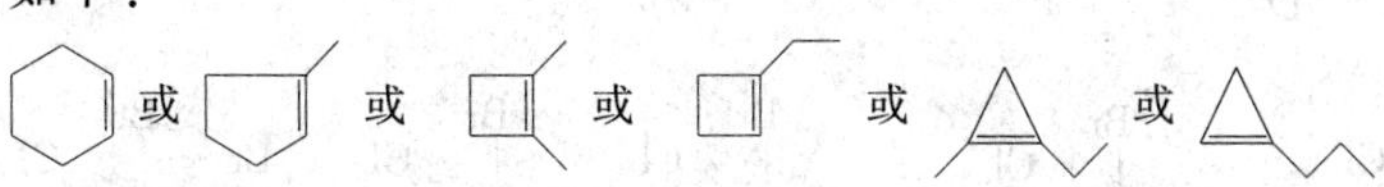

环己烯 或 甲基环戊烯 或 二甲基环丁烯 或 乙基环丁烯 或 二甲基环丙烯 或 甲基乙基环丙烯

以环己烯为例，用反应式来说明推断过程：

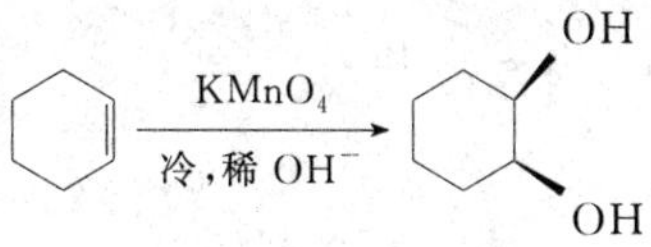

环己烯 $\xrightarrow[\text{冷, 稀 OH}^-]{\text{KMnO}_4}$ 环己烷-1,2-二醇

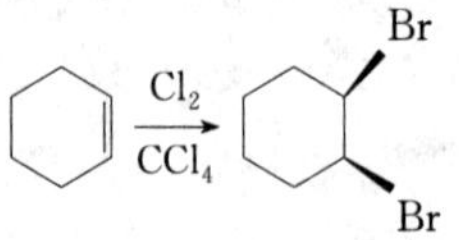

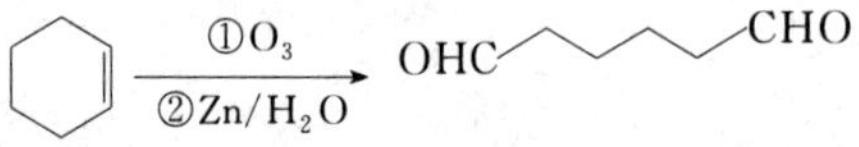

4.15 分子式为 C_9H_{12} 的芳烃 A，以高锰酸钾氧化后得二元羧酸。将 A 进行硝化，得到两种一硝基产物。推测 A 的结构，并用反应式加简要说明表示推断过程。

解：由分子式 C_9H_{12} 可以计算出分子的不饱和度为 4，以高锰酸钾氧化后得二元羧酸，表明 A 中含有两个烃基取代基；A 进行硝化，得到两种一硝基产物，表明这两个取代基处于对位的关系，因此，A 结构为：C_2H_5—⟨苯环⟩—CH_3。

C_2H_5—⟨苯环⟩—CH_3 $\xrightarrow{KMnO_4}$ HOOC—⟨苯环⟩—COOH

C_2H_5—⟨苯环⟩—CH_3 $\xrightarrow[浓 H_2SO_4]{浓 HNO_3}$ (邻硝基对甲乙苯两种异构体产物)

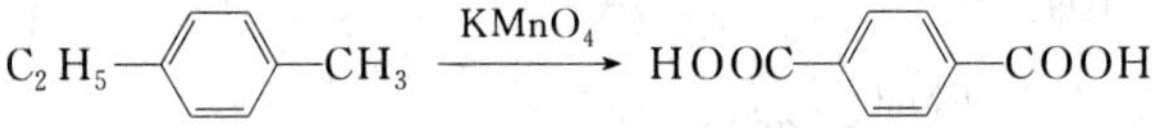

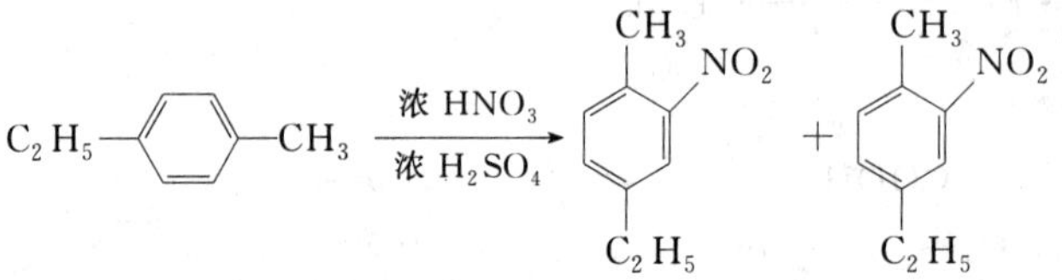

4.16 分子式为 $C_6H_4Br_2$ 的 A，以混酸硝化，只得到一种一硝基产物，推断 A 的结构。

解：由分子式 $C_6H_4Br_2$ 可以计算出分子的不饱和度为 4，以混酸硝化，只得到一种一硝基产物，因此，A 结构为：Br—⟨苯环⟩—Br。

4.17 溴苯氯代后分离得到两个分子式为 C_6H_4ClBr 的异构体 A 和 B，将 A 溴代得到几种分子式为 $C_6H_3ClBr_2$ 的产物，而 B 经溴代得到两种分子式为 $C_6H_3ClBr_2$ 的产物 C 和 D。A 溴代后所得产物之一与 C 相同，但没有任何一个与 D 相同。推测 A、B、C、D 的结构式，写出各步反应。

解：根据反应过程，可以推测出 A、B、C、D 的结构式如下：

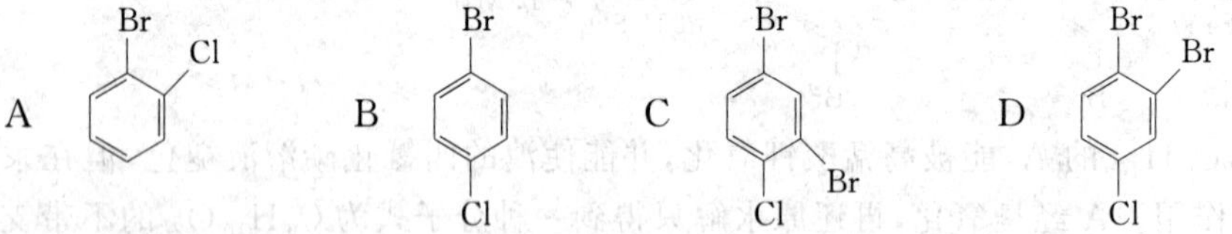

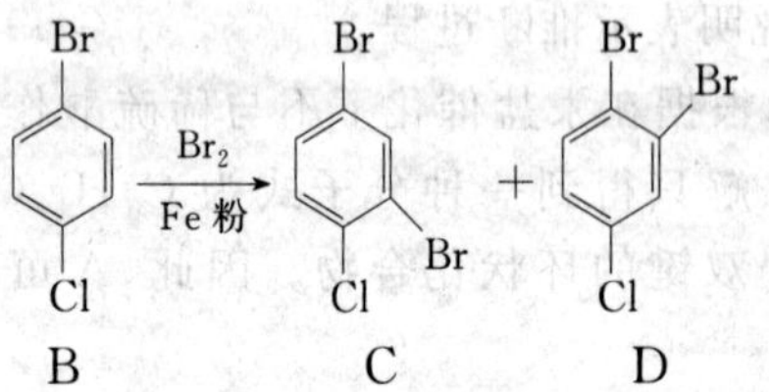

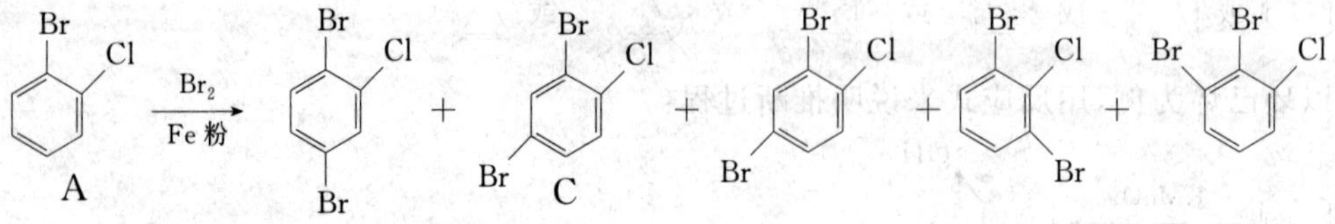

A：邻-Br,Cl-苯； B：对-Br,Cl-苯； C：(Br,Cl,Br)取代苯； D：(Br,Br,Cl)取代苯

B $\xrightarrow[Fe 粉]{Br_2}$ C + D

A $\xrightarrow[Fe 粉]{Br_2}$ (五种产物：C + 其他异构体)

第五章

旋光异构

基本要求

(1)掌握旋光性、比旋光度、对映体、非对映体、外消旋体及外消旋化、内消旋体、相对构型和绝对构型等基本概念；理解拆分和不对称合成的概念；掌握分子的对称性与手性之间的关系，并学会用对称元素来判断分子是否具有手性的方法。

(2)掌握费歇尔投影式、纽曼投影式、楔形式、锯架式等几种表示构型的方法，并能熟练运用 R、S 命名规则命名各种化合物。

(3)掌握不含手性碳原子手性分子的判断方法，主要包括联苯型、丙二烯型和螺环化合物；掌握某些环状化合物的立体异构，能识别环状化合物中手性碳原子的 R/S 构型。

(4)了解对映异构现象产生的原因和获取对映纯化合物的常用方法。

主要内容

一、旋光异构中的一些基本概念

1. 平面偏振光与旋光性

通过尼科尔(Nicol)棱镜，能够获得只在一个平面上振动的光，这样的光称为平面偏振光，简称偏振光或偏光。若把偏振光透过一些物质，能使偏光的振动平面旋转一定的角度。这种能使偏光振动平面旋转的性质称为物质旋光性。具有旋光性的物质称为旋光物质或光学活性物质。能使偏光振动平面向右旋转的物质称为右旋体，反之为左旋体；旋转的角度称为旋光度，通常用 α 表示。

2. 手性与手性分子

在左旋和右旋异构体分子中，原子在空间排列的方式是不对称的，它们彼此互为镜像，不能重叠。就像一个人的两只手,看起来完全一样,但却不能完全重合在一起。如果把一个人的左手看成一件实物,它的右手就像是左手的镜像,因此,人们把某些物质具有其实物和镜像不能完全重合的特性叫做手征性或简称手性。具有手性的分子称为手性分子。如乳酸分子:

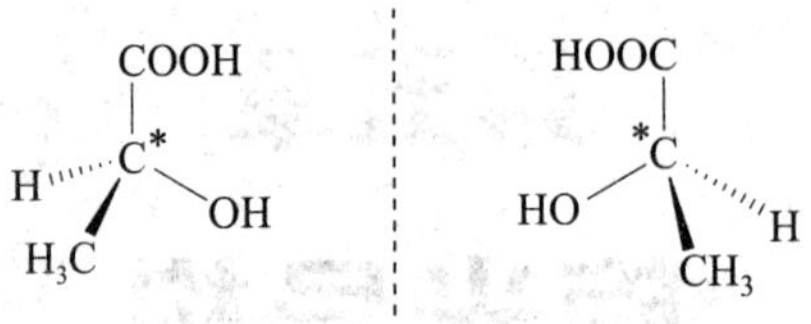

这两种乳酸具有实物与镜像的关系,它们是对映异构关系,属于构型异构中的一种。乳酸分子的中心碳原子与四个不同的原子或基团相连接是不对称碳原子,通常用星号(＊)标出。由于含一个不对称碳原子的化合物具有手性与其特征的中心碳原子有关,因此,把这个特征碳原子称为手性中心,而把不对称碳原子称为手性碳原子。

3. 外消旋体与内消旋体

等量的左旋和右旋对映异构体混合在一起,它们的旋光度相等但方向相反,旋光相抵消而导致旋光性消失,形成了外消旋体。如果一个分子中含有两个相同手性碳原子,但构型相反,即相反的旋光方向,分子的两个半部互为实物与镜像的关系,从而使分子内部旋光性互相抵消的光学非活性化合物称为内消旋体,用 *meso* 表示。

二、对映异构体的表示方法

1. 楔形透视式

楔形透视式表示法是将手性碳原子置于纸面,两条细实线表示处于纸面,一条楔形实线表示伸向纸面前方,一条楔形虚线表示伸向纸面后方。

2. 费歇尔投影式

费歇尔(Fischer)投影式是一种用平面形式来表示具有手性碳原子分子的立体模型的式子,是表达立体构型常用的一种方法,是一种人为规定的投影书写方式,它的书写规则如下:
① 画出十字交叉线,十字交叉线的中心交点表示手性碳原子;
② 将碳链放在竖直方向,其他支链和取代基写在横向上;
③ 竖直的键表示指向纸平面的后方,横键表示指向纸平面的前方。

以乳酸为例:

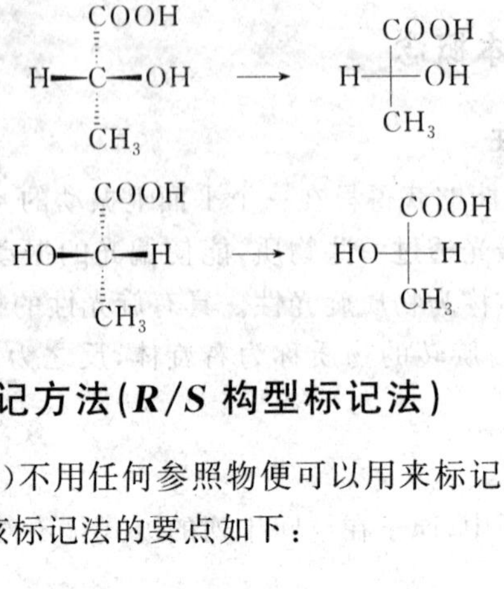

三、对映异构体构型的标记方法(*R/S* 构型标记法)

R/S 构型标记法(命名法)不用任何参照物便可以用来标记所有手性碳原子的构型,所以也被称为绝对构型标记法。该标记法的要点如下:

① 根据"次序规则",将连在手性碳原子上的 4 个原子或基团按由大到小的顺序排列;

② 观察者将最小编号的原子或基团放在距离视线最远处,沿着手性碳原子和最小的原子或基团的键轴方向观察;

③ 余下的 3 个原子或基团由大到小若按顺时针排列,该手性碳原子为 R 构型;若逆时针排列,则是 S 构型。例如:

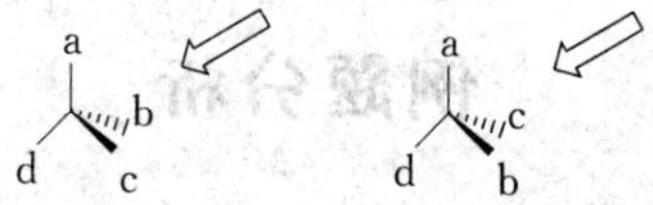

(Ⅰ) (R)   (Ⅱ) (S)

4 个基团由大到小的顺序是:a>b>c>d,将 d 放在最远处,沿着 C—d 键轴方向观察,其余的 3 个基团由 a→b→c,是顺时针顺序排列,则Ⅰ是 R 型;而Ⅱ中,a→b→c 是逆时针顺序排列,则是 S 型。

这里应指出,R 和 S 只代表构型,与旋光方向无关,即 R 构型不一定是右旋的,同样,S 构型不一定是左旋的。

四、不含手性碳原子化合物的对映异构

1. 丙二烯型化合物和螺环化合物

丙二烯是累积二烯烃,中间碳原子是 sp 杂化,两个 π 键互相垂直,因此 C_1 和 C_3 上连着的 4 个基团两两在相互垂直的平面上。当丙二烯两端碳原子上连接两个不同的基团时,分子就没有对称面和对称中心,就具有手性。

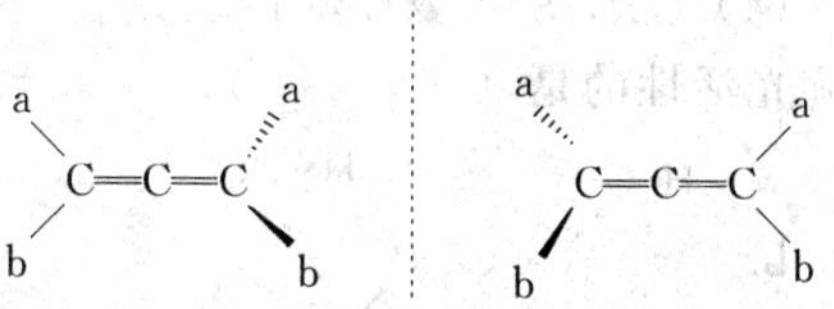

当丙二烯分子的任何一端或两端的碳原子上连有相同的取代基时,这些化合物就存在对称面,因此就不具有旋光性了。

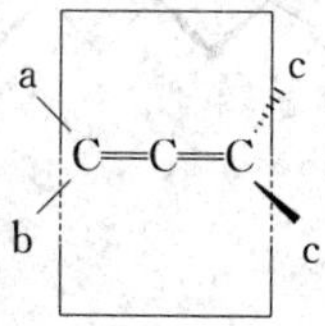

与取代丙二烯相类似,化合物分子中含有互相垂直的平面骨架,当其两端分别连有不同基团时,就可能形成手性分子而有对映异构体。如螺环化合物,

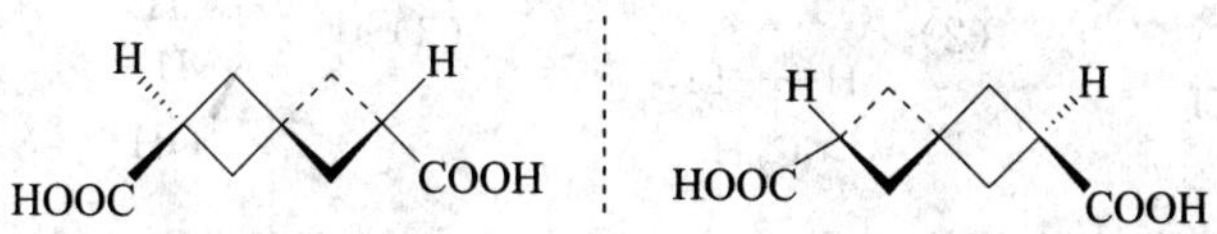

2. 单键旋转受阻的联苯型化合物

联苯的 4 个 α-位上引入体积较大的取代基时,两个苯环围绕中间单键的旋转受到阻碍,限制了它们处在同一平面上,而必须有一定的角度;再加上同环的 2 个 α-位上的取代基不相同时,分子就没有对称面和对称中心,就可能有手性。

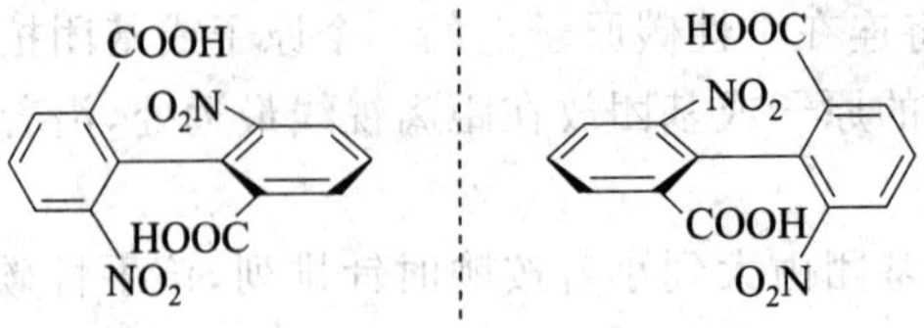

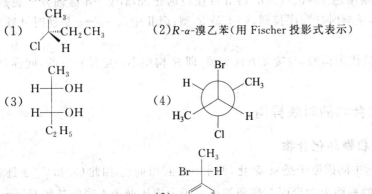

例题分析

- **例 5.1** 用系统命名法命名下列化合物或根据名称写出相应的结构式。

  (1) [结构式] (2) R-α-溴乙苯（用 Fischer 投影式表示）

  (3) [结构式] (4) [结构式]

  解：(1) R-2-氯丁烷 (2) [结构式]

  (3) (2S,3R)-2,3-戊二醇 (4) (2R,3S)-2-氯-3-溴丁烷

- **例 5.2** 下列化合物中，有旋光活性的是（_____）。

  a. 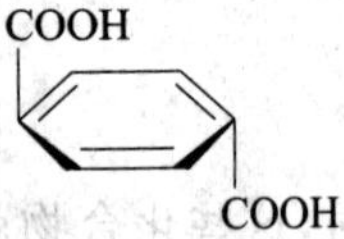 [结构式] b. 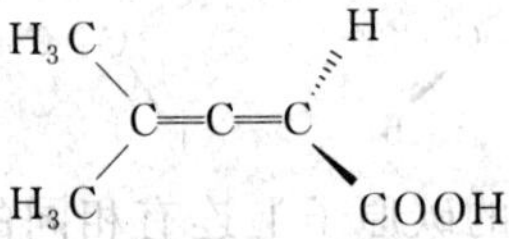 [结构式]

  c. 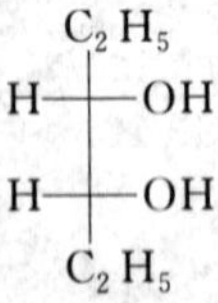 [结构式] d.  [结构式]

  解：有旋光活性的为：d。

- **例 5.3** 用 R/S 标记下列各化合物的构型。

  (1) 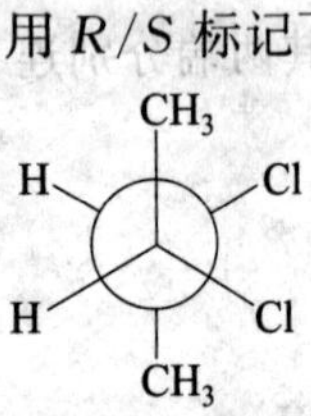 [结构式] (2) 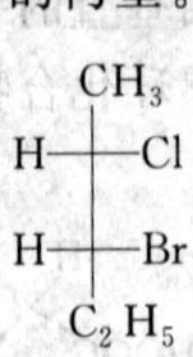 [结构式] (3) 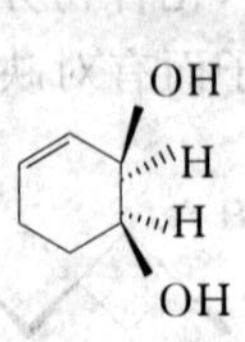 [结构式]

  解：用 R/S 标记的各化合物的构型为：(1) 2S,3S；(2) 2S,3R；(3) 1S,2R。

- **例 5.4** 写出下列反应产物的立体构型。

  (1) 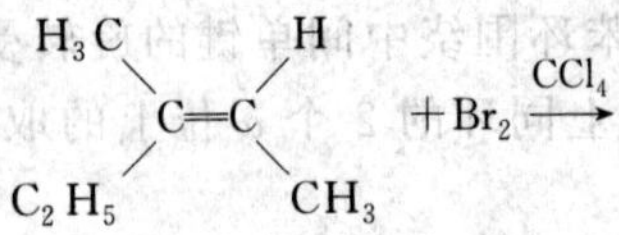 [结构式] + Br$_2$ $\xrightarrow{CCl_4}$ (2) [结构式] $\xrightarrow[\text{② H}_2\text{O}_2 / \text{OH}^-]{\text{① B}_2\text{H}_6}$

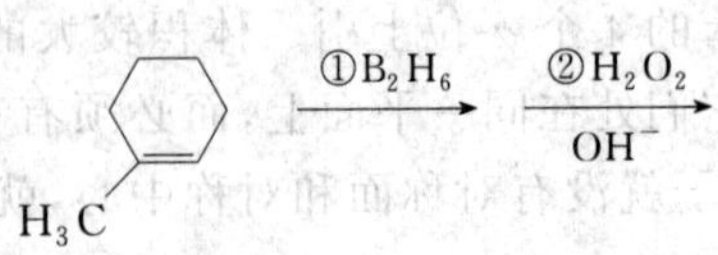

(3) 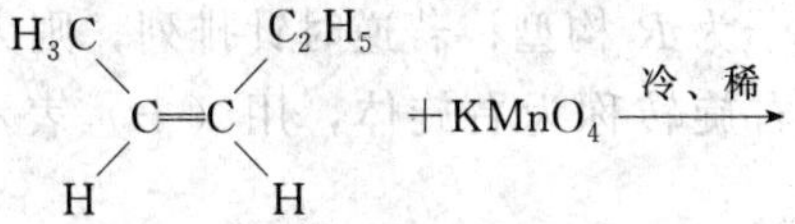 $\underset{H}{\overset{H_3C}{>}}C=C\underset{H}{\overset{C_2H_5}{<}}$ +KMnO$_4$ $\xrightarrow{\text{冷,稀}}$

解：(1)

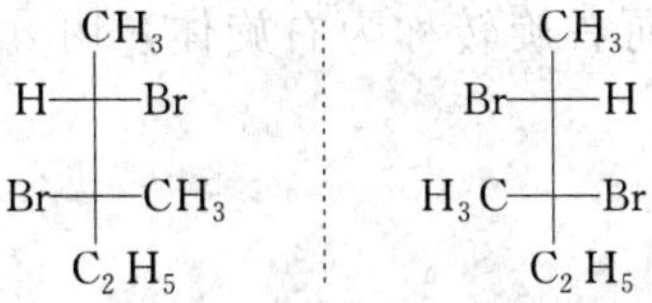

(2)

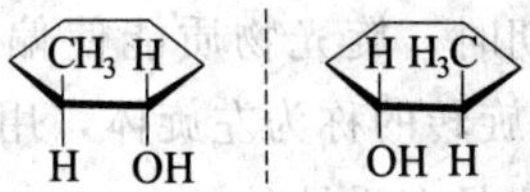

(3)

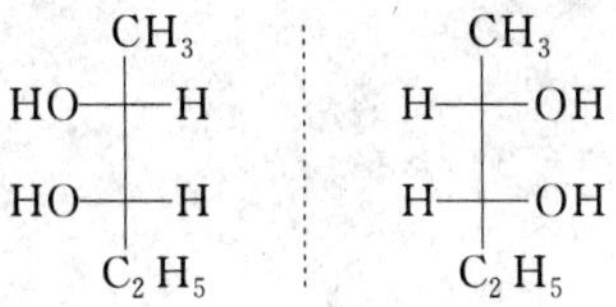

习题解析

5.1 扼要解释或举例说明下列名称或符号。

  a. 旋光活性物质   b. 比旋光度   c. 手性   d. 手性分子
  e. 手性碳原子   f. 对映异构体   g. 非对映异构体   h. 外消旋体
  i. 内消旋体   j. 构型   k. 构象   l. R, S
  m. +, −   n. d, l

解： a. 旋光活性物质：指具有能使偏光振动平面旋转性质的物质。

  b. 比旋光度：通常规定1mL含1g旋光性物质的溶液，放在1dm长的盛液管中测得的旋光度。

  c. 手性：物质的分子和它的镜像不能重叠，这和我们的左、右手虽然很相像，但不能重叠一样的物质所具有的这种特征称为手性或手征性。

  d. 手性分子：具有手性的分子。

  e. 手性碳原子：和四个不相同的原子或基团相连的碳原子。

  f. 对映异构体：两种立体异构体互呈物体和镜像的对映关系。

  g. 非对映异构体：不呈镜像对映关系的立体异构体。

  h. 外消旋体：等量的左旋和右旋对映异构体混合在一起，它们的旋光度相等但方向相反，旋光相抵消而导致旋光性消失，形成了外消旋体。

  i. 内消旋体：一个分子内含有两个相同手性碳原子，分子的两个半部互为实物与镜像的关系，从而使分子内部旋光性互相抵消的光学非活性化合物称为内消旋体，用 *meso* 表示。

  j. 构型：具有一定构造的分子中原子在空间的排列状况。

  k. 构象：具有一定构造的分子通过单键的旋转，形成各原子或原子团的种种空间排布，一个有机化合物可能有无穷多的构象。

  l. R, S：对含有一个手性碳原子的化合物 C_{abcd} 的命名，①根据"次序规则"，将连在手性碳原子上的4个原子或基团由大到小的顺序排列；②观察者将最小编号的原子或基团放在距离视线最远处，沿着手性碳原子和最小的原子或基团的键轴方向观察；③余下的3个原子或基团由大到小若按顺时针排列，该手性碳原子为 R 构型；若逆时针排列，则为 S 构型。

m. ＋，－：旋光物质能使偏光振动平面向右旋转称为右旋体，用（＋）表示；反之，能使偏光向左旋转的称为左旋体，用（－）表示。

n. d，l：早期时，旋光物质能使偏光振动平面向右旋转称为右旋体，用 d 表示；反之，能使偏光向左旋转的称为左旋体，用 l 表示。

★ 5.2 下列物体哪些是有手性的？
　　a. 鼻子　　　b. 耳朵　　　c. 螺丝钉　　d. 扣钉
　　e. 大树　　　f. 卡车　　　g. 衬衫　　　h. 电视机

解：下列物体中有手性的是：b、e。

★ 5.3 举例并简要说明。
　　a. 产生对映异构体的必要条件是什么？
　　b. 分子具有旋光性的必要条件是什么？
　　c. 含手性碳原子的分子是否都有旋光活性？是否有对映异构体？
　　d. 没有手性碳原子的化合物是否可能有对映体？

解：a. 产生对映异构体的必要条件是分子中没有对称面，如 E-1,2-二氯环丙烷。

　　b. 分子具有旋光性的必要条件是分子中有手性碳原子，如乳酸分子。

　　c. 含手性碳原子的分子不是都有旋光活性，如酒石酸的内消旋体。

　　d. 没有手性碳原子的化合物是可能有对映体的，如两端碳原子上连接两个不同基团的丙二烯型化合物。

★ 5.4 下列化合物中哪个有旋光异构体？如有手性碳，用星号（大）标出。指出可能有的旋光异构体的数目。

a. $CH_3CH_2CHCH_3$
         $|$
         Cl

b. $CH_3CH=C=CHCH_3$

c. 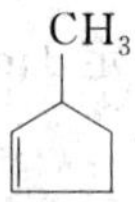 环戊烯-甲基

d. 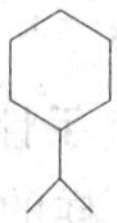 环己基-异丙基

e. 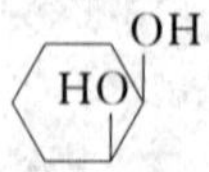 环己二醇

f. $CH_3CHCHCOOH$
      $|$ $|$
      HO CH_3

g.  1,4-环己二醇

h. 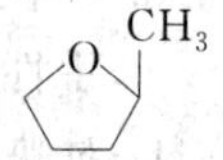 2-甲基四氢呋喃

i. 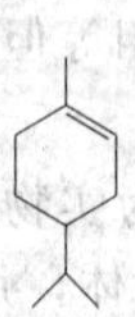 甲基环己烯-异丙基

j. 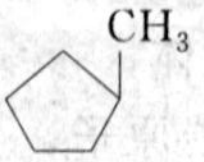 甲基环戊烷

k. 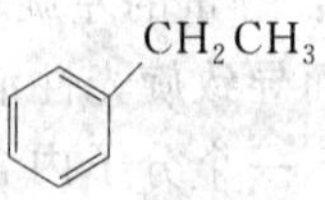 乙苯

l. 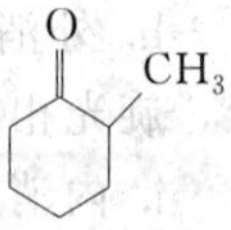 2-甲基环己酮

解：a. $CH_3CH_2\overset{*}{C}HCH_3$（2个）
　　　　　　　　　$|$
　　　　　　　　　Cl

b. $CH_3CH=C=CHCH_3$（2个）

c. 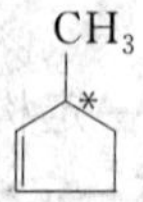 3-甲基环戊烯（2个）

d. 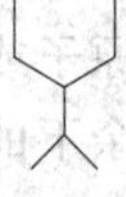 （无）

e. 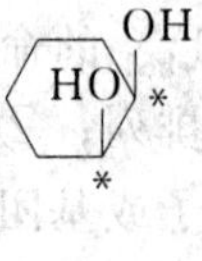 （无）

f. $CH_3\overset{*}{C}H\overset{*}{C}HCOOH$（4个）
      $|$ $|$
      HO CH_3

g. (structure: 1,4-cyclohexanediol) （无）　　h. (2-methyltetrahydrofuran with *) （2个）　　i. (limonene-like structure with *) （2个）

j. (methylcyclopentane) （无）　　k. (ethylbenzene) （无）　　l. (2-methylcyclohexanone with *) （2个）

★ **5.5** 下列化合物中，哪个有旋光异构体？标出手性碳原子，写出可能有的旋光异构体的投影式，用 R, S 标记法命名，并注明内消旋体或外消旋体。

　　a. 2-溴-1-丁醇　　b. α,β-二溴丁二酸　　c. α,β-二溴丁酸　　d. 2-甲基-2-丁烯酸

解：a. $CH_3CH_2\overset{*}{C}HCH_2OH$ ； Br

投影式：
- H—Br（CH₂OH 上，CH₂CH₃ 下）(R)
- Br—H（CH₂OH 上，CH₂CH₃ 下）(S)

b. $HOOC\overset{*}{C}H\overset{*}{C}HCOOH$ ； Br Br

投影式三个：$(2S,3R)(meso-)$，$(2S,3S)$，$(2R,3R)$

c. $HOOC\overset{*}{C}H\overset{*}{C}HCH_3$ ； Br Br

投影式四个：$(2R,3S)$，$(2S,3R)$，$(2S,3S)$，$(2R,3R)$

d. $CH_3CH=CCOOH$ ； CH_3　　分子中无手性碳原子

★ **5.6** 下列化合物中哪个有旋光活性？如有，能否指出它们的旋光方向。

　　a. $CH_3CH_2CH_2OH$　　b. （+）-乳酸　　c. $(2R,3S)$-酒石酸

解：a. 分子中没有手性碳原子，没有旋光活性。

　　b. 乳酸中有一个手性碳原子，具有旋光活性，（+）表示旋光方向向右偏转。

　　c. 酒石酸分子内有两个手性碳原子，但构型是 $(2R,3S)$，则表明该分子是内消旋体，整个分子就没有旋光活性。

★ **5.7** 分子式是 $C_5H_{10}O_2$ 的酸，有旋光性，写出它的一对对映体的投影式，并用 R, S 标记法命名。

解：由题意可知，该酸的一对对映体的投影式及构型标记如下：

$$
\begin{array}{cc}
COOH & COOH \\
H—CH_3 & H_3C—H \\
CH_2CH_3 & CH_2CH_3 \\
(R) & (S)
\end{array}
$$

★ **5.8** 分子式为 C_6H_{12} 的开链烃 A，有旋光性。经催化氢化生成无旋光性的 B，分子式为

第五章　旋光异构　49

C_6H_{14}。写出 A、B 的结构式。

解：根据分子式为 C_6H_{12} 可知，开链烃 A 的不饱和度为 1 且为双键，再由题意可以推测出 A、B 的结构式如下：

A $CH_2=CH-\overset{*}{C}H-CH_2CH_3$ （带 CH_3 支链） B $CH_3CH_2CH-CH_2CH_3$ （带 CH_3 支链）

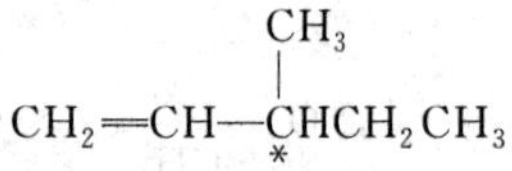

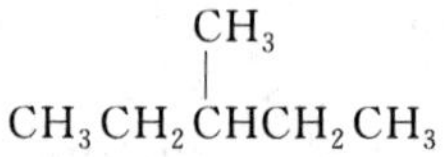

★ **5.9** 假麻黄碱的构型如下：

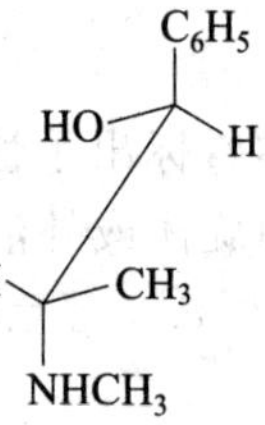

它可以用下列哪个投影式表示？

a. 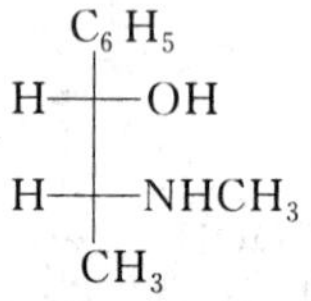 (C₆H₅ 上，H—OH，H—NHCH₃，CH₃ 下)
b. 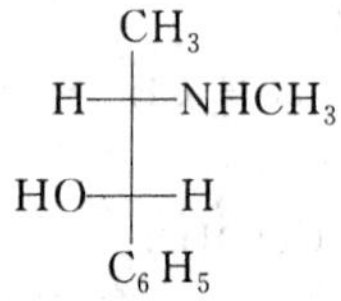 (CH₃ 上，H—NHCH₃，HO—H，C₆H₅ 下)
c. 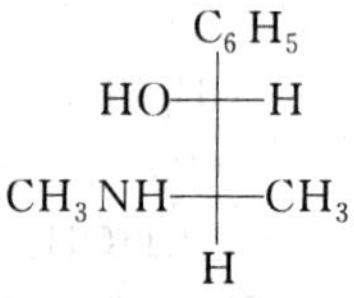 (C₆H₅ 上，HO—H，CH₃NH—CH₃，H 下)
d. 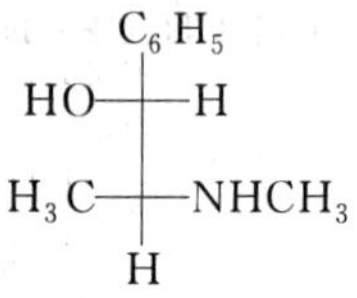 (C₆H₅ 上，HO—H，H₃C—NHCH₃，H 下)

解：假麻黄碱可以用投影式 b 来表示，它的两个手性碳原子的构型均为 S。

★ **5.10** 指出下列各对化合物间的相互关系（属于哪种异构体，或是相同分子）。如有手性碳原子，注明 R，S。

a. 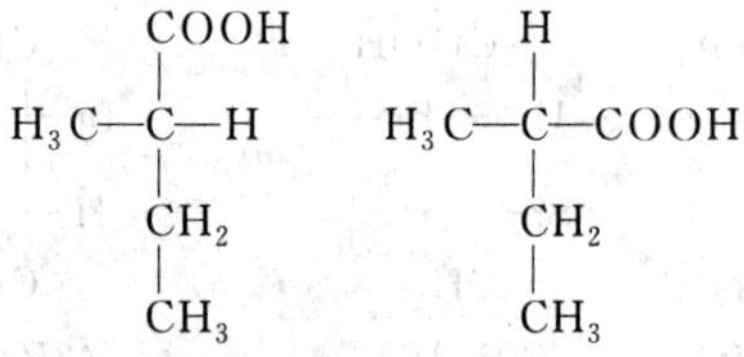 (两个 Fischer 投影式，含 COOH, CH₃, CH₂, CH₃)

b. 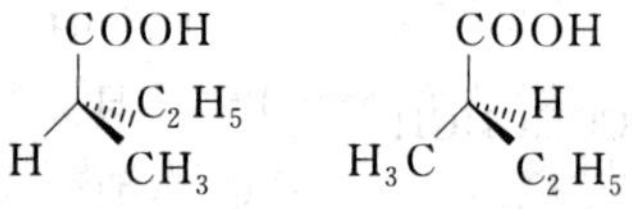 (两个楔形式，含 COOH, C₂H₅, CH₃, H)

c. (两个结构式，含 OH, COOH, CH₃)

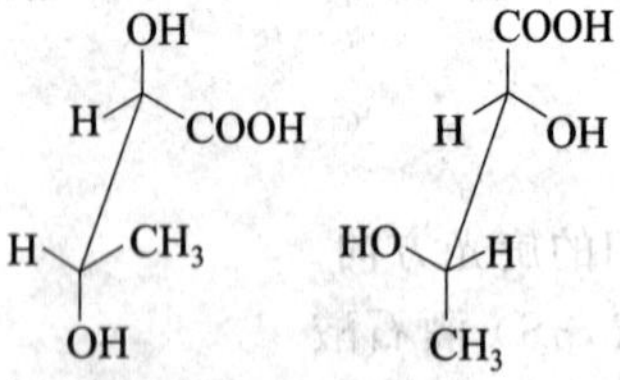

d. (两个 Newman 投影式)

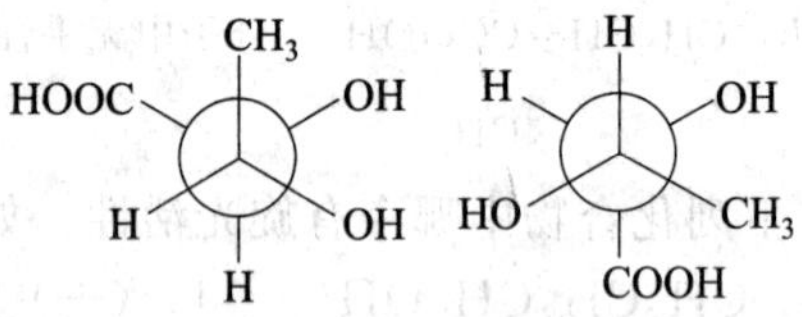

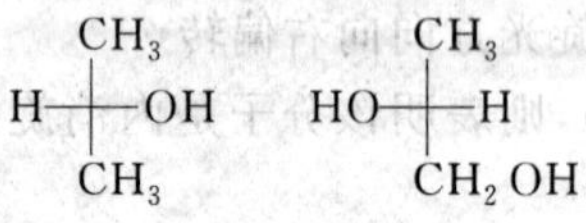

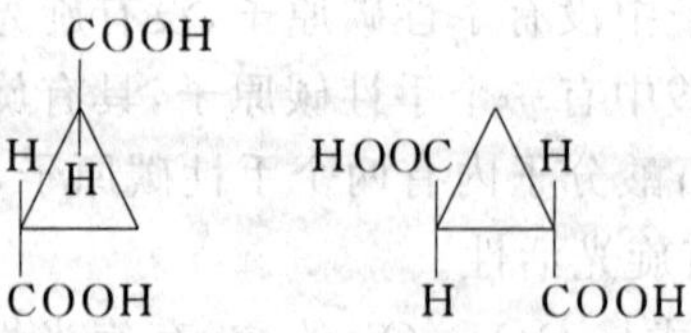

e. (两个 Fischer 投影式，含 CH₃, OH, CH₂OH)

f. (两个环丙烷衍生物，含 COOH)

g. (两个环己烷衍生物，含 COOH)

h. (两个 Fischer 投影式，含 CH₂OH, OH)

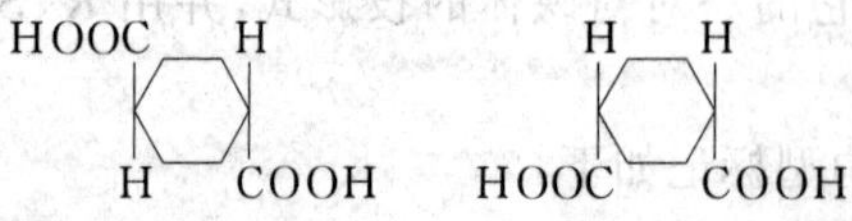

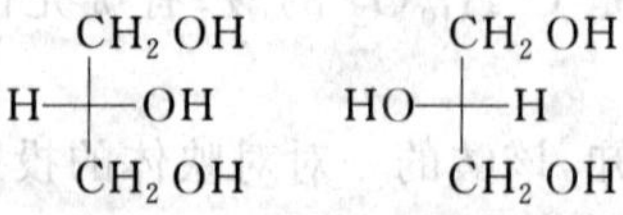

解：a. 对映体（$2S, 2R$）；
b. 相同分子（$2R, 2R$）；
c. 非对映体（$2R, 3S; 2S, 3S$）；
d. 非对映体（$2S, 3S; 2R, 3S$）；
e. 构造异构体；
f. 相同分子（$1S, 2S; 1S, 2S$）；
g. 顺反异构体；
h. 相同分子。

5.11 如果将如(Ⅰ)的乳酸的一个投影式离开纸面翻转过来,或在纸面上旋转 90°,按照书写投影式规定的原则,它们应代表什么样的分子模型?与(Ⅰ)是什么关系?

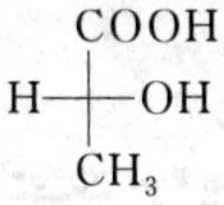

$$\begin{array}{c} COOH \\ H \!-\!\!\!-\! OH \\ CH_3 \end{array} \quad (Ⅰ)$$

解:根据题意,它们应代表的分子模型及与(Ⅰ)的关系如下:

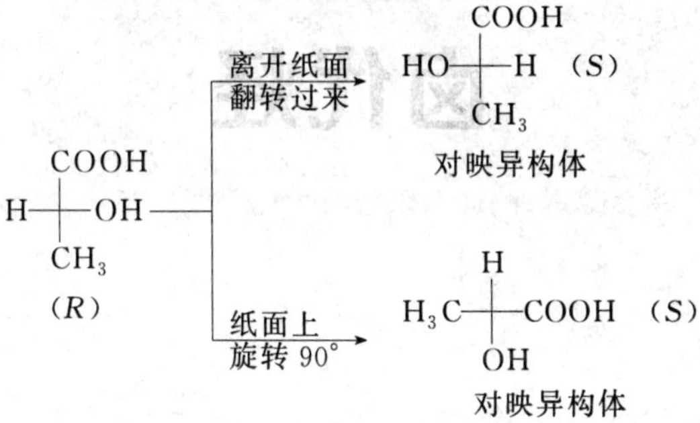

(R)构型经离开纸面翻转过来得到(S)构型对映异构体;经纸面上旋转 90°也得到(S)构型对映异构体。

5.12 丙氨酸为组成蛋白质的一种氨基酸,其结构为 $CH_3\underset{\underset{NH_2}{|}}{CH}COOH$,用 IUPAC 建议的方法,即用—、━及┄┄画出其一对对映体的三度空间立体结构式,并按规定画出与它们相应的投影式。

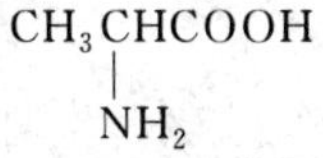

解:丙氨酸的楔形透视式及对映体的 Fischer 投影式如下:

5.13 可待因(codeine)是具有镇咳作用的药物,但有成瘾性,其结构式如下,用 * 标出分子中的手性碳原子,理论上它可有多少旋光异构体?

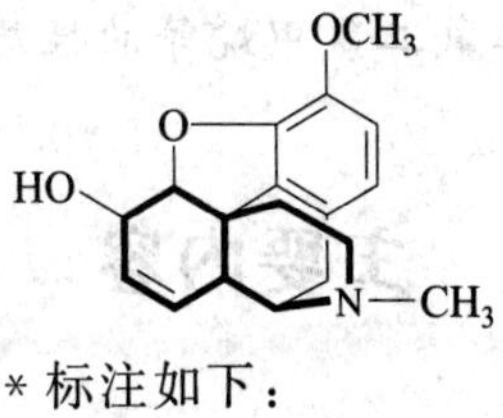

解:可待因结构中的手性碳原子用 * 标注如下:

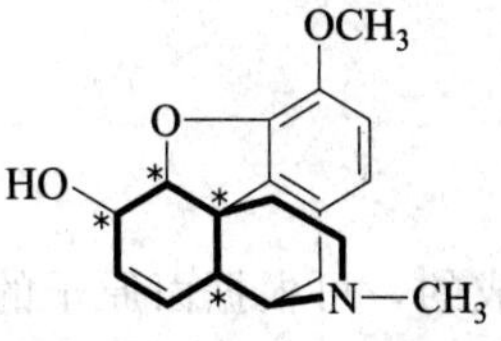

理论上它可有 2^4 个旋光异构体。

5.14 下列结构式中哪个是内消旋体?

a. 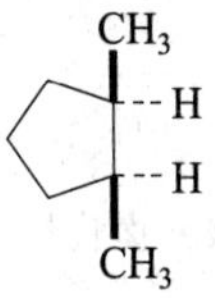   b. 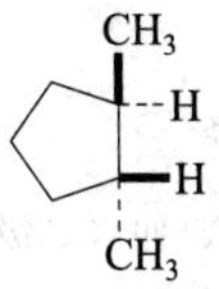   c. 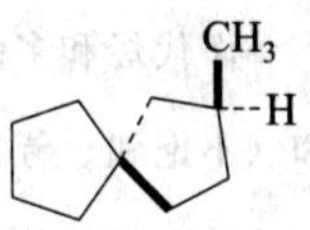   d.

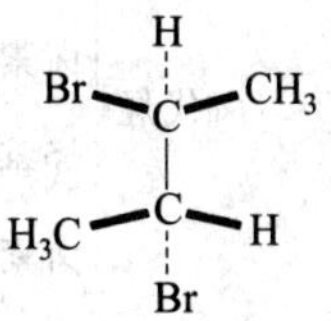

解:a 和 d 是内消旋体。

第六章 卤代烃

基本要求

（1）掌握卤代烃的分类、命名和同分异构现象。

（2）掌握亲核取代反应的基本概念、S_N1 和 S_N2 反应机理及其立体化学，影响亲核取代反应的因素：烃基的结构、离去基团的性质、亲核试剂的性质及溶剂的极性等。

（3）掌握卤代烃的主要化学反应，包括亲核取代反应、消除反应和与金属的反应；卤代烃的结构鉴别和制备方法。

（4）了解卤代烃在有机化学中作为桥梁作用的重要性；了解一些重要卤代烃，如二氯甲烷、三氯甲烷、四氟乙烯和二氟二氯甲烷等的性质和主要用途。

主要内容

一、卤代烃的分类与命名

1. 卤代烃的分类

卤代烃是由烃基和卤素原子组成的，可根据卤原子的种类和数目进行分类，也可以根据烃基的类型及卤素原子直接相连的碳原子的级数来分类。

卤代烃 {
卤素原子的种类：氟（氯、溴、碘）代烃
卤素原子的数目：一卤代烃和多卤代烃
烃基的种类：饱和（不饱和、芳香族）卤代烃
卤素原子直接所连的碳原子级数：伯（一级）、仲（二级）和叔（三级）卤代烃
}

其中，在不饱和芳香族卤代烃中，又可根据卤素原子和不饱和键的相对位置，一卤代烯

烃和一卤代芳烃又可以分为三类。

一卤代烯（芳）烃 $\begin{cases} \text{乙烯（芳基）型：卤素原子与双键碳原子直接相连} \\ \text{烯丙（苄基）型：卤素原子与双键相隔一个碳原子} \\ \text{孤立型：卤素原子与不饱和键相隔两个或两个以上碳原子} \end{cases}$

2. 卤代烃的命名

（1）普通命名法　简单的卤代烃，以相应的烃为母体，卤原子作为取代基，命名为卤代某烃。

（2）系统命名法　在复杂结构的卤代烃中，选择连有卤原子的最长碳链为母体，将卤原子及其他支链作为取代基；从距离取代基最近的一端开始编号，遵循"最低系列"原则。命名时，取代基按照"次序规则"排列，较优基团后列出。

卤代芳烃命名时，则以芳烃为母体，卤原子作为取代基。

二、一卤代烷的反应

1. 亲核取代反应

由于卤素原子的电负性比较大，与之相连的碳原子表现出正电性，形成缺电子中心，容易受到亲核试剂的进攻，从而发生卤代烃的特征反应——亲核取代反应，可用如下通式表示：

$$\overset{\delta+}{R}—\overset{\delta-}{X} + Nu^- \longrightarrow R—Nu + X^-$$

通过卤代烃的亲核取代反应，可以制备一系列烃的衍生物：

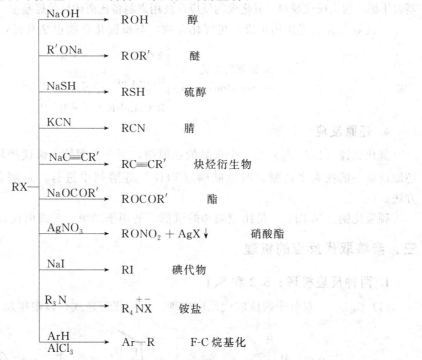

其中，卤代烃与硝酸银的反应，通过卤化银沉淀的颜色，可用作鉴别卤代物的简便方法；另外，也可通过产生卤化银沉淀的快慢，鉴别不同烃基结构类型的卤代烃：烯丙（苄基）型卤代烃可与硝酸银迅速产生沉淀；孤立型的卤代烃需要加热才能产生沉淀；乙烯（芳基）型的即使加热也不会产生沉淀。

芳香族卤代烃也能发生亲核取代反应，但难度要大得多，且其反应机理与脂肪族卤代烃也有不一致之处，如在强碱性条件下，会发生消除反应，生成苯炔中间体等。

2. 消除反应

由一个分子中脱去一些小分子，如 HX、H_2O 等，同时产生不饱和键的反应叫消除反应。

卤代烷在碱（NaOH 或 KOH）的醇溶液中加热，卤素常与 β-碳原子上的氢原子脱去一分子卤化氢而形成烯烃。反应通式如下：

$$R-\underset{X}{CH}-\underset{H}{CH_2} \xrightarrow[\text{醇}]{NaOH} R-CH=CH_2$$

消除反应的活性：三级卤代烃＞二级卤代烃＞一级卤代烃。

消除反应的取向：遵循扎伊采夫规则（Saytzeff 规则），即主要生成在双键碳原子上取代基较多的烯烃。

3. 与金属的反应

在常温下，卤代烃与金属镁在无水乙醚中作用生成有机镁化合物，即格利雅（Grignard）试剂，简称格氏试剂，其结构式为 RMgX，反应式如下：

$$RX + Mg \xrightarrow{\text{无水乙醚}} RMgX$$

格氏试剂由于 C—Mg 键的极性很强，因此非常活泼，能与多种含活泼氢的化合物作用，生成相应的烃。因此，在制备格氏试剂时，必须防止水汽、酸、醇、氨、二氧化碳等物质生成，仪器要干燥。而格氏试剂与二氧化碳的反应常被用来制备比卤代烃的烃基多一个碳原子的羧酸。

卤代烃与金属锂作用生成有机锂化合物，有机锂化合物也是有机合成中很重要的试剂。

科瑞-豪斯合成
（Corey-House 合成）
$$\begin{cases} RX + Li \xrightarrow{\text{无水乙醚}} RLi \\ RLi + CuI \xrightarrow[\text{或 THF}]{\text{无水乙醚}} R_2CuLi \\ R_2CuLi + R'X \longrightarrow R-R' \end{cases}$$

4. 还原反应

氢化铝锂（$LiAlH_4$）是一个很强的还原剂，所有类型的一卤代烃均可被其还原为烷烃。还原反应一般在无水乙醚、四氢呋喃（THF）等溶剂中进行，是制备纯烷烃的一种重要方法。

硼氢化钠（$NaBH_4$）是比较温和的试剂，适用于二级、三级卤代烃的还原。

三、亲核取代反应的机理

1. 两种反应机理：S_N2 和 S_N1

（1）S_N2——双分子亲核取代反应机理　反应机理通式，以溴甲烷水解为例：

$$HO^- + H-\underset{H}{\overset{H}{C}}-Br \xrightarrow{\text{决速步}} \left[\delta^-HO\cdots\underset{H}{\overset{H}{C}}\cdots Br\delta^- \right] \xrightarrow{\text{快}} HO-\underset{H}{\overset{H}{C}}-H$$

在 S_N2 反应中，由于新键的形成和旧键的断裂是同时进行的，亲核试剂只能从离去基

团的背面进攻 α-碳,所以得到的产物是构型完全转化的产物,即在反应过程中,发生 α-碳原子的构型"翻转",称为 Walden 翻转。

中心碳原子的杂化方式:$sp^3 \to sp^2 \to sp^3$。

立体化学特征:完全的构型翻转(Walden 翻转)。

动力学特征:$v = k$[底物][亲核试剂]。

反应过程:反应物→过渡态→产物,为双分子、二级反应。

反应活性:$CH_3X > CH_3CH_2X > (CH_3)_2CHX > (CH_3)_3CX$
 　　　　　　　　1°-RX　　　　2°-RX　　　　3°-RX

(2) S_N1——单分子亲核取代反应机理　反应机理通式,以溴代叔丁烷水解为例:

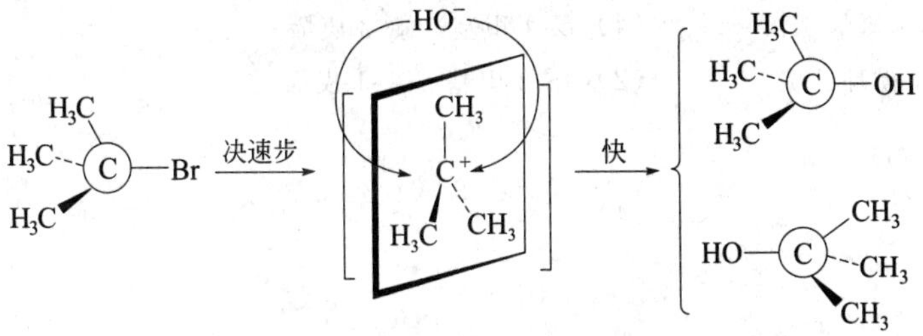

在 S_N1 反应中,由于形成的碳正离子中间体为平面型结构,亲核试剂向平面的正面或是背面进攻 α-碳原子的概率是相等的,所以在分子中不存在其他手性因素的情况下,当 α-碳原子为手性碳时,反应后得到外消旋体。

中心碳原子的杂化方式:$sp^3 \to sp^2 \to sp^3$。

立体化学特征:完全的 S_N1 反应则得到外消旋产物。

动力学特征:$v = k$[底物]。

反应过程:反应物→过渡态Ⅰ→碳正离子中间体产物→过渡态Ⅱ→产物,为单分子、一级反应。

反应活性:$(CH_3)_3CX > (CH_3)_2CHX > CH_3CH_2X > CH_3X$
 　　　　　3°-RX　　　　2°-RX　　　　1°-RX

应该指出的是,S_N2 和 S_N1 反应是亲核取代反应中的两种极限情况,大多数情况下反应是介于两者之间的,因此反应过程比较复杂。

2. 影响亲核取代反应的因素

(1) 烃基的结构　烃基的结构对取代反应的影响很大。在 S_N1 反应中,决速步是形成碳正离子,因此烃基的电子效应将对其影响很大;而在 S_N2 反应中,决速步是亲核试剂进攻 α-碳形成的过渡态,因此,烃基的空间效应就对其影响更显著。

总的来说,1°-RX 易按 S_N2 机理反应,3°-RX 一般按 S_N1 机理反应,而 2°-RX 则两者兼而有之。

(2) 亲核试剂的亲核性及浓度　对于 S_N1 机理而言,决定速率的步骤是 C—X 键解离成碳正离子,所以亲核试剂的亲核能力和浓度对其没有什么影响;相反,会加速 S_N2 机理进行的反应。

(3) 离去基团的离去倾向　无论按照哪种机理进行,决速步中都包含一步 C—X 键的断裂,因此,离去基团的离去倾向越大,对 S_N1 和 S_N2 反应都有利。

(4) 溶剂的极性　一般而言,溶剂的极性较大时,能加速卤代烃的解离,有利于反应按

S_N1 机理进行；反之，非极性溶剂和极性小的溶剂则有利于 S_N2 反应。

例题分析

例 6.1 用系统命名法命名下列化合物或根据名称写出相应的结构式。

(1) [环己烷，1位I、4位Cl，H指向相同方向（顺式）]

(2) $CH_3-CCl(C_2H_5)-CH=CH_2$

(3) 2,4-二硝基氯苯

(4) 反-4-甲基-6-氯-2-庚烯

解：(1) 顺-1-氯-4-碘环己烷

(2) 3S-3-甲基-3-氯-1-戊烯

(3) [氯苯，2位和4位为 NO_2]

(4) [结构式]

例 6.2 按照要求回答下列问题。

(1) 为什么催化量的 KI 能加快 RCH_2Cl 与 OH^- 反应生成 RCH_2OH 的速率？

(2) 根据下列叙述，判断哪些反应属于 S_N1 机理？哪些反应属于 S_N2 机理？

A. 反应速率取决于离去基团的性质；

B. 反应速率明显取决于亲核试剂的亲核性；

C. 中间体是碳正离子；

D. 亲核试剂浓度增加，反应速率加快。

(3) 在进行 S_N2 反应时，最慢的是（　　　　）。

A. CH_3CH_2Br　　　B. $(CH_3)_2CHBr$　　　C. $(CH_3)_3CBr$　　　D. CH_3Br

(4) 与 $AgNO_3$-乙醇溶液反应的难易程度（　　　　）。

A. 2-溴-2-甲基丙烷　　B. 1-溴丙烯　　　C. 2-溴丙烷　　　D. 1-溴丙烷

解：(1) 碘离子是一个好的离去基团，同时也是一个好的亲核试剂。加入催化量的 KI，由于碘离子的亲核性高，很快与 RCH_2Cl 发生交换反应产生 RCH_2I；而 C—I 键能低，I^- 易于离去，因此，RCH_2I 易与 OH^- 反应生成 RCH_2OH 和 I^-，I^- 可反复起作用，直到反应结束。

(2) 根据 S_N1 和 S_N2 反应的特点，可以判断：A 和 C 属于 S_N1 反应机理；B 和 D 属于 S_N1 反应机理。

(3) 在进行 S_N2 反应时，最慢的是 C。

(4) 与 $AgNO_3$-乙醇溶液反应的难易程度：A＞C＞D＞B（由易到难）。

例 6.3 写出下列反应的主要产物。

(1) 环己基-CH=CH$_2$ $\xrightarrow{\text{HBr}}{\text{过氧化物}}$ $\xrightarrow{\text{NaCN}}$

(2) 环戊基-CH$_3$ $\xrightarrow{Br_2}{h\nu}$ $\xrightarrow{Mg}{\text{无水乙醚}}$ $\xrightarrow{①CO_2}{②H_2O}$

(3) 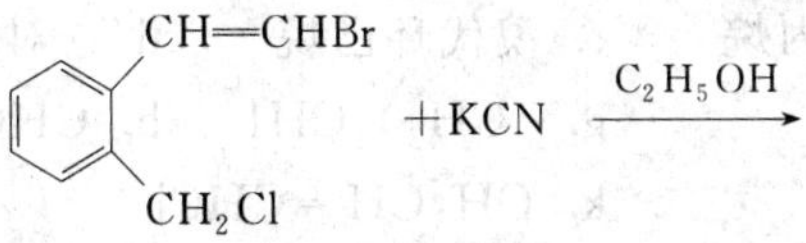 邻-(CH=CHBr)(CH₂Cl)苯 + KCN $\xrightarrow{C_2H_5OH}$

(4) 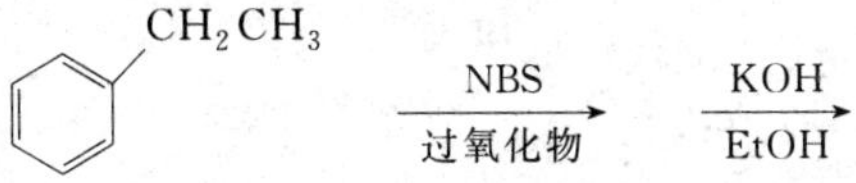 苯-CH₂CH₃ $\xrightarrow[\text{过氧化物}]{\text{NBS}}$ $\xrightarrow[\text{EtOH}]{\text{KOH}}$

(5) 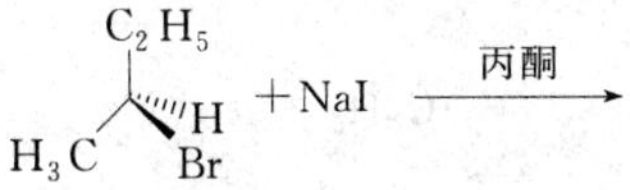 (S)-CH₃CHBrC₂H₅ + NaI $\xrightarrow{\text{丙酮}}$

解：

(1) 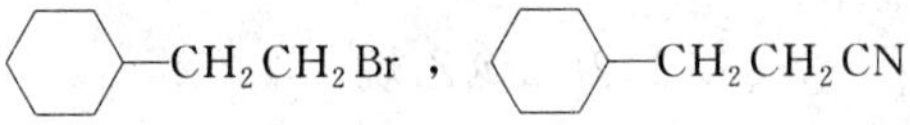 环己基-CH₂CH₂Br， 环己基-CH₂CH₂CN

(2) 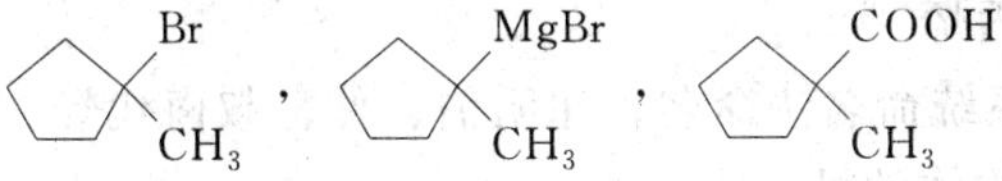 1-溴-1-甲基环戊烷， 1-甲基环戊基-MgBr， 1-甲基环戊基-COOH

(3) 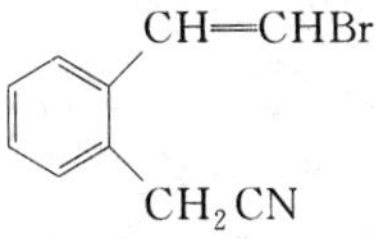 邻-(CH=CHBr)(CH₂CN)苯 (4) 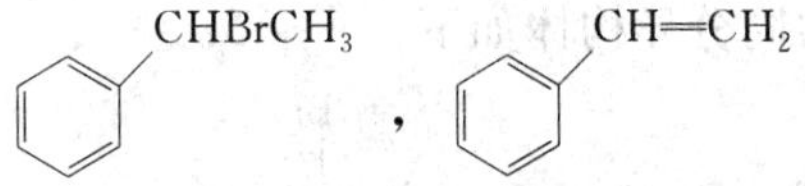 苯-CHBrCH₃， 苯-CH=CH₂ (5) 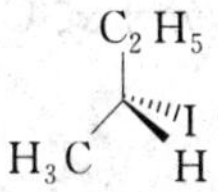 (R)-CH₃CHIC₂H₅

▶ 例 6.4 由指定原料合成下列化合物（其他无机试剂任选）。

(1) 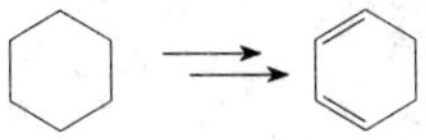 环己烷 ⟹ 苯

(2) 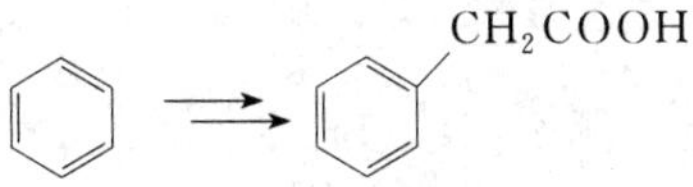 苯 ⟹ 苯-CH₂COOH

(3) 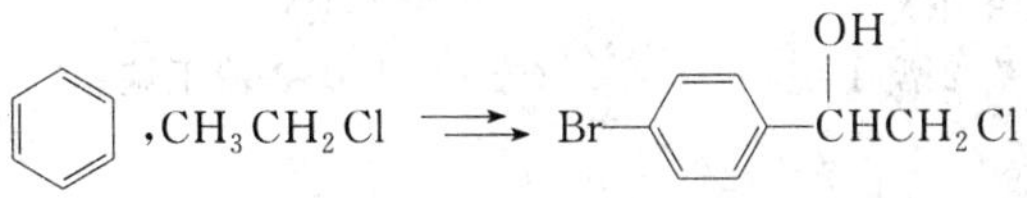 苯, CH₃CH₂Cl ⟹ 对-Br-C₆H₄-CH(OH)CH₂Cl

解：

(1) 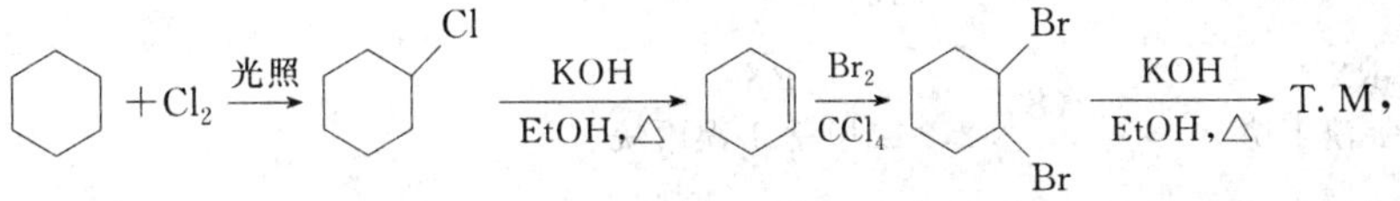 环己烷 + Cl₂ $\xrightarrow{\text{光照}}$ 氯代环己烷 $\xrightarrow[\text{EtOH},\triangle]{\text{KOH}}$ 环己烯 $\xrightarrow[\text{CCl}_4]{\text{Br}_2}$ 1,2-二溴环己烷 $\xrightarrow[\text{EtOH},\triangle]{\text{KOH}}$ T.M.

(2) 苯 $\xrightarrow[\text{Fe粉}]{\text{Br}_2}$ 溴苯 $\xrightarrow[\text{无水乙醚}]{\text{Mg}}$ $\xrightarrow[\text{②H}_2\text{O}]{\text{①CO}_2}$ T.M.

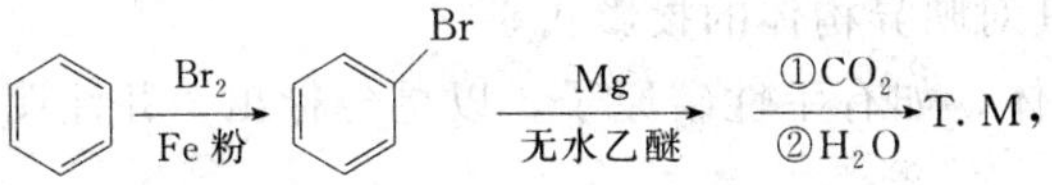

(3) 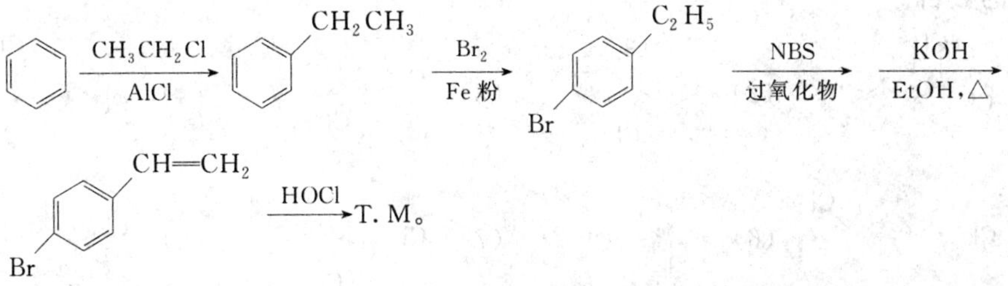 苯 $\xrightarrow[\text{AlCl}_3]{\text{CH}_3\text{CH}_2\text{Cl}}$ 乙苯 $\xrightarrow[\text{Fe粉}]{\text{Br}_2}$ 对-溴乙苯 $\xrightarrow[\text{过氧化物}]{\text{NBS}}$ $\xrightarrow[\text{EtOH},\triangle]{\text{KOH}}$ 对-溴苯乙烯 $\xrightarrow{\text{HOCl}}$ T.M.

习题解析

★ **6.1** 写出下列化合物的结构式或用系统命名法命名。

a. 2-甲基-3-溴丁烷　　b. 2,2-二甲基-1-碘丙烷　　c. 溴代环己烷　　d. 对二氯苯
e. 2-氯-1,4-戊二烯　　f. 3-氯乙苯　　g. $(CH_3)_2CHI$　　h. $CHCl_3$
i. $ClCH_2CH_2Cl$　　j. $CH_2=CHCH_2Cl$　　k. $CH_3CH=CHCl$

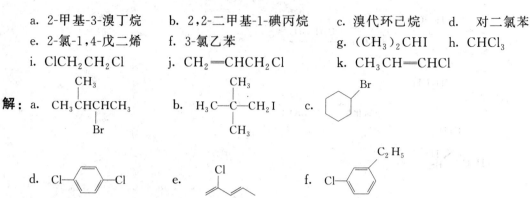

g. 2-碘丙烷　　h. 三氯甲烷　　i. 1,2-二氯乙烷
j. 3-氯-1-丙烯　　k. 1-氯-1-丙烯

6.2 写出 $C_5H_{11}Br$ 的所有异构体，用系统命名法命名，注明伯、仲、叔卤代烃。如果有手性碳原子，以星号标出，并写出对映异构体的投影式。

解：分子式 $C_5H_{11}Br$ 的同分异构体如下：

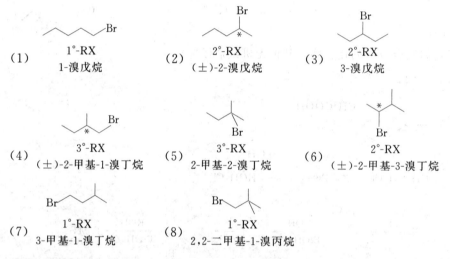

其中，有手性碳原子的异构体及其对映异构体的投影式略。

6.3 写出二氯代的四个碳的所有异构体，如有手性碳原子，以星号标出，并注明可能的旋光异构体的数目。

解：(1) (2) (3) (4) (5) (6) (7) (8)

其中，(3) 和 (4) 的旋光异构体的数目都为 2 个，(6) 有 3 个。

6.4 写出下列反应的主要产物，或必要溶剂或试剂。

a. $C_6H_5CH_2Cl \xrightarrow{Mg} \xrightarrow{CO_2} \xrightarrow[H_2O]{H^+}$

b. $CH_2=CHCH_2Br + NaOC_2H_5 \longrightarrow$

c. 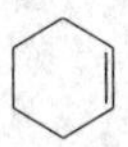 [cyclohexene] + Br₂ → (KOH-乙醇, Δ) → (CH₂=CHCHO)

d. 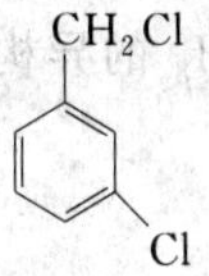 [m-ClC₆H₄CH₂Cl] (NaOH, H₂O, Δ)

e. CH₃CH₂CH₂CH₂Br (Mg) → (C₂H₅OH) →

f. 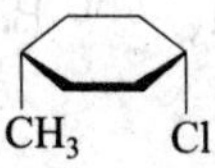 [1-methyl-2-chlorocyclohexane] + H₂O (OH⁻, S_N2 历程)

g. 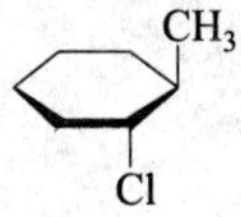 [1-methyl-1-chlorocyclohexane] + H₂O (OH⁻, S_N1 历程)

h. 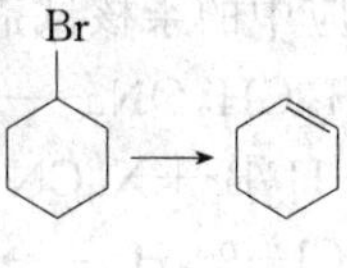 [cyclohexyl bromide] → [cyclohexene]

i. CH₂=CHCH₂Cl → CH₂=CHCH₂CN

j. (CH₃)₃CI + NaOH →(H₂O)

解：a. $C_6H_5CH_2MgCl$，$C_6H_5CH_2COOMgCl$，$C_6H_5CH_2COOH$

b. $CH_2=CHCH_2OC_2H_5$

c. 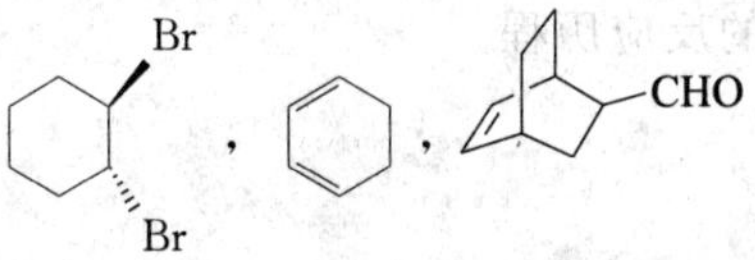 [trans-1,2-dibromocyclohexane]，[benzene]，[norbornene-CHO]

d. 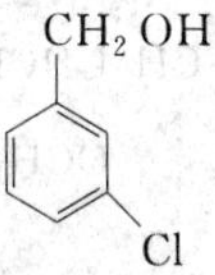 [m-HOCH₂C₆H₄Cl]

e. $CH_3CH_2CH_2CH_2MgBr$，$CH_3CH_2CH_2CH_3 + BrMgOC_2H_5$

f. 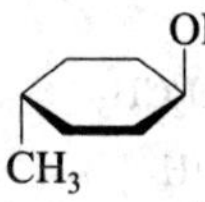 [2-methylcyclohexanol] g. 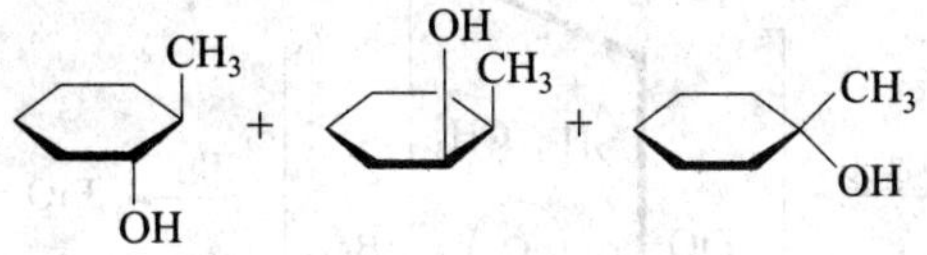 [mixture of methylcyclohexanols]

h. (KOH-EtOH, Δ) i. NaCN j. $(CH_3)_2C=CH_2$

★ **6.5** 下列各对化合物按 S_N2 历程进行反应，哪一个反应速率较快？说明原因。

a. $CH_3CH_2CH_2CH_2Cl$ 及 $CH_3CH_2CH_2CH_2I$
b. $CH_3CH_2CH_2CH_2Cl$ 及 $CH_3CH_2CH=CHI$
c. C_6H_5Br 及 $C_6H_5CH_2Br$

解：a. 因碘离子比氯离子更容易离去，因此 $CH_3CH_2CH_2CH_2I$ 反应速率较快。

b. 在 $CH_3CH_2CH=CHI$ 中，碘原子能与相邻的双键形成 p-π 共轭，使得 C—I 键难以断裂，因此 $CH_3CH_2CH_2CH_2Cl$ 反应速率较快。

c. 在 C_6H_5Br 中，溴原子能与相邻的苯环形成 p-π 共轭，使得 C—Br 键难以断裂，因此 $C_6H_5CH_2Br$ 反应速率较快。

★ **6.6** 将下列化合物按 S_N1 历程反应的活性由大到小排列。

a. $(CH_3)_2CHBr$ b. $(CH_3)_3CI$ c. $(CH_3)_3CBr$

解：下列化合物按 S_N1 历程反应的活性由大到小排列：b>c>a。

★ **6.7** 假设右图为 S_N2 反应势能变化示意图，指出（a）、

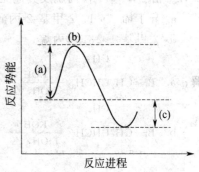

(b)、(c) 各代表什么？

解：(a)、(b)、(c) 分别代表反应物、过渡态和产物。

★ **6.8** 分子式为 C_4H_9Br 的化合物 A，用强碱处理，得到两个分子式为 C_4H_8 的异构体 B 及 C，写出 A、B、C 的结构式。

解：由题意可推测出 A、B、C 的结构式：

A. $CH_3CH_2\underset{\underset{Br}{|}}{C}HCH_3$ B. $CH_2\!=\!CHCH_2CH_3$ C. $CH_3CH\!=\!CHCH_3$

★ **6.9** 指出下列反应中的亲核试剂、底物和离去基团。

a. $CH_3I + CH_3CH_2ONa \longrightarrow CH_3OCH_2CH_3 + NaI$

b. $CH_3CH_2CH_2Br + NaCN \longrightarrow CH_3CH_2CH_2CN + NaBr$

c. $C_6H_5CH_2Cl + 2NH_3 \longrightarrow C_6H_5CH_2NH_2 + NH_4Cl$

解：a. 亲核试剂为 CH_3CH_2ONa，底物为 CH_3I，离去基团为 I^-。

b. 亲核试剂为 $NaCN$，底物为 $CH_3CH_2CH_2Br$，离去基团为 Br^-。

c. 亲核试剂为 NH_3、底物为 $C_6H_5CH_2Cl$，离去基团为 Cl^-。

★ **6.10** 写出由 (S)-2-溴丁烷制 (R)-$CH_3\underset{\underset{OCH_3}{|}}{C}HCH_2CH_3$ 的反应历程。

解：

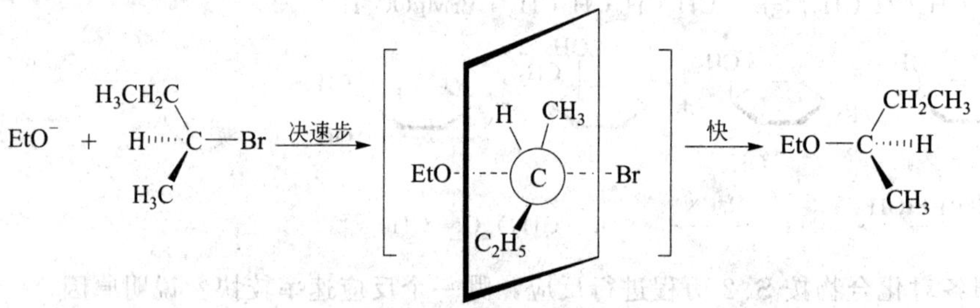

$EtO^- + H\!-\!\underset{\underset{CH_3}{|}}{\overset{\overset{CH_2CH_3}{|}}{C}}\!-\!Br \xrightarrow{\text{决速步}} \left[EtO\cdots C\cdots Br\right] \xrightarrow{\text{快}} \underset{\underset{CH_3}{|}}{\overset{\overset{CH_2CH_3}{|}}{EtO\!-\!C\!-\!H}}$

★ **6.11** 写出三个可以用来制备 3,3-二甲基-1-丁炔的二溴代烷的结构式。

解：可以用来制备 3,3-二甲基-1-丁炔的二溴代烷的结构式如下：

A. 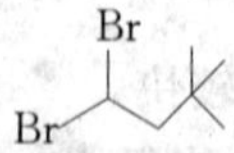 $Br\!-\!CH_2\!-\!CHBr\!-\!C(CH_3)_3$ B. 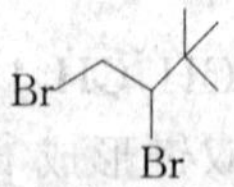 $BrCH_2\!-\!CBr(CH_3)\!-\!CH(CH_3)_2$ (大致) C. $Br_2CH\!-\!CH_2\!-\!C(CH_3)_3$

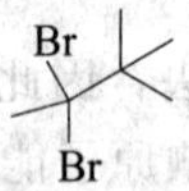

★ **6.12** 由 2-甲基-1-溴丙烷及其他无机试剂制备下列化合物。

a. 异丁烯 b. 2-甲基-2-丙醇 c. 2-甲基-2-溴丙烷

d. 2-甲基-1,2-二溴丙烷   e. 2-甲基-1-溴-2-丙醇

解：a. $Br\!-\!CH_2\underset{\underset{}{}}{\overset{\overset{CH_3}{|}}{C}}HCH_3 \xrightarrow[\text{EtOH, }\Delta]{KOH} T.M.$

b. $Br\!-\!CH_2\overset{\overset{CH_3}{|}}{C}HCH_3 \xrightarrow[\text{EtOH, }\Delta]{KOH} \xrightarrow[\text{②}H_2O, \Delta]{\text{①}H_2SO_4} T.M.$

c. $Br\!-\!CH_2\overset{\overset{CH_3}{|}}{C}HCH_3 \xrightarrow[\text{EtOH, }\Delta]{KOH} \xrightarrow{HBr} T.M.$

d. 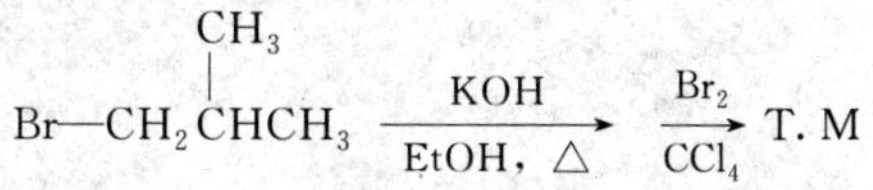 $\underset{\mathrm{Br-CH_2CHCH_3}}{\overset{\mathrm{CH_3}}{|}} \xrightarrow[\mathrm{EtOH},\triangle]{\mathrm{KOH}} \xrightarrow[\mathrm{CCl_4}]{\mathrm{Br_2}}$ T. M

e. 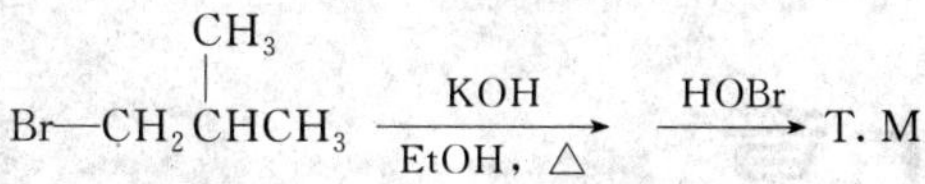 $\underset{\mathrm{Br-CH_2CHCH_3}}{\overset{\mathrm{CH_3}}{|}} \xrightarrow[\mathrm{EtOH},\triangle]{\mathrm{KOH}} \xrightarrow{\mathrm{HOBr}}$ T. M

★ **6.13** 分子式为 C_3H_7Br 的 A，与 KOH-乙醇溶液共热得 B，分子式为 C_3H_6，如使 B 与 HBr 作用，则得到 A 的异构体 C，推断 A 和 C 的结构，用反应式表明推断过程。

解：根据题意，可推断 A 和 C 的结构式：

A. $CH_3CH_2CH_2Br$ C. 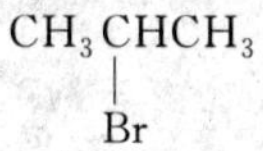 $\underset{\mathrm{Br}}{\overset{}{|}}CH_3CHCH_3$

反应过程为：

$$CH_3CH_2CH_2Br \xrightarrow[\mathrm{EtOH},\triangle]{\mathrm{KOH}} CH_2=CHCH_3 \xrightarrow{\mathrm{HBr}} \underset{\mathrm{C}}{CH_3\overset{\mathrm{Br}}{\underset{|}{C}}HCH_3}$$
(A)   (B)   (C)

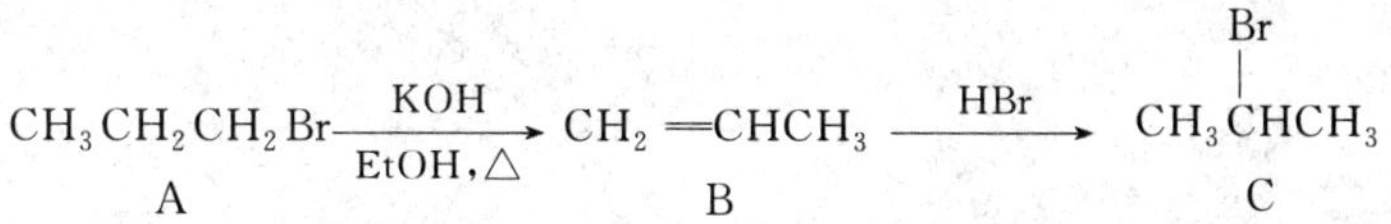

第七章

光谱法在有机化学中的应用

基本要求

（1）理解紫外光谱、红外光谱、核磁共振谱和质谱的基本原理及其与分子结构之间的关系。

（2）理解分子振动形式与红外吸收的关系；熟练掌握常见官能团的特征吸收波长，掌握应用红外光谱鉴别有机化合物结构的方法。

（3）理解紫外光谱所涉及的各类电子跃迁、基团的特征吸收带；掌握 UV 谱对有机化合物结构鉴定的作用；判断分子体系是否有不饱和键、共轭体系。

（4）掌握常见各类氢的化学位移（δ）及其变化规律和自旋偶合、裂分规律；能运用这些规律来解析简单的一维核磁共振氢谱。

5. 理解质谱中，化合物的简单断裂规律，并能解析简单的质谱。

主要内容

一、红外光谱（IR）

红外吸收光谱（infrared spectroscopy，IR）是由分子中成键原子的振动能级跃迁所产生的吸收光谱。物质的分子吸收一定红外区域波长的光，当吸收的光能恰好等于分子的两能级间的能量差时，就产生吸收光谱。

分子中原子的振动分为：键长变化、键角不变的伸缩振动（$\nu_{伸}$ 或 ν）和键角不变、键角变化的弯曲振动（$\nu_{弯}$ 或 δ）两类。其中，伸缩振动可分为对称伸缩振动（ν_s）和反对称伸缩振动（ν_{as}），吸收峰在 $4000 \sim 1350 cm^{-1}$，常见有机官能团在这个范围内有简单、较强的吸收，且具有很强的特征性，比较容易识别；弯曲振动有剪式振动、平面摇摆、非平面摇摆和扭曲振动四种形式。吸收峰在 $1350 \sim 900 cm^{-1}$ 范围内有较为复杂的光谱，是有机物的指纹区，通常较难识别。

解析红外光谱图时，通常首先要根据分子式计算该化合物的不饱和度，推测分子中可能存在的母体结构；其次，在掌握各类化合物的红外特征吸收谱带的基础上，找到特征峰，以此判断分子中可能存在的基团和结构单元，推测出未知物分子可能的结构式；最后，结合指纹区的归属，综合分析，加以佐证，必要时可以查阅标准谱图。

二、紫外光谱（UV）

1. 紫外光谱的产生及表示

许多有机分子中的价电子跃迁，需吸收波长在 200～1000nm 范围内的光，恰好落在紫外-可见光区域。因此，紫外吸收光谱是由于分子中价电子的跃迁而产生的，也可称为电子光谱。

常用分光光度计来测定化合物的紫外吸收光谱，一般包括紫外及可见两部分，测试出的结果用最大吸收波长（λ_{max}）和吸收强度（摩尔吸光系数 ε 或 $\lg\varepsilon$）来表示。由于溶剂效应对紫外吸收也有较大影响，所以通常还要标明测定时使用的溶剂。

2. 电子跃迁的类型和吸收带

① R 带　由 $n \rightarrow \pi^*$ 跃迁引起，由带孤对电子的生色团产生。其特点是吸收强度较弱（$\varepsilon_{max} < 10^2 \text{L·mol}^{-1}\text{·cm}^{-1}$），吸收波长较大（$\lambda_{max} > 270$nm）。

② K 带　由 $\pi \rightarrow \pi^*$ 跃迁引起的吸收带，如共轭双键。该带的特点是吸收峰很强（$\varepsilon_{max} > 10^4 \text{L·mol}^{-1}\text{·cm}^{-1}$），$\lambda_{max}$ 会随着共轭链的增加而向长波方向移动。

③ B 带　由芳香环或芳杂环的 $\pi \rightarrow \pi^*$ 跃迁引起的特征吸收带，为一宽峰，其 λ_{max} 在 230～270nm 之间，ε_{max} 偏低。

④ E 带　该带的产生可看成是苯环中的乙烯和共轭乙烯键 $\pi \rightarrow \pi^*$ 跃迁引起的吸收峰。

3. 紫外光谱与有机分子结构的关系

$\pi \rightarrow \pi^*$ 和 $n \rightarrow \pi^*$ 跃迁才有实际意义，该类电子跃迁中，轨道间能隙较低，电子容易激发跃迁，吸收波长主要在近紫外区。因此，紫外光谱适用于分析分子中具有不饱和结构，特别是共轭结构的有机化合物，以及分子中生色团和助色团的存在信息。如在共轭链的一端引入含有未共用电子的基团，—NH_2、—NR_2、—OH、—OR、—SR、—X(Cl、Br) 等，可产生 p-π 共轭，使得 λ_{max} 发生红移。

三、核磁共振谱（NMR）

核磁共振谱（NMR）是在强磁场中，自旋的原子核吸收电磁辐射引起共振跃迁所产生的吸收光谱。从核磁共振产生的原理来看，自旋量子数不为零（$I \neq 0$）的原子核都可以发生核磁共振，但实际上有应用价值的主要是氢谱和碳谱（^{1}H-NMR、^{13}C-NMR），本章重点要掌握核磁共振氢谱，它所能提供分子结构的主要信息如下。

（1）化学位移值（δ）　反映分子中的质子所处的不同化学环境。δ 值的变化有一定的规律性，即氢的屏蔽效应越大，共振吸收向高场移动，δ 值越小；反之，氢的去屏蔽效应越大，共振吸收向低场移动，δ 值越大。

（2）峰的面积　反映各个吸收峰所代表的质子数目的相对比，从而可以计算出各个信号所含有的质子数目。

（3）峰的裂分　受自旋偶合作用的影响，H 的核磁共振谱峰会发生裂分。裂分的规律如下：邻近氢化学环境相同时，符合 ($n+1$) 规则；若邻近氢化学环境不相同时，符合 $(n+1)(n'+1)(n''+1)$ 规则。

（4）峰的强度

① 在符合 ($n+1$) 规则的简单情况下，两重峰的相对强度比为 1∶1；三重峰为 1∶2∶1；四重峰为 1∶3∶3∶1；五重峰为 1∶4∶6∶4∶1。

② 在 (1+1)(1+1) 的情况下，四重峰具有同样的强度。

③ 在其他情况下，强度比例较难判断且通常也不易分辨出。

四、质谱（MS）

质谱可用于确定有机化合物的分子结构。质谱中的峰主要有分子离子峰、碎片离子峰、同位素离子峰等，其中分子离子峰的 m/z 值为该分子的分子量，其他的离子峰对判断分子结构也十分有用。

例题分析

▶ **例 7.1** 指出下列化合物能量最低的电子跃迁类型。

(1) $CH_3CH_2CH=CH_2$ (2) $CH_3CH_2CHCH_3$
                                                |
                                                Br

(3) $CH_3CH_2CCH_3$ (4) $CH_2=CH-CH=O$
            ‖
            O

解：(1) $\pi \rightarrow \pi^*$；(2) $n \rightarrow \sigma^*$；(3) $n \rightarrow \pi^*$；(4) $n \rightarrow \pi^*$。

▶ **例 7.2** 按紫外吸收波长长短的顺序，排列下列各组化合物。

(1) $CH_2=CH-CH=CHCH_3$ $CH_2=CH_2$ $CH_2=CH-CH=CH_2$

(2) CH_3Cl CH_3Br CH_3I

(3)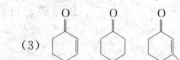

(4) 顺-1,2-二苯乙烯   反-1,2-二苯乙烯

解：(1) $CH_2=CH-CH=CHCH_3 > CH_2=CH-CH=CH_2 > CH_2=CH_2$

(2) $CH_3I > CH_3Br > CH_3Cl$

(3)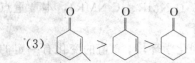

(4) 反-1,2-二苯乙烯 > 顺-1,2-二苯乙烯

▶ **例 7.3** 指出如何运用红外光谱来区分下列各对异构体。

(1) A. $CH_3-CH=CH-CHO$ B. $CH_3-C≡C-CH_2OH$

(2) A. ⬡=C=⬡   B. ⬡-CH₂-⬡

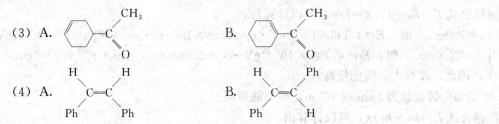

解：(1) A 在约 $1700cm^{-1}$ 有—C=O 官能团的强吸收峰；在约 $1600cm^{-1}$ 处有双键的强吸收峰；B 在 $2190\sim2260cm^{-1}$ 有叁键的强吸收峰；在 $3300\sim3500cm^{-1}$ 有—OH 的特征吸收峰。

(2) A 在 $1930\sim1980cm^{-1}$ 有累积二烯烃的强吸收峰；B 在约 $1600cm^{-1}$ 处有双键的强吸收峰。

(3) B 中羰基与双键能够产生共轭效应，使得羰基的伸缩振动吸收的波数红移，而 A 中的羰基无此现象。

(4) 在指纹区，顺式结构烯烃 A 的吸收峰出现在 $650\sim730cm^{-1}$；而反式结构烯烃 B 的吸收峰出现在 $965\sim980cm^{-1}$。

◆ **例 7.4** 写出具有下列分子式但仅有一个核磁共振信号的化合物结构式。

(1) C_3H_6　　(2) C_3H_4　　(3) C_2H_6O　　(4) $C_3H_6Br_2$

解：(1) △　(2) $CH_2=C=CH_2$　(3) CH_3OCH_3　(4) $Br-\underset{CH_3}{\overset{CH_3}{C}}-Br$

◆ **例 7.5** 化合物 A，分子式为 C_5H_8，催化氢化后得到顺-1,2-二甲基环丙烷。

(1) 写出 A 的可能结构。

(2) 已知在 $890cm^{-1}$ 处没有红外吸收，A 的可能结构式又是什么？

(3) A 的 ^1H NMR 在 $\delta2.2$ 和 $\delta1.4$ 处有吸收峰，积分面积比为 3∶1，A 的结构如何？

(4) 在 A 的质谱中，发现基峰（m/z）是 67，这个峰是由什么例子形成的？如何解释它的丰度？

解：(1) 根据 A 的分子式可以计算不饱和度（$\Omega=2$）和催化氢化后的产物，可推测其可能结构有：

　　a.　　　　b.　　　　c.

(2) $890cm^{-1}$ 处没有红外吸收，说明分子中不含有端烯的结构；这样 A 的可能结构式是 a 或 b。

(3) A 的 ^1H NMR 在 $\delta2.2$ 和 $\delta1.4$ 处有吸收峰，说明 A 仅有两种化学环境不同的氢，所以其可能的结构为 a。

(4) 在 A 的质谱中，发现基峰（m/z）是 67 的离子为 1,2-二甲基环丙烯基正离子，因它具有芳香性，稳定，所以相对丰度高。

习题解析

★ **7.1** 电磁辐射的波数为 $800cm^{-1}$ 或 $2500cm^{-1}$，哪个能量高？

解：根据公式 $E=h\nu=hc/\lambda=hc\sigma$，可以计算出：

当 $\sigma=800\text{cm}^{-1}$ 时，$E=4.136\times10^{-15}\text{eV}\cdot\text{s}\times2.998\times10^{10}\text{cm}\cdot\text{s}^{-1}\times800\text{cm}^{-1}=0.099\text{eV}$；

当 $\sigma=2500\text{cm}^{-1}$ 时，$E=4.136\times10^{-15}\text{eV}\cdot\text{s}\times2.998\times10^{10}\text{cm}\cdot\text{s}^{-1}\times2500\text{cm}^{-1}=0.31\text{eV}$；因此，波数大，则能量高。

★ **7.2** 电磁辐射的波长为 $5\mu\text{m}$ 或 $10\mu\text{m}$，哪个能量高？

解：根据公式 $E=h\nu=hc/\lambda$，可以计算出：

当 $\lambda=5\mu\text{m}$ 时，$E=4.136\times10^{-15}\text{eV}\cdot\text{s}\times2.998\times10^{10}\text{cm}\cdot\text{s}^{-1}/(5\times10^{-4}\text{cm})=0.248\text{eV}$；

当 $\lambda=10\mu\text{m}$ 时，$E=4.136\times10^{-15}\text{eV}\cdot\text{s}\times2.998\times10^{10}\text{cm}\cdot\text{s}^{-1}/(10\times10^{-4}\text{cm})=0.124\text{eV}$；因此，波长小，则能量高。

★ **7.3** 60MHz 或 300MHz 的无线电波，哪个能量高？

解：根据公式 $E=h\nu$，可以计算出：

当 $\nu=60\text{MHz}$ 时，$E=4.136\times10^{-15}\text{eV}\cdot\text{s}\times60\times10^6\text{s}^{-1}=2.48\times10^{-7}\text{eV}$；

当 $\nu=300\text{MHz}$ 时，$E=4.136\times10^{-15}\text{eV}\cdot\text{s}\times300\times10^6\text{s}^{-1}=1.24\times10^{-6}\text{eV}$；因此，频率高，则能量高。

7.4 在 IR 谱图中，能量高的吸收峰应在左边还是右边？

解：在 IR 谱图中，自左向右波数由大到小，根据 7.1 题的结论可知，能量高的吸收峰应在左边。

★ **7.5** 在 IR 谱图中，C=C 和 C=O 哪个峰的吸收强度大？

解：在 IR 谱图中，官能团 C=O 发生伸缩振动时的瞬时偶极矩变化程度要大于 C=C，跃迁概率大，因此 C=O 峰的吸收强度大。

★ **7.6** 化合物 A 的分子式为 C_8H_6，它可使溴的四氯化碳溶液褪色，其红外谱图如图 7-1 所示，推测其结构式，并标明以下各峰（3300cm^{-1}、3100cm^{-1}、2100cm^{-1}、$1500\sim1450\text{cm}^{-1}$、$800\sim600\text{cm}^{-1}$）的归属。

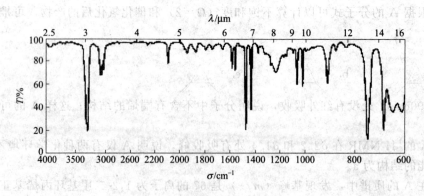

图 7-1 习题 7.6 的 IR 谱图

解：根据题意，可推测出化合物 A 的结构式为：C₆H₅—C≡CH。

各峰的归属如下：3300cm^{-1} 是 ≡C—H 伸缩振动；3100cm^{-1} 是芳环=C—H 伸缩振动；2100cm^{-1} 是 C≡C 伸缩振动；$1500\sim1450\text{cm}^{-1}$ 是苯环的 C=C 的伸缩振动；$800\sim600\text{cm}^{-1}$ 是芳环=C—H 弯曲振动。

★ **7.7** 将红外线、紫外线及可见光按能量由高至低排列。

解：根据红外线、紫外线及可见光所在的波段及题 7.2 的答案，可以得知：
按能量由高至低排序如下：紫外线＞红外线＞可见光。

★ **7.8** 苯及苯醌 (O=⌬=O) 中哪个具有比较容易被激发的电子？

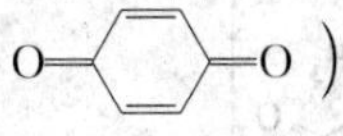

解：因苯醌的共轭体系较苯更大些，因此跃迁所需能量较低，所以苯醌中电子更容易被激发到反键轨道上。

★ **7.9** 将下列各组化合物按 λ_{max} 增高的顺序排列。

a. 全反式—$CH_3(CH=CH)_{11}CH_3$ 全反式—$CH_3(CH=CH)_{10}CH_3$ 全反式—$CH_3(CH=CH)_9CH_3$

b. [两个三芳基碳正离子结构式]

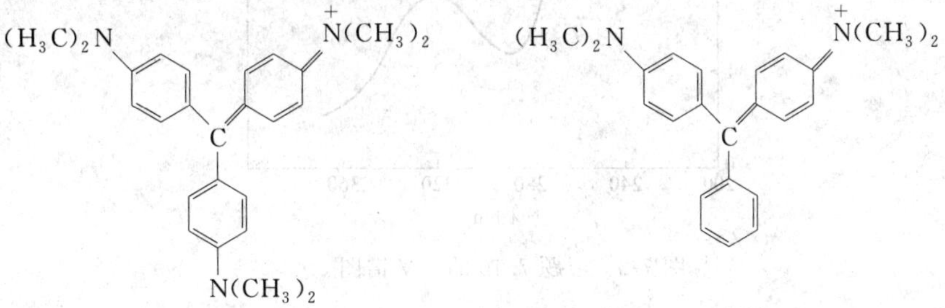

c. [三个环己酮衍生物结构式]

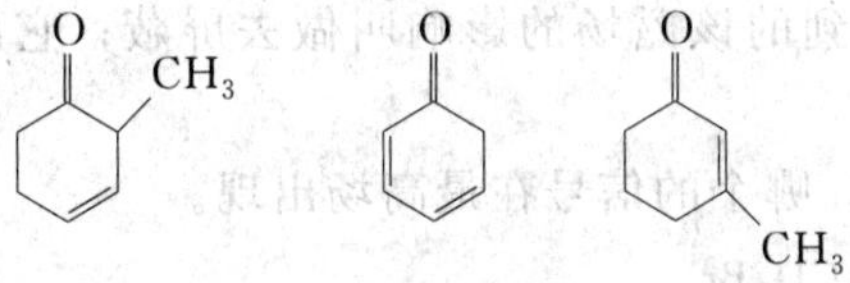

d. [苯, 苯乙烯, 联苯, 二苯乙烯结构式]

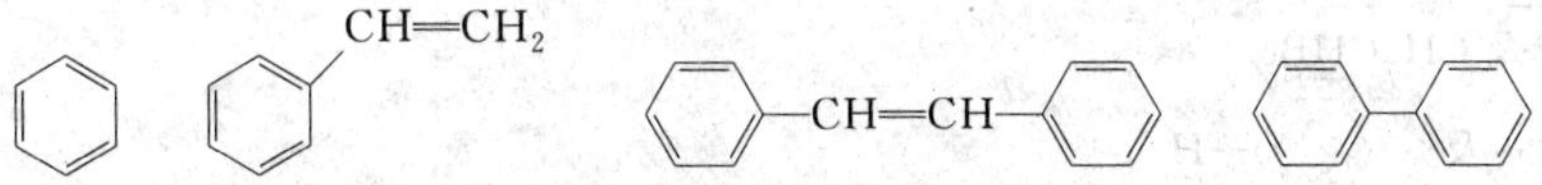

解：所列各组化合物按 λ_{max} 增高的顺序排列依次如下。

a. 全反式-$CH_3(CH=CH)_9CH_3$ ＜ 全反式-$CH_3(CH=CH)_{10}CH_3$ ＜ 全反式-$CH_3(CH=CH)_{11}CH_3$

b. [结构式] ＜ [结构式]

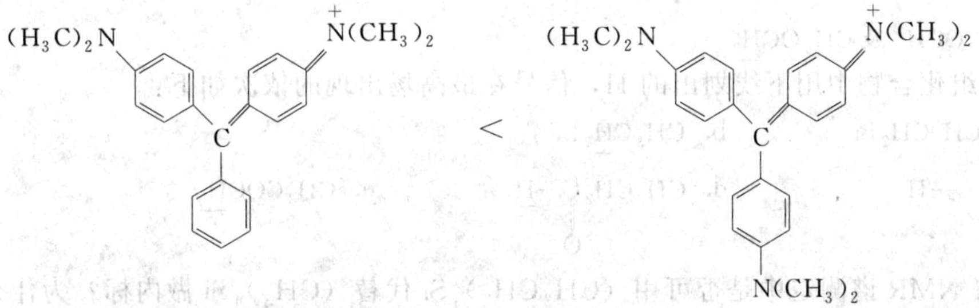

c. [结构式] ＜ [结构式] ＜ [结构式]

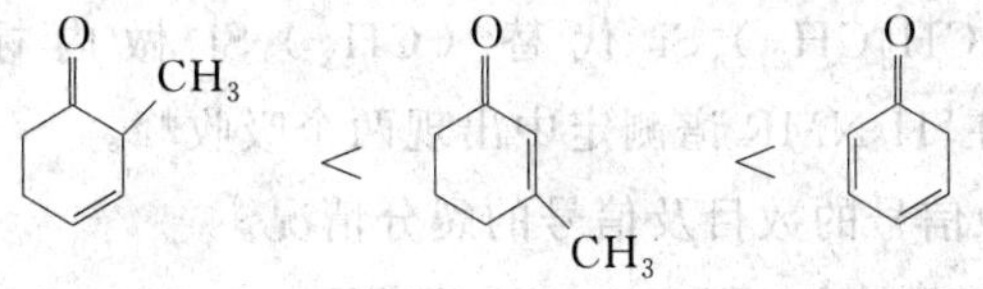

d. [苯] ＜ [苯乙烯] ＜ [联苯] ＜ [二苯乙烯]

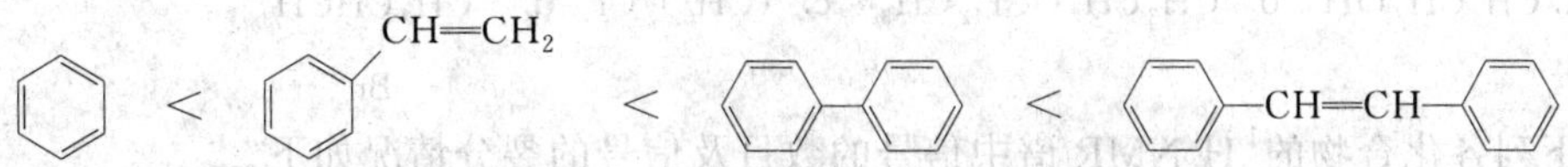

★ **7.10** 指出图 7-2 UV 谱图中各峰属于哪一类跃迁。

解：图中 λ_{max} 在 240nm 附近的吸收，可归属于 $\pi \to \pi^*$ 跃迁；λ_{max} 在 320nm 附近的吸收，可归属于 $n \to \pi^*$ 跃迁。

★ **7.11** 当感应磁场与外加磁场相同时，则质子受到的该磁场的影响叫做屏蔽还是去屏蔽？它的信号应在高场还是在低场，在图的左边还是右边出现？

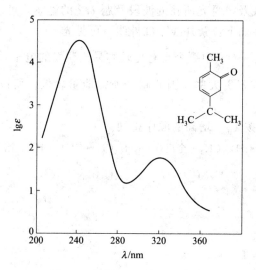

图 7-2 习题 7.10 的 UV 谱图

解：当感应磁场与外加磁场相同时，质子所受到的该磁场的影响叫做去屏蔽；它的信号应在低场，在核磁图的左边出现。

★ **7.12** 指出下列各组化合物中用下线划出的 H，哪个的信号在最高场出现。

　　a. C$\underline{H_3}$CH$_2$CH$_2$Br，CH$_3$C$\underline{H_2}$CH$_2$Br 及 CH$_3$CH$_2$C$\underline{H_2}$Br

　　b. CH$_3$C$\underline{H_2}$Br 及 CH$_3$C$\underline{H}$Br$_2$

　　c. ⌬—$\underline{H}$　及　⌬—$\underline{H}$

　　d. C$\underline{H_3}$CH=CH$_2$ 及 C$\underline{H_3}$CH$_2$C—H
　　　　　　　　　　　　　　　　　　 ‖
　　　　　　　　　　　　　　　　　　 O

　　e. CH$_3$COC$\underline{H_3}$ 及 CH$_3$OC$\underline{H_3}$

解：下列各组化合物中用下线划出的 H，信号在最高场出现的依次如下：

　　a. C$\underline{H_3}$CH$_2$CH$_2$Br　　　　b. CH$_3$C$\underline{H_2}$Br

　　c. ⌬—$\underline{H}$　　　　d. CH$_3$CH$_2$C—H　　　　e. CH$_3$COC$\underline{H_3}$
　　　　　　　　　　　　　　　‖
　　　　　　　　　　　　　　　O

★ **7.13** 在 ^{1}H NMR 谱测定中是否可用 (CH$_3$CH$_2$)$_4$Si 代替 (CH$_3$)$_4$Si 做内标？为什么？

解：在 ^{1}H NMR 谱测定中不可用 (CH$_3$CH$_2$)$_4$Si 代替 (CH$_3$)$_4$Si 做内标，因为 (CH$_3$CH$_2$)$_4$Si 有两种类型的氢原子，会在 ^{1}H NMR 谱测定中出现两个吸收峰。

★ **7.14** 估计下列各化合物的 ^{1}H NMR 谱中信号的数目及信号的裂分情况。

　　a. CH$_3$CH$_2$OH　b. CH$_3$CH$_2$OCH$_2$CH$_3$　c. (CH$_3$)$_3$CI　d. CH$_3$CHCH$_3$
　　　　　　　　　　　　　　　　　　　　　　　　　　　　　　　　　　|
　　　　　　　　　　　　　　　　　　　　　　　　　　　　　　　　　　Br

解：下列各化合物的 ^{1}H NMR 谱中信号的数目及信号的裂分情况如下。

　　a. 信号的数目：3 个；CH$_3$—中 H 裂分成 3 重峰、—CH$_2$—中 H 裂分成 4 重峰、—OH 中 H 是单峰。

　　b. 信号的数目：2 个；CH$_3$—中 H 裂分成 3 重峰、—CH$_2$—中 H 裂分成 4 重峰。

　　c. 信号的数目：1 个；CH$_3$—中 H 是单峰。

　　d. 信号的数目：2 个；CH$_3$—中 H 裂分成 2 重峰、—CHBr—中 H 裂分成 7 重峰。

★ **7.15** 大致估计习题 7.14 中各组氢的化学位移。

解：各组氢的化学位移大致为：

a. CH_3—中 H 的 $\delta 1.0 \sim 1.2$、—CH_2—中 H 的 $\delta 1.2 \sim 1.4$、—OH 中 H 的 $\delta 3.9 \sim 4.1$；

b. CH_3—中 H 的 $\delta 1.0 \sim 1.2$、—CH_2—中 H 的 $\delta 3.3 \sim 3.9$；

c. CH_3—中 H 的 $\delta 0.9 \sim 1.1$；

d. CH_3—中 H 的 $\delta 1.6 \sim 1.8$、—CH_2—中 H 的 $\delta 3.9 \sim 4.1$。

★ **7.16** 下列化合物的 ^{1}H NMR 谱各应有几个信号？裂分情况如何？各信号的相对强度如何？

a. 1,2-二溴乙烷　　b. 1,1,1-三氯乙烷　　c. 1,1,2-三氯乙烷

d. 1,2,2-三溴丙烷　　e. 1,1,1,2-四氯丙烷　　f. 1,1-二溴环丙烷

解：题中各化合物的 ^{1}H NMR 谱的信号数、裂分情况及各信号的相对强度如下。

a. 信号的数目：1 个；没有裂分（相邻碳上的质子是磁等同的，氢原子间虽有自旋偶合，却综合表现为一个单峰）。

b. 信号的数目：1 个；没有裂分（只有一组磁等同的质子）。

c. 信号的数目：2 个；$ClCH_2$—中 H 被裂分成 2 重峰，各信号的相对强度比 = 1：1、—$CHCl_2$ 中 H 被裂分成 3 重峰，各信号的相对强度比 = 1：2：1。

d. 信号的数目：2 个；没有裂分。

e. 信号的数目：2 个；—CHCl—中 H 被裂分成 4 重峰，各信号的相对强度比 = 1：3：3：1、CH_3—中 H 被裂分成 2 重峰，各信号的相对强度比 = 1：1。

f. 信号的数目：1 个；没有裂分（原因同 a）。

★ **7.17** 图 7-3 的 ^{1}H NMR 谱图与 A、B、C 中哪一个化合物符合？

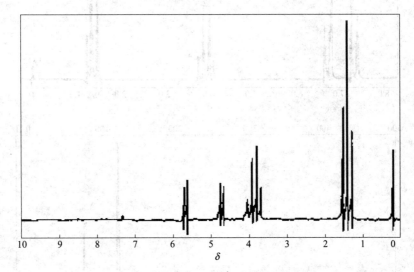

图 7-3　习题 7.17 的 ^{1}H NMR 谱图

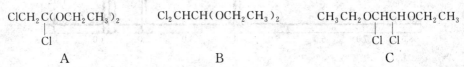

解：根据图 7-3 的 ^{1}H NMR 谱图可知，该结构应有 4 组核磁信号（A 有 3 组核磁信号、B 有四组核磁信号、C 有 2 组核磁信号）；再根据邻近 H 间裂分规律，则分子结构中应含有—CH_2CH_3 和—CHCH—片段，因此可以推断出其结构与化合物 B 相符合。

★ **7.18** 指出图 7-4 中（1）、（2）及（3）分别与 a～f 六个结构式中哪个相对应？并指出各峰的归属。

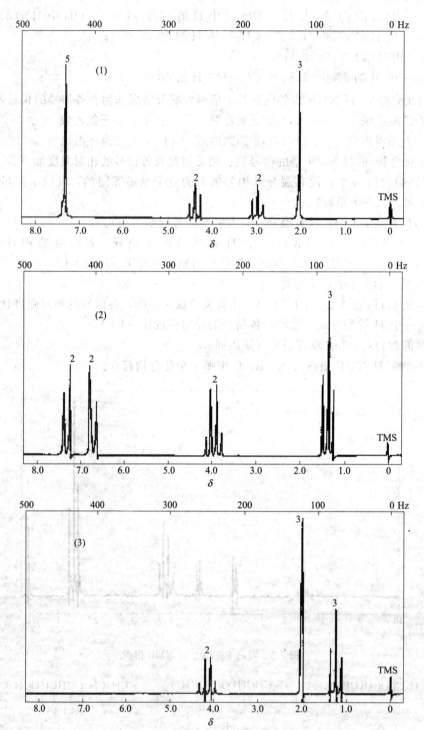

图 7-4 习题 7.18 的（1）、（2）及（3）^{1}H NMR 谱图

a. $CH_3COCH_2CH_3$　　b. $CH_3CH_2-\underset{}{\bigcirc}-I$　　c. $CH_3CO\overset{O}{\overset{\|}{C}}CH(CH_3)_2$

d. $Br-\underset{}{\bigcirc}-OCH_2CH_3$　　e. $(CH_3)_2CHNO_2$　　f. $\underset{}{\bigcirc}-CH_2CH_2O\overset{O}{\overset{\|}{C}}CH_3$

解： 根据图 7-4 中 ^1H NMR 谱图，可推断出：

(1) 图中有 12 个 H 原子，可排除 a、b、c、d、e，则只与 f 结构式相对应；

(2) 图中有 9 个 H 原子，可排除 a、c、e；而在 b 中的—CH_2—的 δ 一般在 2.2 左右，d 中的—CH_2—的 δ 因与电负性较大的 O 原子相连，会向低场移动约至 4，因此，该图是与 d 结构式相对应；

(3) 图中有 8 个 H 原子，可排除 b、c、d、e 和 f；则只与 a 结构式相对应。

★ **7.19** 一化合物分子式为 $C_9H_{10}O$，其 IR 及 ^1H NMR 谱如图 7-5 所示。写出此化合物的结构式，并指出 ^1H NMR 谱中各峰及 IR 谱中主要峰（3150～2950 cm^{-1}、1750 cm^{-1}、750～700 cm^{-1}）的归属。

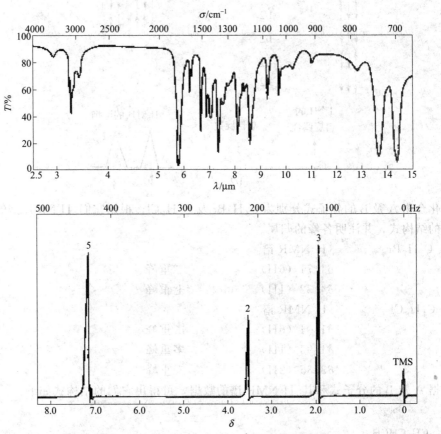

图 7-5　习题 7.19 的 IR 及 ^1H NMR 谱图

解： 根据该化合物的分子式（不饱和度为 5）、IR（含有羰基和苯环）及 ^1H NMR 谱图（3 组核磁信号单峰，即相互不偶合），可以推测出其结构式为：

$\underset{}{\bigcirc}-CH_2-\overset{O}{\overset{\|}{C}}-CH_3$

其中，IR 谱中 3150~2950cm^{-1} 可归属为芳环═C—H 伸缩振动和甲基的 C—H 伸缩振动；1750cm^{-1} 可归属为—CO—（羰基）的伸缩振动，750~700cm^{-1} 可归属为芳环═C—H 及 C═C 的弯曲振动。

★ **7.20** 用粗略的示意图说明 $(Cl_2CH)_3CH$ 应有怎样的 ^1H NMR 谱。表明裂分的形式及信号的相对位置。

解：在 $(Cl_2CH)_3CH$ 分子式中，有两种类型的 H：Cl_2CH—（用 H_a 表示，有 3 个 H_a）和 $(Cl_2CH)_3C$—H（用 H_b 表示，有 1 个 H_b），其自旋偶合及裂分的情况如下：

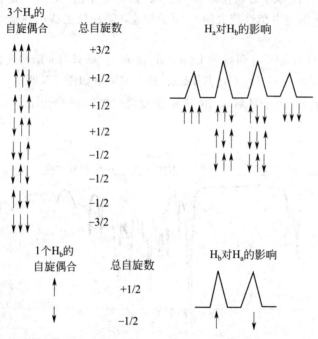

★ **7.21** 化合物 A 及 B 的分子式分别为 C_3H_7Br 及 C_4H_9Cl。根据它们 ^1H NMR 谱的数据，写出它们的结构式，并注明各峰的归属。

    A. C_3H_7Br ^1H NMR 谱
                          δ1.71（6H）   二重峰
                          δ4.32（1H）   七重峰
    B. C_4H_9Cl ^1H NMR 谱
                          δ1.04（6H）   二重峰
                          δ1.95（1H）   多重峰
                          δ3.35（2H）   二重峰

解：根据 A 及 B 的分子式和其 ^1H NMR 谱的数据，可得出它们的结构式如下：

            Br
            |
A. CH_3CHCH_3

其中，δ1.71（6H）二重峰归属于两个—CH_3；δ4.32（1H）七重峰归属于—CHBr—。

            CH_3
            |
B. CH_3CHCH_2Cl

其中，δ1.04（6H）二重峰归属于两个—CH_3；δ1.95（1H）多重峰归属于—CH—；δ3.35（2H）二重峰归属于—CH_2Cl。

★ 7.22 分子式为 C_7H_8 的 IR 及 ^1H NMR 谱如图 7-6 所示，推测其结构，并指出 ^1H NMR 中各峰及 IR 中主要峰的归属。

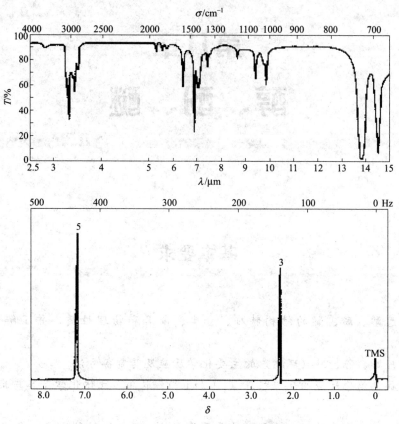

图 7-6　习题 7.22 的 IR 及 ^1H NMR 谱图

解：根据该化合物的分子式、IR 及 ^1H NMR 谱图，可推测出其结构式为：$\text{C}_6\text{H}_5\text{—CH}_3$。

其中，^1H NMR 中 δ 在 2.2 左右（3H）单峰可归属于—CH_3；δ 在 7.1 左右（5H）单峰可归属于苯基；IR 中主要峰，如 3080～3030 cm^{-1} 可归属为芳环=C—H 伸缩振动，2960～2870 cm^{-1} 可归属为甲基中 C—H 的伸缩振动；1600～1450 cm^{-1} 可归属为苯环的 C=C 的伸缩振动；750～770 cm^{-1} 和 690～710 cm^{-1} 可归属为芳环=C—H 弯曲振动。

第八章

醇、酚、醚

基本要求

(1) 熟悉醇、酚、醚的结构特征、分类、命名和物理性质，并了解它们的光谱特性。

(2) 掌握醇、酚、醚（环醚）的主要化学反应及其制备方法。

(3) 理解 β-消除反应的反应机理（E1 和 E2）、取向、立体化学及其与亲核取代反应的竞争。

(4) 了解一些重要的醇、酚和醚的重要化合物；了解冠醚的分类、命名及相转移催化剂的概念和作用。

主要内容

一、醇、酚、醚的组成及结构特征

1. 醇、酚、醚的组成

醇、酚、醚都是烃的含氧衍生物。醇和酚都以羟基（—OH）为官能团，其中，醇是烷烃分子中的氢原子被羟基取代后的化合物；酚是羟基直接与芳环相连的化合物。醚可以看作是水的两个氢原子烃基取代后的化合物，是以醚键（—O—，也称作"氧桥"）作为官能团。

2. 醇、酚、醚的结构特征

(1) 醇的结构特征　R—O—H 羟基氧原子上所连接的烷基具有 +I 效应，从而使得羟基氧原子上的电子云密度升高，加强了 O—H 键，也即削弱了 O—H 键的极性，降低了醇羟基上质子的解离能力，导致其酸性减弱。

R—O—H 羟基中氧原子能给出电子，具有路易斯碱的性质，因此，在酸性条件下，能

接受 H^+，形成质子化的醇（$R—\overset{+}{O}H_2$），使 α-碳原子上的电子云密度降低，削弱了 C—O 键，从而容易发生取代反应。

（2）酚的结构特征 Ar—OH 中氧原子是 sp^2 杂化状态，氧上的两对孤对电子：一对容纳在 sp^2 杂化轨道上，另一对容纳在未参与杂化的 p 轨道上。p 轨道上孤对电子可与芳环的大 π 键形成 p-π 共轭，使得氧上的电子云偏向苯环，从而产生以下影响。

① 增强了酚羟基上氢的解离能力，且解离出氢离子后，苯酚负离子上的负电荷通过共轭能被苯环分散，从而得到稳定，因此苯酚的酸性比醇强。

② 使苯环上与羟基相连的碳原子电子云密度升高，加强了 C—O 键，所以苯酚不易于发生 C—O 键断裂的反应。

③ 增加了芳环上的电子云密度，使苯环上的卤代、硝化、磺化、傅-克等亲电取代反应更容易发生。

（3）醚的结构特征 醚氧原子上的孤对电子有接受质子的能力，能同强酸反应生成锌盐（$—\overset{+}{O}H—$），使 α-碳原子上的电子云密度降低，显示出部分电正性，削弱了 C—O 键，可发生取代反应。同时，也使得在 α-碳原子容易发生氧化反应，形成过氧化物。

二、醇、酚、醚的命名

简单的一元醇可用普通命名法命名，即在"醇"字前面加上烃基的名称；对于结构复杂的醇，则用系统命名法命名，选择含有羟基的最长碳链为主链，并从靠近羟基的一端开始编号，根据主链碳原子数称为某醇；若是不饱和醇，主链应包含双键或叁键。

酚的系统命名是在"酚"字前面加上芳环的名称作为母体。分子中有其他基团连接在芳环上时，按照官能团优先次序规则（具体参阅第四章环烃）：排列在后的作为母体，排列在前的为取代基。

醚的命名有两种方法：烃基结构较为简单时，按照氧原子连接的两个烃基名称来命名；两个烃基不同时，按次序规则，"较优"的烃基放在后面命名，若有一个烃基是芳基时，则将芳基写在前面。烃基结构较复杂时，醚是当做烃的烃氧衍生物来命名——将含有最长碳链的烃基作为母体，另一烃基连氧原子一起作为取代基，称为烃氧基。

三、醇、酚、醚的化学性质及制法

1. 醇的化学性质及制法

$$R—OH \begin{cases} \xrightarrow{Na} R—ONa + H_2\uparrow \quad \text{活泼金属：K、Mg、Al} \\ \xrightarrow{H_2SO_4} ROSO_3H + ROSO_2OR \quad \text{含氧酸：}HNO_3\text{、}H_3PO_4 \\ \quad\quad\quad\quad \text{（无机酸酯）} \\ \xrightarrow[H_2SO_4]{R'COOH} R'COOR\text{（有机酸酯）} \\ \xrightarrow{HX} R—X\text{（氢卤酸，}PX_3\text{、}PX_5\text{、}SOCl_2\text{）} \\ \xrightarrow[\triangle]{H_2SO_4} \text{烯烃或醚} \\ \xrightarrow{[O]} \text{醛、酮或羧酸} \quad \text{不同类型的氧化剂} \\ \text{加氧或脱氧} \end{cases}$$

① 醇的结构和氢卤酸的种类对反应速率都有影响。氢卤酸的活性次序：HI＞HBr＞HCl。醇的活性次序为：烯丙型醇、苄基型醇＞三级醇＞二级醇＞一级醇。

② Lucas 试剂（无水 $ZnCl_2$ 的浓盐酸溶液）与醇反应生成的卤代烃不溶于此溶液而出现浑浊，可区别 6 个碳原子以下的伯、仲、叔醇。

③ 叔醇及一些仲醇在与卤化氢的取代反应中会形成碳正离子中间体，有时得到重排产物；若使用 PX_3 和 $SOCl_2$ 等卤代试剂，也能生成相应的卤代烃，反应条件温和且不会发生分子重排。

④ 醇与浓硫酸或浓磷酸在加热作用下，容易发生脱水反应。一般在较高温度下，发生分子内脱水反应，生成烯烃，产物遵循扎依采夫规则，即得到双键上取代基最多的烯烃，但有些醇在脱水时也会发生分子重排现象。

⑤ 氧化醇的氧化剂有很多，如 $KMnO_4$、$K_2Cr_2O_7$，能生成不同的产物：伯醇容易被氧化得到羧酸；仲醇被氧化生成酮；叔醇在同等条件下，不被氧化，但在 $KMnO_4$ 或 $K_2Cr_2O_7$ 的酸性加热条件下，发生碳链断裂，生成含碳原子较少的产物。选择性的温和氧化剂，如新制 MnO_2、PCC（CrO_3/吡啶＋HCl）、Jones 试剂（CrO_3/吡啶＋稀 H_2SO_4）可高产率地使一级醇氧化成醛而不继续被氧化，二级醇氧化成酮。

⑥ 醇的主要制法：卤代烃水解；烯烃直接（间接）水合或硼氢化反应；格氏试剂法（醛、酮及环氧乙烷与格氏试剂的反应）；羰基化合物的还原等。

2. 酚的化学性质及制法

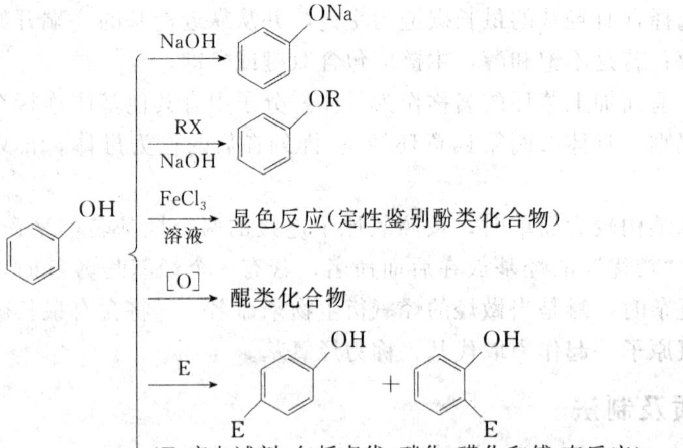

（E：亲电试剂，包括卤代、硝化、磺化和傅-克反应）

① 酚羟基容易解离出质子，表现出一定的酸性，能与 NaOH 等强碱反应生成酚盐。向酚钠水溶液中通入 CO_2 或稀酸，酚又能游离出来。此过程可用于酚的分离与纯化。

② 酚在碱性条件下，可以卤代烃或硫酸二甲酯、硫酸二乙酯等反应生成醚类化合物。

③ 在空气中或光照下，许多酚会缓慢地自动氧化成有色的醌类化合物。

④ 不同的酚与 $FeCl_3$ 溶液反应，生成不同颜色的配合物。除酚外，凡分子中具有烯醇式结构（—CH=CH—OH）的化合物均能与 $FeCl_3$ 溶液发生颜色反应。这个颜色反应可用于酚及具有烯醇式结构片段化合物的鉴别。

⑤ 与芳环直接相连的羟基能高度活化芳环，苯酚比苯更容易发生各种亲电取代反应，如卤代、硝化、磺化和傅-克反应等。

⑥ 酚的主要制法，如异丙苯氧化法、氯苯水解、芳磺酸盐碱熔等。

3. 醚的化学性质及制法

$$R-O-R \begin{cases} \xrightarrow[\text{冷、浓}]{H_2SO_4} R-\overset{+}{\underset{H}{O}}-R \text{(溶于浓酸中)} \\ \xrightarrow[X=I,Br]{\text{浓 HX}} RX \quad \text{(可用于酚羟基的保护)} \\ \xrightarrow{O_2} RCH\underset{OOH}{-}O-R \quad \text{(过氧化物)} \end{cases}$$

① 醚遇强无机酸（如浓 H_2SO_4、浓 HCl）或路易斯酸（如 BF_3、$AlCl_3$、RMgX）可以形成𬭩盐。利用此性质可以区别鉴定醚与烷烃或卤代烃；也常用作上述路易斯试剂的溶剂。

② 在强酸如 HI 或 HBr 作用下，醚键会断裂，产物为碘代烷或溴代烷和醇；若是芳基烷基醚，则总是烷氧键断裂，生成酚和碘代烷或溴代烷，此反应可用于酚羟基的保护。

③ 含有 α-H 的低级醚和空气长期接触，能被氧气氧化成过氧化物，过氧化物不稳定，受热时易爆炸，因此醚要放在棕色瓶中避光保存。对久置的醚在使用前用 KI-淀粉试纸检查，若试纸显蓝色说明存在过氧化物。去除过氧化物的方法则是在其中加入 $FeSO_4$ 或 $NaHSO_3$ 等还原剂。

④ 醚的主要制法：醇的分子间脱水制备简单醚；卤代烃与醇钠或酚钠的缩合反应制备混合醚（Williamson 法）。

四、β-消除反应的反应机理

1. 两种反应机理（E1 和 E2）

（1）E1——单分子消除反应机理　以三级溴丁烷在没有碱存在下的消除反应为例，反应分两步，首先形成碳正离子，然后进行消除反应：

$$H_3C-\underset{\underset{CH_3}{|}}{\overset{\overset{CH_3}{|}}{C}}-Br \rightleftharpoons H_3C-\underset{\underset{CH_3}{|}}{\overset{\overset{CH_3}{|}}{C}}{}^+ + Br^-$$

慢

$$H_3C-\underset{\underset{CH_3}{|}}{\overset{\overset{CH_2-H}{|}}{C}}{}^+ + H\ddot{O}C_2H_5 \xrightarrow{\text{快}} H_3C-\underset{\underset{CH_3}{|}}{\overset{\overset{CH_2}{\|}}{C}} + H_2\overset{+}{O}C_2H_5$$

$$H_2\overset{+}{O}C_2H_5 \xrightarrow{-H^+} HOC_2H_5 + HBr$$

醇在酸催化下脱水成烯都是经过 E1 反应机理的。

（2）E2——双分子消除反应机理　以三级溴丁烷在乙醇钠存在下的消除反应为例，反应只需一步：

$$C_2H_5O^- + H_3C-\underset{\underset{Br}{|}}{\overset{\overset{CH_3}{|}}{C}}-CH_3 \longrightarrow \left[\begin{array}{c} C_2H_5O^{-\cdots}H \quad CH_3 \\ HC-C-CH_3 \\ \underset{Br}{|} \end{array}\right]^{\neq} \longrightarrow H_2C=\overset{\overset{CH_3}{|}}{C}-CH_3 + HOC_2H_5 + Br^-$$

2. β-消除反应的取向

无论是 E1 还是 E2 反应均遵守扎依采夫规则，即消除掉含氢原子较少的 β-碳所提供的氢原子，生成取代基较多的烯烃为主要产物。

3. β-消除反应的立体化学

E1 反应机理时，若在酸催化下生成的烯烃有顺反异构体时，反式烯烃为主要产物。

E2 反应机理时，要求被消除的两个基团必须处于反式共平面的空间关系，生成反式消除产物。

例题分析

例 8.1 用系统命名法命名下列化合物。

(1) 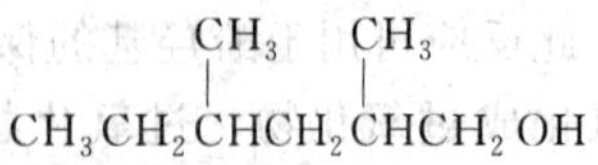 CH₃CH₂CH(CH₃)CH₂CH(CH₃)CH₂OH

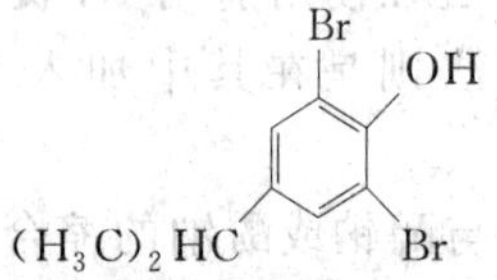

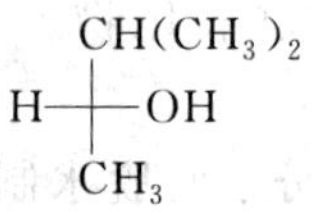

(2) 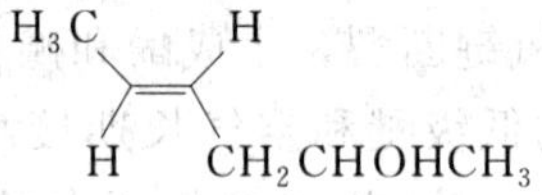 (E)-CH₃CH=CHCH₂CH(OH)CH₃

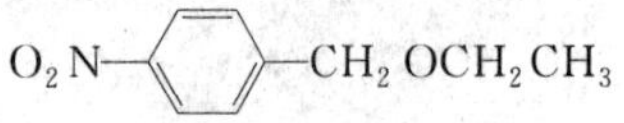

(3) 4-异丙基-2,6-二溴苯酚结构

(4) (CH₃)₂CH-C(OH)(CH₃)-H

(5) O₂N-C₆H₄-CH₂OCH₃

(6) 1,2-环氧丁烷结构

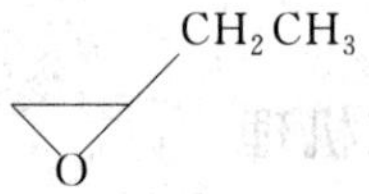

解：(1) 2,4-二甲基-1-己醇　　　　(2) (E)-4-己烯-2-醇

(3) 4-异丙基-2,6-二溴苯酚　　　　(4) R-3-甲基-2-丁醇

(5) 4-硝基苄乙醚　　　　　　　　(6) 1,2-环氧丁烷

例 8.2 按要求回答下列问题。

(1) 将下列醇按其与 HCl 反应的活泼程度由大到小排序：

a. 2-戊醇　　b. 2-甲基-2-丁醇　　c. 戊醇　　d. 1-苯基-2-丁醇

(2) 乙醚的沸点是 34.5℃，丁醇的沸点是 117.3℃，而丁醇与乙醚在水中的溶解度相似 (7%~8%)，试解释原因。

(3) 酚中的 C—O 键长比醇中的 C—O 键长短，为什么？

(4) 下列各酚的酸性由大到小的顺序为（　　　　）：

a. 苯酚　　b. 对硝基苯酚　　c. 对甲苯酚　　d. 对氯苯酚

解：(1) d＞b＞a＞c（醇与 HCl 反应是 S_N1 的机制，碳正离子越稳定，反应速率越快）。

(2) 丁醇因分子间氢键作用产生分子缔合，有较高的沸点，而乙醚没有这种作用，因此沸点较低；但由于这两种化合物均能与水分子间形成一定程度的氢键作用，所以有着相似的水溶性。

(3) 酚中氧原子的孤对电子可与苯环形成 p-π 共轭效应，其 C—O 键带有部分双键的性质，因此，键长较醇中的 C—O 键长短。

(4) b＞d＞a＞c（吸电子基团使酚的酸性增强，给电子基团使酚的酸性减弱）。

例 8.3 用简便的化学方法鉴别下列化合物。

a. 己烷，b. 丁醇，c. 丁醚，d. 2-丁烯-1-醇，e. 苯酚

解：

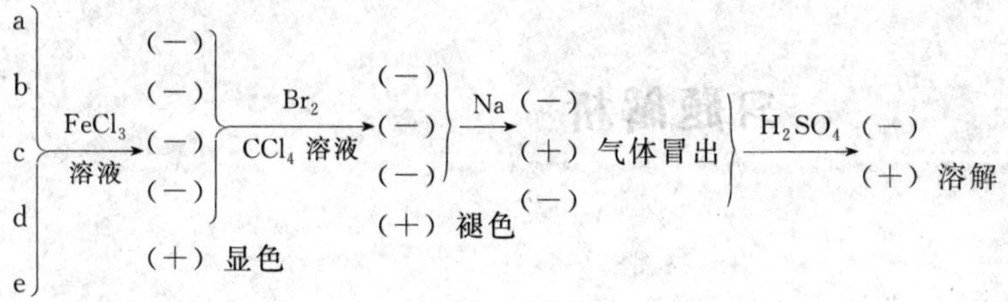

$$\begin{Bmatrix} a \\ b \\ c \\ d \\ e \end{Bmatrix} \xrightarrow[\text{溶液}]{FeCl_3} \begin{Bmatrix} (-) \\ (-) \\ (-) \\ (-) \\ (+)\text{显色} \end{Bmatrix} \xrightarrow[CCl_4 \text{溶液}]{Br_2} \begin{Bmatrix} (-) \\ (-) \\ (-) \\ (+)\text{褪色} \end{Bmatrix} \xrightarrow{Na} \begin{Bmatrix} (-) \\ (+)\text{气体冒出} \end{Bmatrix} \xrightarrow{H_2SO_4} \begin{Bmatrix} (-) \\ (+)\text{溶解} \end{Bmatrix}$$

● **例 8.4** 完成下列各反应。

(1) $CH_2OHCH_2OH + 2HNO_3 \xrightarrow[\triangle]{H_2SO_4}$

(2) 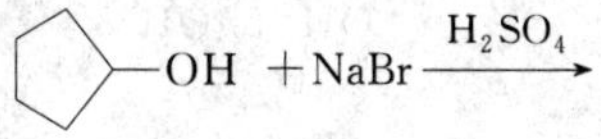 环戊基-OH $+ NaBr \xrightarrow{H_2SO_4}$

(3) $C_6H_5CH_2CH(OH)CH_3 \xrightarrow[>140\,°C]{H_2SO_4}$

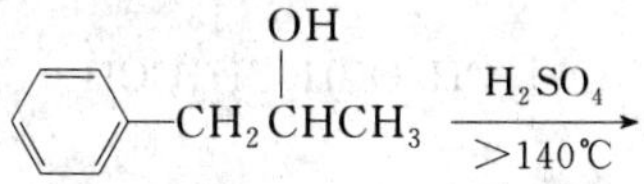

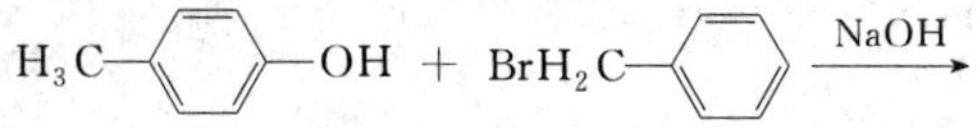

(4) H_3C-C_6H_4-$OH + BrH_2C$-$C_6H_5 \xrightarrow{NaOH}$

(5) 3,4-二甲基四氢呋喃 + 浓 HBr（过量）$\longrightarrow$

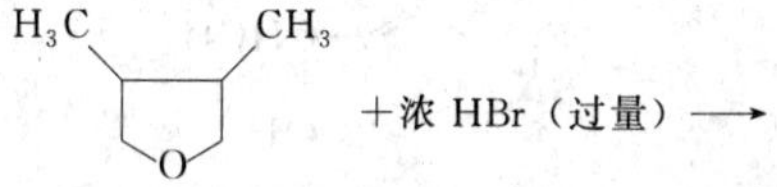

(6) 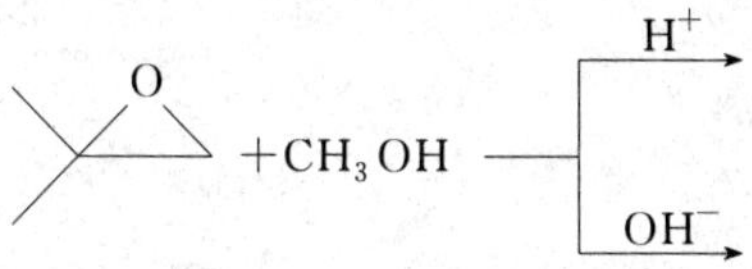 2,2-二甲基环氧乙烷 + $CH_3OH \xrightarrow{H^+ / OH^-}$

解：

(1) $\begin{array}{l} CH_2ONO_2 \\ CH_2ONO_2 \end{array}$

(2) 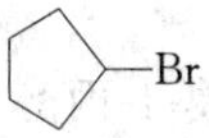 环戊基-Br

(3) $C_6H_5CH=CHCH_3$

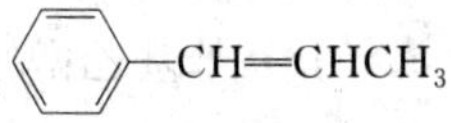

(4) 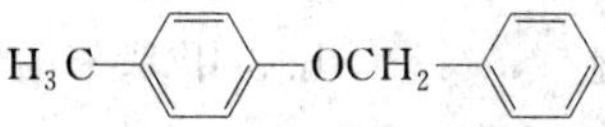 H_3C-C_6H_4-OCH_2-C_6H_5

(5) $BrCH_2CH(CH_3)CH(CH_3)CH_2Br$

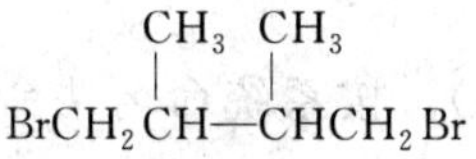

(6) 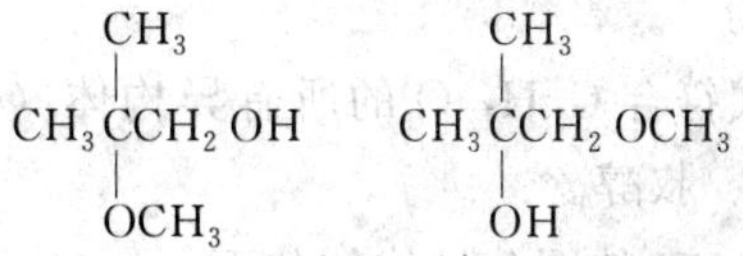 $CH_3C(CH_3)(OCH_3)CH_2OH$ 和 $CH_3C(CH_3)(OH)CH_2OCH_3$

● **例 8.5** 写出下列反应的机理。

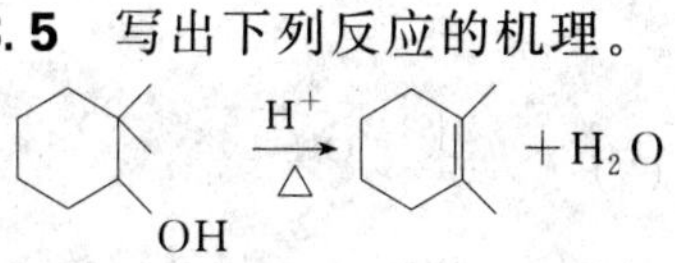

1-甲基环己醇 $\xrightarrow[\triangle]{H^+}$ 1-甲基环己烯 $+ H_2O$

解： 1-甲基环己醇 $\xrightarrow{H^+}$ 质子化 $\longrightarrow$ 碳正离子 $\longrightarrow$ 重排碳正离子 $\xrightarrow{-H^+}$ 1-甲基环己烯

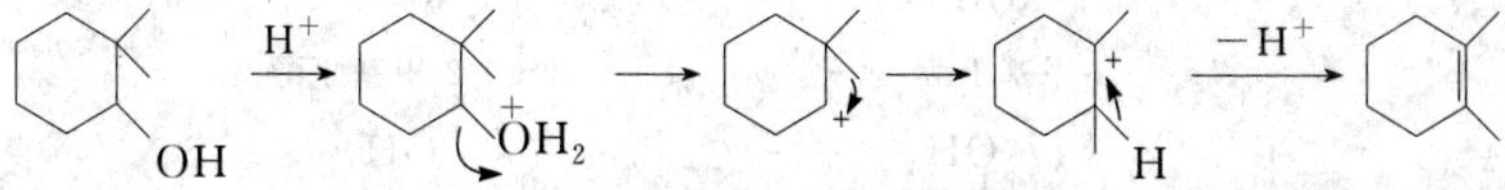

● **例 8.6** 以苯为原料及 C2 以下有机试剂任选，用两种方法合成苄醇。

解：方法一：

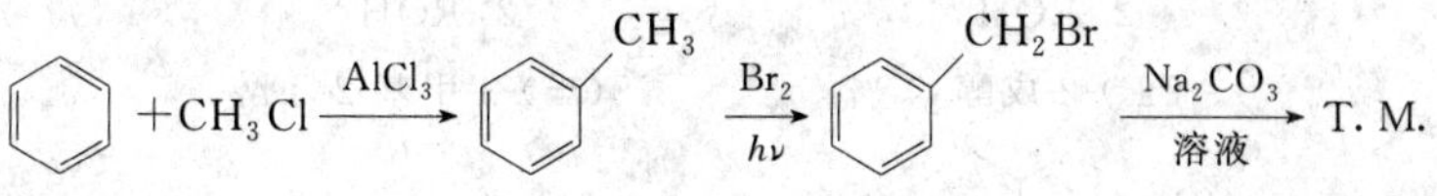

苯 $+ CH_3Cl \xrightarrow{AlCl_3}$ 甲苯 $\xrightarrow[h\nu]{Br_2}$ 苄基溴 $\xrightarrow[\text{溶液}]{Na_2CO_3}$ T.M.

方法二：

苯 $+ Br_2 \xrightarrow{Fe\text{粉}}$ 溴苯 $\xrightarrow[THF]{Mg}$ 苯基溴化镁 $\xrightarrow{(1) HCHO}_{(2) H_3^+O}$ T.M.

第八章 醇、酚、醚

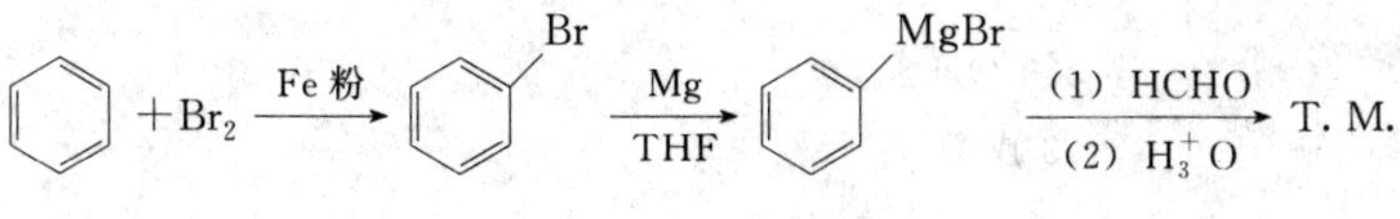

习题解析

★ **8.1** 命名下列化合物。

a.

b.

c.

d.

e.

f. $CH_3OCH_2CH_2OCH_3$

g.

h.

i.

j.

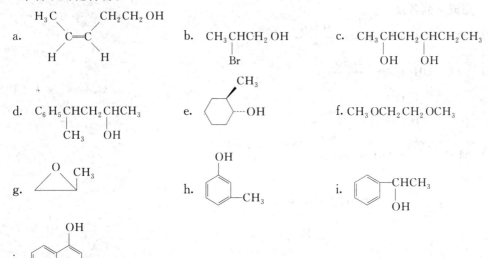

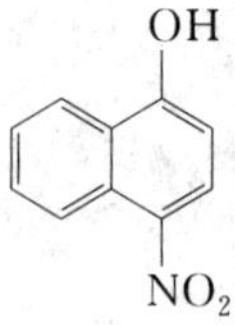

解： a. 顺-3-戊烯-1-醇　b. 2-溴-1-丙醇　c. 2,4-己二醇
d. 4-苯基-2-戊醇　e. (1*R*,2*R*)-2-甲基环己醇　f. 乙二醇二甲醚
g. (*S*)-甲基环乙醚　h. 3-甲基苯酚　i. 1-苯基乙醇
j. 4-硝基萘酚

★ **8.2** 写出分子式符合 $C_5H_{12}O$ 的所有异构体（包括立体异构），按系统命名法命名，并指出其中的伯、仲、叔醇。

解： 分子式 $C_5H_{12}O$ 的同分异构体如下：

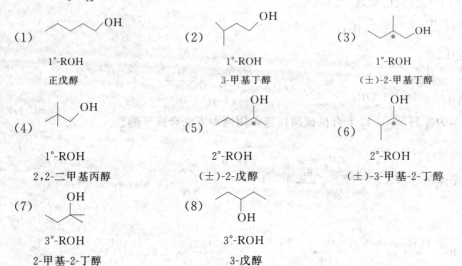

(1)

1°-ROH
正戊醇

(2)

1°-ROH
3-甲基丁醇

(3)

1°-ROH
(±)-2-甲基丁醇

(4)

1°-ROH
2,2-二甲基丙醇

(5)

2°-ROH
(±)-2-戊醇

(6)

2°-ROH
(±)-3-甲基-2-丁醇

(7)

3°-ROH
2-甲基-2-丁醇

(8)

3°-ROH
3-戊醇

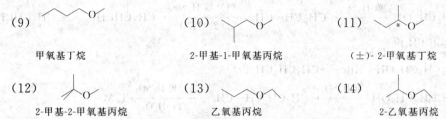

(9) 甲氧基丁烷 (10) 2-甲基-1-甲氧基丙烷 (11) (±)-2-甲氧基丁烷

(12) 2-甲基-2-甲氧基丙烷 (13) 乙氧基丙烷 (14) 2-乙氧基丙烷

★ **8.3** 说明下列各对异构体沸点不同的原因。
  a. $CH_3CH_2CH_2OCH_2CH_2CH_3$ (b.p. 90.5℃), $(CH_3)_2CHOCH(CH_3)_2$ (b.p. 68℃)
  b. $(CH_3)_3CCH_2OH$ (b.p. 113℃), $(CH_3)_3C-O-CH_3$ (b.p. 55℃)

解: a. 后者因支链的阻碍,使分子间靠近的程度不如前者,分子间作用力减弱,因此沸点较低。
  b. 前者因分子间氢键作用产生分子缔合,有较高的沸点,而后者没有这种作用,因此沸点较低。

★ **8.4** 下面的书写方法中,哪一个正确地表示了乙醚与水形成的氢键。

  a. $C_2H_5-O\cdots O-H$
              $\quad\quad\quad |$
              $\quad\quad\quad C_2H_5$

  b. $C_2H_5-O\cdots H$
              $\quad\quad\quad\quad\quad |$
              $\quad\quad\quad\quad\quad C_2H_5\quad H$

  c. $C_2H_5-O\quad\quad H$
              $\quad\quad\quad |\quad\quad\quad |$
              $\quad\quad\quad C_2H_5\cdots H-O$

  d. $C_2H_5-O\quad H$
              $\quad\quad\quad |\quad\quad |$
              $\quad\quad\quad C_2H_5\cdots O-H$

解: b 正确地表示了乙醚中的氧原子与水中的氢原子形成了氢键。

★ **8.5** 完成下列转化。

a. 环戊醇 → 环戊酮

b. $CH_3CH_2CH_2OH \longrightarrow CH_3C{\equiv}CH$

c. $CH_3CH_2CH_2OH \longrightarrow CH_3CH_2CH_2OCH(CH_3)_2$

d. $CH_3CH_2CH_2CH_2OH \longrightarrow CH_3CH_2CH(OH)CH_3$

e. 苯酚 → 对羟基苯磺酸

f. $CH_2{=}CH_2 \longrightarrow HOCH_2CH_2OCH_2CH_2OCH_2CH_2OH$

g. $CH_3CH_2CH{=}CH_2 \longrightarrow CH_3CH_2CH_2CH_2OH$

h. $ClCH_2CH_2CH_2CH_2OH \longrightarrow$ 四氢呋喃

解: a. 环戊醇 $\xrightarrow{PCC}$ T.M (PCC:CrO_3+HCl/吡啶)

b. $CH_3CH_2CH_2OH \xrightarrow[\triangle]{浓H_2SO_4} CH_3CH{=}CH_2 \xrightarrow[CCl_4]{Br_2} CH_3CHBrCH_2Br \xrightarrow[\triangle]{KOH/EtOH}$ T.M

c. $CH_3CH_2CH_2OH \xrightarrow[\triangle]{浓 H_2SO_4} CH_3CH=CH_2 \xrightarrow[(2) H_2O]{(1) 浓 H_2SO_4} CH_3\overset{OH}{\underset{|}{C}}HCH_3 \xrightarrow{Na} CH_3\overset{ONa}{\underset{|}{C}}HCH_3$

$\xrightarrow{CH_3CH_2CH_2Br} T.M$

$(CH_3CH_2CH_2OH + HBr \longrightarrow CH_3CH_2CH_2Br)$

d. $CH_3CH_2CH_2CH_2OH \xrightarrow[\triangle]{浓 H_2SO_4} CH_3CH_2CH=CH_2 \xrightarrow[(2) H_2O]{(1) 稀 H_2SO_4} T.M$

e. 苯酚 $\xrightarrow[\triangle]{浓 H_2SO_4}$ T.M

f. $CH_2=CH_2 \xrightarrow[冷、稀、碱性]{KMnO_4} HOCH_2CH_2OH \xrightarrow{Na} NaOCH_2CH_2ONa \xrightarrow{环氧乙烷} T.M$

$(CH_2=CH_2 \xrightarrow[Ag]{O_2} 环氧乙烷)$

g. $CH_3CH_2CH=CH_2 \xrightarrow[(2) H_2O_2, OH^-]{(1) B_2H_6} T.M$

h. $ClCH_2CH_2CH_2CH_2OH \xrightarrow[\triangle]{NaOH} T.M$

★ **8.6** 用简便且有明显现象的方法鉴别下列各组化合物。

a. $HC\equiv CCH_2CH_2OH$ 与 $CH_3C\equiv CCH_2OH$

b. 苯甲醇 与 邻甲基苯酚

c. $CH_3CH_2OCH_2CH_3$，$CH_3CH_2CH_2CH_2OH$ 与 $CH_3(CH_2)_4CH_3$

d. CH_3CH_2Br 与 CH_3CH_2OH

解：a. $\left.\begin{array}{l} HC\equiv CCH_2CH_2OH \\ CH_3C\equiv CCH_2OH \end{array}\right\} \xrightarrow{Ag(NH_3)_2^+} \begin{array}{l} (+) \text{ 白色}\downarrow \\ (-) \end{array}$

b. $\left.\begin{array}{l} 苯甲醇 \\ 邻甲基苯酚 \end{array}\right\} \xrightarrow[溶液]{FeCl_3} \begin{array}{l} (-) \\ (+) \text{ 显色} \end{array}$

c. $\left.\begin{array}{l} CH_3CH_2OCH_2CH_3 \\ CH_3CH_2CH_2CH_2OH \\ CH_3(CH_2)_4CH_3 \end{array}\right\} \xrightarrow{Na} \left.\begin{array}{l} (-) \\ (+) \text{ 气体冒出} \\ (-) \end{array}\right\} \xrightarrow{H_2SO_4} \begin{array}{l} (+) \text{ 溶解} \\ (-) \end{array}$

d. $\left.\begin{array}{l} CH_3CH_2Br \\ CH_3CH_2OH \end{array}\right\} \xrightarrow{Na} \begin{array}{l} (-) \\ (+) \text{ 气体冒出} \end{array}$

★ **8.7** 下列化合物是否可形成分子内氢键？写出带有分子内氢键的结构式。

a. 邻硝基环己醇   b. $CH_3\overset{O}{\underset{\|}{C}}CH_2\overset{OH}{\underset{|}{C}}HCH_3$ c. 对硝基苯酚   d. 2-羟基环己酮

解：可形成分子内氢键的化合物是 a、b 和 d，其含有分子内氢键的结构式如下：

a. 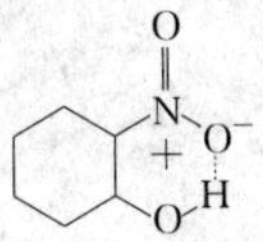 [环己烷上带 NO_2 和 OH，形成分子内氢键]   b. 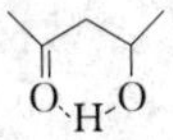 [乙酰丙酮烯醇式]   d. 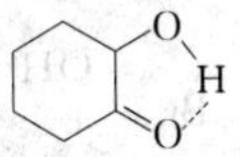 [环己酮邻位 COOH]

★ **8.8** 写出下列反应的历程。

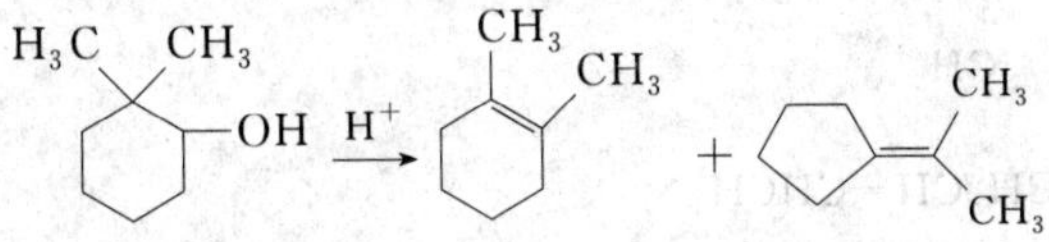

$$\underset{\text{OH}}{\underset{H_3C\ CH_3}{\bigcirc}} \xrightarrow{H^+} \underset{CH_3}{\underset{CH_3}{\bigcirc}} + \underset{CH_3}{\overset{CH_3}{\bigcirc}}$$

解：[反应历程示意图，经过质子化、失水生成碳正离子，经 a、b 两种途径重排生成两种产物]

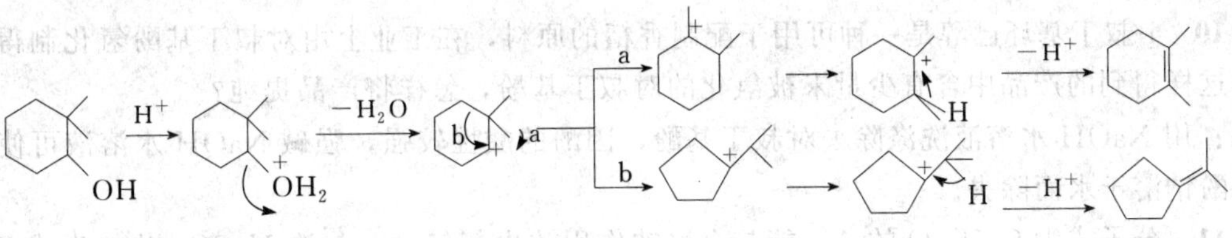

★ **8.9** 写出下列反应的主要产物或反应物。

a. $(CH_3)_2CHCH_2CH_2OH + HBr \longrightarrow$

b. 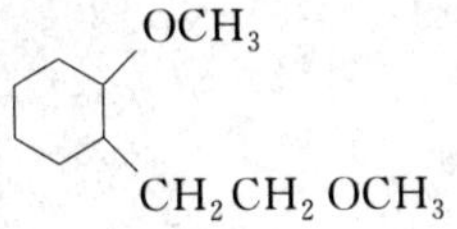 [环己烷上带 OCH_3 和 $CH_2CH_2OCH_3$] + HI（过量）$\longrightarrow$

c. 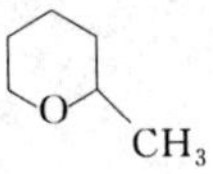 [2-甲基四氢吡喃] + HI（过量）$\longrightarrow$

d. $(CH_3)_2CHBr + NaOC_2H_5 \longrightarrow$

e. $CH_3(CH_2)_3\underset{OH}{CHCH_3} \xrightarrow[OH^-]{KMnO_4}$

f. ( ) $\xrightarrow{HIO_4} CH_3COOH + CH_3CH_2CHO$

g. ( ) $\xrightarrow{HIO_4} CH_3\overset{O}{\overset{\|}{C}}CH_2CH_2CHO$

h. 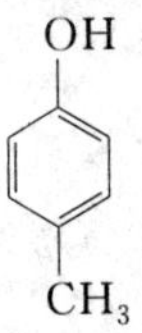 [对甲基苯酚] + $Br_2 \longrightarrow$

i. $CH_3(CH_2)_2CH_2\underset{OH}{CH}CH_3 \xrightarrow[\triangle（分子内脱水）]{H_2SO_4}$

解：a. $(CH_3)_2CHCH_2CH_2Br$ b. 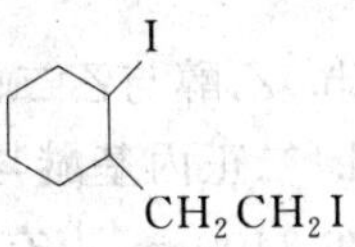 [环己烷上带 I 和 CH_2CH_2I] + CH_3I

c. 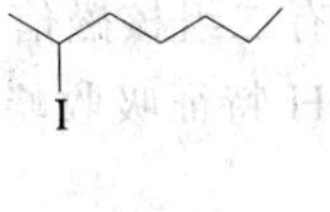 [链状含两个 I 的化合物] d. $(CH_3)_2CHOC_2H_5 + CH_3CH=CH_2$

e. 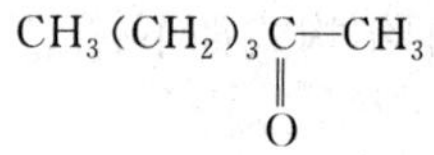 $CH_3(CH_2)_3\underset{\underset{O}{\|}}{C}CH_3$ f. 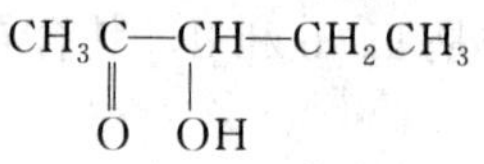 $CH_3\underset{\underset{OH}{|}}{\overset{\|}{C}}=CH-CH_2-CH_3$ (上面有O)

g. 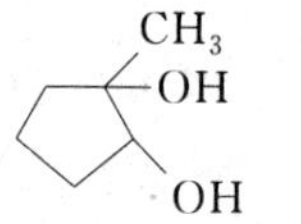 1-甲基环戊烷-1,2-二醇结构

h. 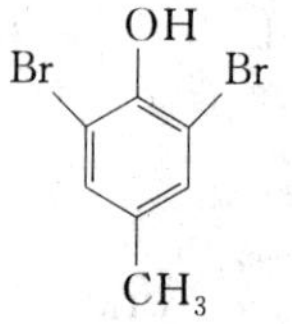 2,6-二溴-4-甲基苯酚结构

i. $CH_3CH_2CH=CHCH_2CH_3$ + $CH_3CH_2CH_2CH=CHCH_3$

★ **8.10** 4-叔丁基环己醇是一种可用于配制香精的原料，在工业上由对叔丁基酚氢化制得。如果这样得到的产品中含有少量未被氢化的对叔丁基酚，怎样将产品提纯？

解：用 NaOH 水溶液洗涤除去对叔丁基酚，因酚的酸性较强，强碱 NaOH 水溶液可使其形成酚钠溶于水而除去。

★ **8.11** 分子式为 $C_5H_{12}O$ 的 A，能与金属钠作用放出氢气，A 与浓 H_2SO_4 共热生成 B。用冷的高锰酸钾水溶液处理 B 得到产物 C。C 与高碘酸作用得到 CH_3COCH_3 及 CH_3CHO。B 与稀硫酸作用得到 A。推测 A 的结构，并用反应式表明推断过程。

解：根据题意，可以推断出 A 的结构式为：

A. 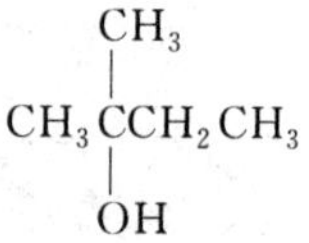 $CH_3\underset{\underset{OH}{|}}{\overset{\overset{CH_3}{|}}{C}H}CH_2CH_3$

各步反应式如下：

$CH_3\underset{\underset{OH}{|}}{\overset{\overset{CH_3}{|}}{C}H}CH_2CH_3 \xrightarrow{Na} CH_3\underset{\underset{ONa}{|}}{\overset{\overset{CH_3}{|}}{C}H}CH_2CH_3 + H_2\uparrow$
（A）

$CH_3\underset{\underset{OH}{|}}{\overset{\overset{CH_3}{|}}{C}H}CH_2CH_3 \xrightarrow[\Delta]{浓 H_2SO_4} CH_3\overset{\overset{CH_3}{|}}{C}=CHCH_3 \xrightarrow[冷、稀]{KMnO_4} CH_3\underset{\underset{OH}{|}}{\overset{\overset{CH_3}{|}}{C}}\underset{\underset{OH}{|}}{C}HCH_3 \xrightarrow{HIO_4} CH_3\overset{\overset{O}{\|}}{C}CH_3 + CH_3\overset{\overset{O}{\|}}{C}H$
（A）　　　　　　　　　（B）　　　　　　　　（C）

$CH_3\overset{\overset{CH_3}{|}}{C}=CHCH_3 \xrightarrow[(2)\ H_2O]{(1)\ 稀\ H_2SO_4} CH_3\underset{\underset{OH}{|}}{\overset{\overset{CH_3}{|}}{C}}CH_2CH_3$
（B）　　　　　　　　　（A）

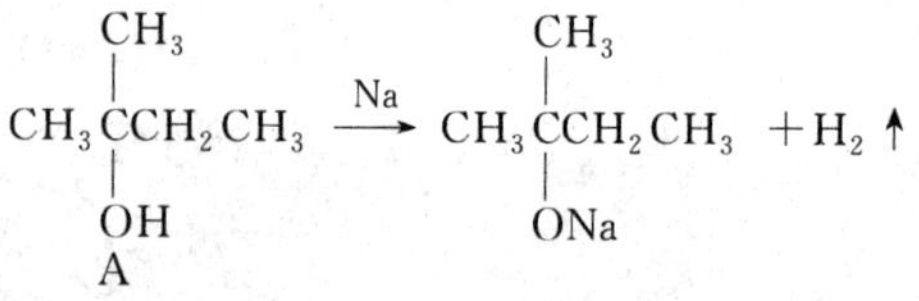

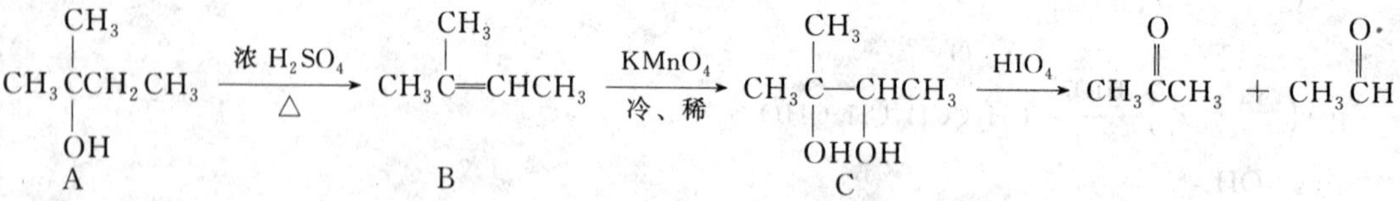

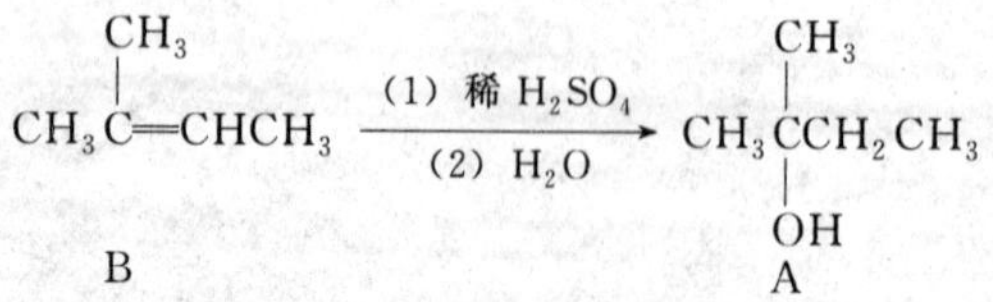

★ **8.12** 用 IR 或 ^1H NMR 谱来鉴别下列各组化合物，选择其中一种容易识别的方法，并加以说明。

　　a. 正丙醇与环氧丙烷　　　　b. 乙醇与乙二醇
　　c. 乙醇与 1,2-二氯乙烷　　　d. 二正丙基醚与二异丙基醚

解： a. 用 IR 谱来鉴别，其中正丙醇在 $3400cm^{-1}$ 有一个宽而强的 O—H 特征吸收峰；
　　b. 用 ^1H NMR 谱来鉴别，其中乙醇有三组核磁信号，而乙二醇有二组核磁信号；
　　c. 用 IR 谱来鉴别，其中乙醇在 $3400cm^{-1}$ 有一个宽而强的 O—H 特征吸收峰；

d. 用 ^{1}H NMR 谱来鉴别，二正丙基醚有三组核磁信号，而二异丙基醚有两组核磁信号。

8.13 分子式为 C_3H_8O 的 IR 及 ^{1}H NMR 图如图 8-1，推测其结构，并指出 ^{1}H NMR 中各峰及 IR 中 $2500 cm^{-1}$ 以上峰的归属。

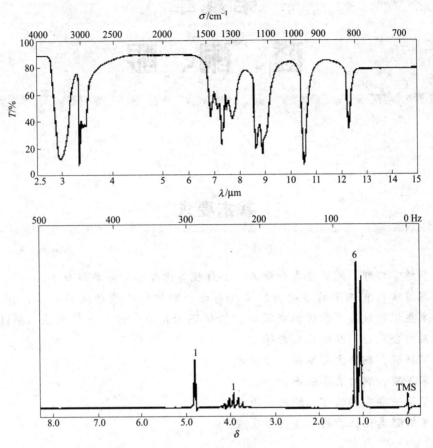

图 8-1 习题 8.13 的 IR 和 ^{1}H NMR 谱图

解：根据 IR 及 ^{1}H NMR 图可推测该化合物的结构式为：

$$CH_3CHCH_3$$
$$\ \ \ \ \ \ |$$
$$\ \ \ \ \ \ OH$$

在 ^{1}H NMR 谱图中，$\delta\,1.1$（6H）二重峰归属于两个—CH_3、$\delta\,4.0$（1H）多重峰归属于—CH—、$\delta\,4.9$（1H）单峰峰归属于—OH；IR 谱图中，$3000 cm^{-1}$ 的峰归属于 C—H 伸缩振动、$3000 cm^{-1}$ 的峰归属于 O—H 伸缩振动。

第九章

醛、酮、醌

基本要求

（1）熟练掌握醛、酮的分类和命名，了解醌类化合物的分类与命名。
（2）理解羰基官能团的结构特征及其与醛、酮化学性质之间的关系，并重点掌握醛、酮的主要化学性质：亲核加成反应、氧化还原反应、烃基上的反应（α-H 的活性、卤代反应及缩合反应）及歧化反应等。
（3）掌握醛、酮的主要鉴别和分离方法。
（4）掌握醛、酮的主要制备方法。
（5）了解一些重要的醛、酮的应用。
（6）掌握醌类化合物的一些典型反应。

主要内容

一、醛、酮的结构和命名

1. 羰基的结构

羰基碳原子采取 sp^2 方式杂化，3 个 sp^2 杂化轨道分别与氧原子和另外 2 个原子形成 3 个 σ 键，这 3 个 σ 键处于同一平面，键角近似 120°。碳原子未参与杂化的 1 个 2p 轨道与氧原子的 2p 轨道从侧面"肩并肩"重叠，形成 π 键，故羰基是由 1 个 σ 键和 1 个 π 键组成。由于氧原子的电负性大于碳原子的，因此羰基是一个极性的基团：氧带部分负电荷（δ^-），碳带部分正电荷

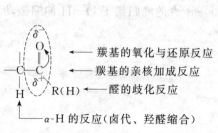

(δ^+)，这就决定了羰基的化学性质。醛、酮的结构与化学性质可以概括如上图。

2. 醛、酮的命名

结构简单的醛、酮多用普通命名法。如含有芳香环的醛，则将芳香环当作取代基；与醛基相连的碳依次以 α、β、γ、δ 等来标记；还有一些醛按其氧化后所得相应羧酸的俗名命名（肉桂酸、水杨酸等）。而结构简单的酮的普通命名方法与醚的原则类似，即指明两个与羰基相连的烃基，称为某基某基甲酮，当两个烃基不同时，按次序规则，较优基团在后。

结构较为复杂的醛、酮则用系统命名法。选择含有羰基的最长碳链为主链，命名时从距羰基最近的一端开始编号。若含有不饱和键时，要选择含有羰基和不饱和键的最长碳链为主链，命名时需标出不饱和键和羰基的位置。

二、醛、酮的化学性质

1. 亲核加成

醛、酮对于亲核加成反应有着不同的活性。就羰基碳原子的反应活性和空间位阻的影响而言，醛通常比酮更容易发生亲核加成反应。芳香族醛酮有 π-π 共轭，不仅降低了羰基碳正离子的电正性，而且增加了空间位阻，因此，芳香族醛、酮的亲核加成反应的活性低于脂肪族醛、酮的活性。

总而言之，不同的醛酮发生亲核加成反应的活性顺序如下：

甲醛＞其他脂肪醛＞芳香醛＞脂肪族甲基酮＞其他脂肪族酮＞芳香酮。

醛、酮的主要亲核加成反应有：

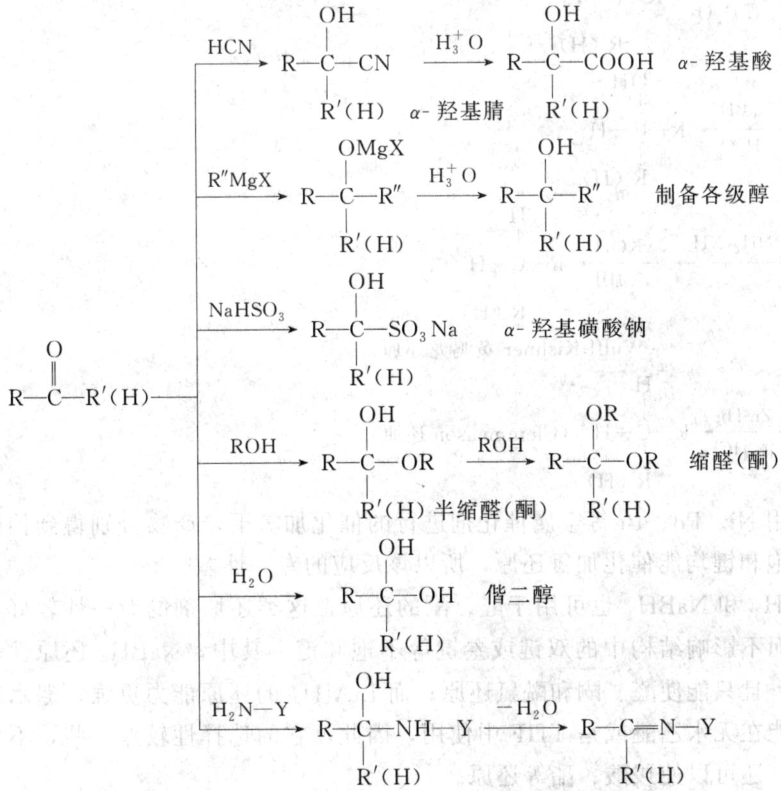

$$\begin{array}{c} R-\overset{O}{\underset{}{C}}-R'(H) \end{array} \xrightarrow{\text{HCN}} R-\overset{OH}{\underset{R'(H)}{C}}-CN \xrightarrow{H_3^+O} R-\overset{OH}{\underset{R'(H)}{C}}-COOH \quad \alpha\text{-羟基酸}$$

α-羟基腈

$\xrightarrow{R''MgX}$ R-C(OMgX)(R'(H))-R'' $\xrightarrow{H_3^+O}$ R-C(OH)(R'(H))-R'' 制备各级醇

$\xrightarrow{NaHSO_3}$ R-C(OH)(R'(H))-SO$_3$Na α-羟基磺酸钠

$\xrightarrow{ROH}$ R-C(OH)(R'(H))-OR $\xrightarrow{ROH}$ R-C(OR)(R'(H))-OR 缩醛(酮)
半缩醛(酮)

$\xrightarrow{H_2O}$ R-C(OH)(R'(H))-OH 偕二醇

$\xrightarrow{H_2N-Y}$ R-C(OH)(R'(H))-NH-Y $\xrightarrow{-H_2O}$ R-C(R'(H))=N-Y

(Y=OH、Ar、NHAr、NHCONH$_2$)

其中，醛、酮与氢氰酸反应适用于醛、脂肪族甲基酮和七个碳以下的环酮。该反应可用

于制备 α-羟基腈或 α,β-不饱和腈，由腈的水解可以得到相应的羧酸。

格氏试剂对醛、酮的反应活性很高，可以用来制备各级醇：与甲醛反应生成增加一个碳原子的伯醇、与其他醛反应生成仲醇，与酮反应生成叔醇。

醛、酮与饱和亚硫酸氢钠溶液的反应也适用于醛、脂肪族甲基酮和七个碳以下的环酮。产物可得到结晶固体 α-羟基磺酸钠，可溶于水，但不溶于饱和亚硫酸氢钠溶液；与稀酸或稀碱共热，又可得到原来的醛、酮。故此反应可用于鉴别或提纯醛、酮。

醛、酮能与一些氨的衍生物反应，生成不同的化合物：如与羟胺反应生成肟，与芳胺反应生成席夫碱，与肼、苯肼反应生成腙，与氨基脲反应生成缩氨脲。这些产物绝大多数都是白色固体，具有固定的结晶形状和熔点，且在稀酸的作用下，能够水解成原来的醛、酮。同样地，也可用此反应来鉴别或提纯醛、酮。

在无水强酸，如氯化氢、对甲苯磺酸等存在下，醛、酮能与两分子醇作用生成缩醛（酮）。缩醛（酮）具有醚的结构，对氧化剂、还原剂、碱等稳定，但在稀酸水溶液中，可分解得到原来的醛、酮。因此，这个反应可用于饱和醛、酮的羰基。

2. 还原反应

$$R-\overset{O}{\underset{}{C}}-R'(H) \begin{cases} \xrightarrow{H_2}{Ni、Pd、Pt} & R-\overset{OH}{\underset{R'(H)}{C}}-H \\ \xrightarrow{①LiAlH_4}{②H_2O} & R-\overset{OH}{\underset{R'(H)}{C}}-H \\ \xrightarrow{NaBH_4}{H_2O} & R-\overset{OH}{\underset{R'(H)}{C}}-H \\ \xrightarrow{NH_2-NH_2 \quad KOH}{\triangle 加压} & R-\overset{H}{\underset{R'(H)}{C}}-H \quad (\text{Wulff-Kishner-黄鸣龙还原}) \\ \xrightarrow{Zn-Hg}{浓 HCl} & R-\overset{H}{\underset{R'(H)}{C}}-H \quad (\text{Clemmenson还原}) \end{cases}$$

其中，醛、酮在用 Ni、Pd、Pt 等金属催化剂进行的催化加氢下，产物分别得到伯醇和仲醇，但对所有的不饱和键均能催化加氢还原，所以该反应的专一性差。

金属氢化物 $LiAlH_4$ 和 $NaBH_4$ 也可用于醛、酮的还原，这类还原剂的专一性较好，只将羰基还原成羟基，而不影响结构中的双键或叁键等不饱和键。其中，$NaBH_4$ 还原性较为温和，可在水中使用，且只能使醛、酮和酰氯还原；而 $LiAlH_4$ 的还原能力更强，遇水和醇会剧烈反应，通常只能在无水乙醚或是 THF 中使用，因此，它的选择性较差一些，不仅能使醛、酮和酰氯还原，还可以使羧酸、酯等还原。

Clemmenson 还原法和 Wulff-Kishner-黄鸣龙法可将醛、酮的羰基还原成亚甲基。其中，Clemmenson 还原法适用于对酸不敏感的醛、酮底物；Wulff-Kishner-黄鸣龙法适用于对碱不敏感的醛、酮底物。

3. 氧化反应

醛、酮均能被强氧化剂，如 $KMnO_4$、浓 HNO_3 等氧化，其中，醛的氧化产物是相同碳原子数的羧酸；酮需要在强氧化剂中长时间加热，产物伴随着羰基两侧的碳链断裂，得到碳原子数较少的羧酸混合物，而对称的脂环酮氧化得到单一的二元羧酸，如环己酮氧化成己二酸才具有合成意义。

醛能被弱氧化剂，如 Tollens 试剂、Fehling 试剂、Benedict 试剂，氧化成相同碳原子数的羧酸，但反应现象及适用范围却有所不同，见表 9-1。

表 9-1 各弱氧化剂的制法、反应现象及适用范围

弱氧化剂	制法	反应现象	适用范围
Tollens 试剂	$AgNO_3$＋氨水溶液	Ag↓（银镜）	所有的醛
Fehling 试剂	$CuSO_4$＋碱性酒石酸钾钠	Cu_2O↓（红色）	脂肪醛
Benedict 试剂	$CuSO_4$＋柠檬酸钠	Cu_2O↓（红色）	脂肪醛

而酮却不能被上述弱氧化剂氧化，因此，可用这些弱氧化剂来鉴别醛、酮。但酮在过氧酸的作用下，可以发生 Bayer-Villiger 反应生成酯。

4. 歧化反应

$$\underset{\text{无}\alpha\text{-H 的醛}}{-\overset{\overset{O}{\|}}{C}-H} + \text{浓 NaOH} \longrightarrow -\overset{\overset{O}{\|}}{C}-ONa + -\overset{|}{\underset{|}{C}}-CH_2OH$$

不含 α-H 的醛在浓碱作用下，会发生歧化反应，又称 Cannizzaro 反应，即一分子醛被还原成醇，另一分子醛被氧化成羧酸。当甲醛与另一种无 α-H 的醛在强碱催化下共热，被氧化的总是甲醛，而另一种醛被还原为醇。

5. 烃基上的反应

(1) α-H 的活性 由于羰基的吸电子作用，使得醛、酮分子中的 α-H 具有酸性，在酸或碱的作用下，可形成烯醇式与酮式的互变平衡：

酸性条件下：

$$\underset{\text{酮式}}{R-\overset{\overset{O}{\|}}{C}-\overset{H}{\underset{|}{C}}HR'} \underset{-H^+}{\overset{+H^+}{\rightleftharpoons}} R-\overset{\overset{\overset{+}{O}HH}{|}}{C}-\overset{|}{C}HR' \underset{+H^+}{\overset{-H^+}{\rightleftharpoons}} \underset{\text{烯醇式}}{R-\overset{\overset{OH}{|}}{C}=CHR'}$$

碱性条件下：

$$\underset{\text{酮式}}{R-\overset{\overset{O}{\|}}{C}-\overset{H}{\underset{|}{C}}HR'} + OH^- \underset{+H_2O}{\overset{-H_2O}{\rightleftharpoons}} \left[R-\overset{\overset{O}{\|}}{C}-\overset{|}{C}HR' \longleftrightarrow R-\overset{\overset{O^-}{|}}{C}=CHR' \right]$$

$$\downarrow -H_2O \uparrow +H_2O$$

$$\underset{\text{烯醇式}}{R-\overset{\overset{OH}{|}}{C}=CHR'} + OH^-$$

(2) 卤代反应

$$(H)R-\overset{\overset{O}{\|}}{C}-CH_3 \xrightarrow[\text{NaOH}]{X_2} (H)RCOO^- + CHX_3$$

$$\underset{H}{\overset{OH}{(H)R-C-CH_3}} \xrightarrow[NaOH]{X_2} \underset{}{\overset{O}{(H)R-C-CH_3}} \xrightarrow[NaOH]{X_2} (H)RCOO^- + CHX_3$$

卤素与含 α-H 原子的醛、酮能发生取代反应，得到 α-卤代醛、酮，加碱可促进取代反应，能得到三取代产物。若是乙醛及甲基酮，则得到羧酸盐和卤仿，称为卤仿反应。具有 $H_3C—CH(OH)—R$ 结构的醇由于次卤酸的氧化可得到甲基酮，因此该结构的醇也能发生卤仿反应。

若与次碘酸钠作用，反应生成碘仿，是黄色沉淀，可用于鉴别乙醛、甲基酮、乙醇和含有 $H_3C—CH(OH)—R$ 结构的醇，称为碘仿反应。另外，在有机合成中，可通过卤仿反应来制备比原料少一个碳原子的羧酸。

(3) 缩合反应　含有 α-H 的醛、酮在酸或碱的催化下发生两分子间的缩合生成 β-羟基醛、酮或 α,β-不饱和醛、酮，这种反应称为羟醛缩合反应。羟醛缩合反应在酸或碱的催化下反应历程是不同的。

酸性催化下：

$$R-CH_2-\underset{}{\overset{O}{C}}-R' \underset{}{\overset{H^+}{\rightleftharpoons}} R-CH_2-\underset{H}{\overset{\overset{+}{OH}}{C}}-R' \xrightarrow{-H^+} R-CH=\underset{}{\overset{OH}{C}}-R' \xrightarrow{R-CH_2-\overset{\overset{+}{OH}}{C}-R'}$$

$$R-CH_2-\underset{\overset{+}{OH}}{\overset{OHR}{C-CH}}-R' \xrightarrow{-H^+} R-CH_2-\underset{R'}{\overset{OHR}{C-CH}}-\underset{O}{\overset{}{C}}-R' \xrightarrow{-H_2O}{\Delta} R-CH_2-\underset{R'}{\overset{R}{C=C}}-\underset{O}{\overset{}{C}}-R'$$

碱性催化下：

$$R-\underset{}{\overset{O}{C}}-\underset{}{\overset{H}{C}}HR' + OH^- \xrightarrow{-H_2O} \left[R-\overset{O}{C}-\bar{C}HR' \leftrightarrow R-\overset{O^-}{C}=CHR' \right] \xrightarrow{R'-CH_2-\overset{O}{C}-R}$$

$$R-\underset{R'}{\overset{O\ H\ O^-}{C-C-CH_2}}-R' \xrightarrow{H_2O} R-\underset{R'}{\overset{O\ H\ OH}{C-C-CH_2}}-R' \xrightarrow{-H_2O}{\Delta} R-\underset{R'\ R}{\overset{O\ H}{C-C=C}}-R'$$

由于酸、碱催化条件下，羟醛缩合反应所经历的历程不同，在许多情况下会导致产物有可能的不同。

两个不同的醛、酮间也可以进行上述反应，称为交叉的羟醛缩合反应。但只有在两种 α-H 活性差异较大时才有制备价值。

三、羰基加成反应的立体化学

羰基具有平面构型，与亲核试剂发生加成反应时，亲核试剂可从羰基平面的前方或后方进攻，因此，除了甲醛和对称的酮以外，其他醛、酮的亲核加成反应都可能产生一个手性碳原子。

① 若亲核试剂从羰基平面两侧进攻中心碳原子的位阻相同，则两者的概率均等，产物为外消旋体。

② 若亲核试剂从羰基平面两侧进攻中心碳原子的位阻不相同，则会优先从位阻小的一侧进攻羰基碳原子，所得的产物是主要产物，遵循 Cram 规则。例如：

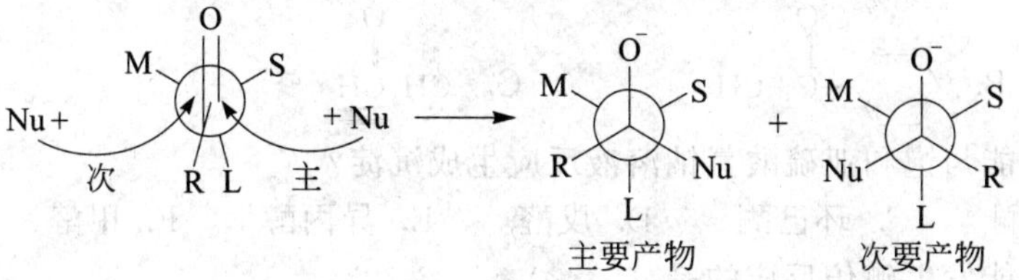

注：羰基所连的手性碳原子上的三个大小不同的基团，分别用大（L）、中（M）、小（S）表示。

③ 对于脂环酮，除了要考虑空间位阻外，还要考虑环构象的稳定性和亲核试剂的体积大小，例如：

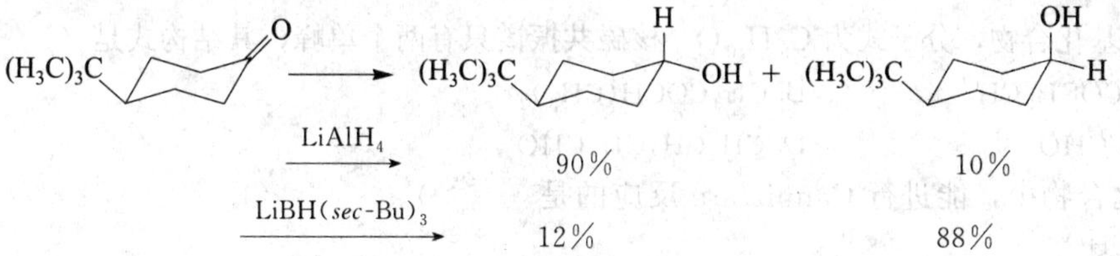

在上述反应中，还原剂 LiAlH₄ 的体积较小，环上叔丁基位阻对其影响不大，反应的主产物受制于产物的稳定性，故较大的—OH 在 e 键（平伏键）上，为主要产物；而 LiBH(sec-Bu)₃ 体积大，反应主要受制于反应物环上叔丁基的空间位阻，主要从位阻小的方向羰基，故—OH 在 a 键（直立键）上，为主要产物。

四、醛、酮的制备

醛、酮的制法主要有：醇的氧化、炔烃的水化、傅-克酰基化及羧酸衍生物的还原。一些特别方法有：烯类的氧化、邻二醇的高碘酸氧化、偕二卤代物的水解、无 α-H 醛的歧化反应、Gattermann-Koch 反应及 Vilsmeier-Haack 反应等。

例题分析

● **例 9.1** 用系统命名法命名下列化合物。

(1) 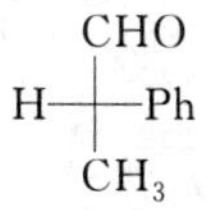   (2)

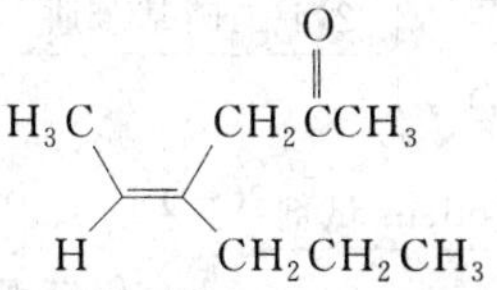

(3) 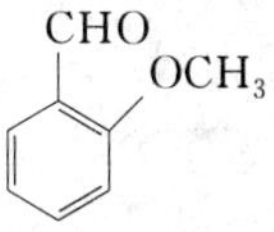   (4)

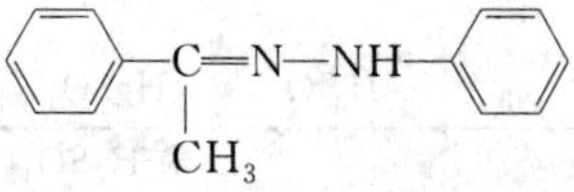

解：(1) (2S)-2-苯基丙醛   (2) (4Z)-4-丙基-4-己烯-2-酮
　　(3) 2-甲氧基苯甲醛   (4) 苯乙酮苯腙

● **例 9.2** 按要求回答下列问题。
(1) 在 ArCH₂COR 和 ArCOR 的亲核加成反应中，哪一个反应活性高？并给予解释。
(2) 比较下列化合物的亲核加成反应活性：

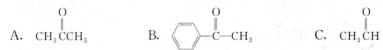

A. CH₃COCH₃   B. C₆H₅COCH₃   C. CH₃CHO

(3) 下列化合物中哪些能与饱和亚硫酸氢钠溶液反应生成沉淀？

A. 2-戊酮   B. 3-戊酮   C. 环己酮   D. 戊醛   E. 异丙醇   F. 甲醛

(4) 下列化合物中，不能发生碘仿反应的是（　　）。

A. CH₃COCH₂CH₃   B. CH₃CH₂CH₂CHO

C. CH₃CH(OH)CH₂CH₃   D. C₆H₅COCH₃

(5) 有一羰基化合物，分子式为 $C_5H_{10}O$，核磁共振谱只有两个单峰，其结构式是（　　）。

A. CH₃CH₂COCH₂CH₃   B. CH₃COCH(CH₃)₂

C. (CH₃)₃CCHO   D. CH₃CH₂CH₂CHO

(6) 下列化合物中，能进行 Cannizzaro 反应的是（　　）。

A. 1,8-萘二甲醛 (CHOCHO 萘)   B. (CH₃)₂CH—CHO

C. (CH₃)₃C—CHO   D. C₆H₅—CH₂CHO

解：(1) ArCH₂COR 的亲核加成反应活性高。因为在 ArCOR 中芳环与羰基共轭，使羰基碳原子正电荷分散，且空间位阻也较大，所以其亲核加成活性下降。

(2) C＞A＞B（从羰基碳的缺电子及空间位阻两方面考虑）。

(3) A，C，D，F（醛、脂肪族甲基酮和七个碳以下的环酮可与饱和亚硫酸氢钠溶液发生加成反应生成沉淀）。

(4) B [乙醛、甲基酮、乙醇和含有 H₃C—CH(OH)—R 结构的醇可发生碘仿反应]。

(5) C（该化合物的核磁共振谱只有两个单峰，说明分子中只有两种不等性氢原子且彼此间无偶合现象）。

(6) A，C（不含 α-H 的醛在浓碱作用下，会发生 Cannizzaro 反应）。

● **例 9.3** 用简便的化学方法鉴别下列化合物。

2-己醇，2-己酮，3-己酮，己醛

解：

```
2-己醇  ——(+) 黄色↓—— 2,4-二硝基苯肼(－)
2-己酮  I₂/NaOH (+) 黄色↓ ——————————— 白色↓
3-己酮  ——(－)————Tollens 试剂(－)
己醛    ——(－)———————————(+) 银镜现象
```

● **例 9.4** 完成下列各反应。

(1) 环己酮 $\xrightarrow{HC\equiv C^-Na^+}$ $\xrightarrow{H_3^+O}$ $\xrightarrow[稀\ H_2SO_4]{HgSO_4}$

(2) 环己酮 $\xrightarrow{Zn-Hg/HCl}$ $\xrightarrow[②H_3^+O]{①LiAlH_4}$

(3) H₃C—C₆H₄—CHO + HCHO $\xrightarrow{浓\ NaOH}$

(4) [cyclohexyl methyl ketone] $\xrightarrow[NaOH]{I_2}$ $\xrightarrow{H_2O}$

(5) [PhCH$_2$CHO] + HCHO $\xrightarrow{稀\ NaOH}$

解：(1) [1-ethynylcyclohexan-1-ol] , [1-acetylcyclohexan-1-ol (1-hydroxy-1-methylcarbonyl cyclohexane)]   (2) [cyclohexane], [cyclohexanol]

(3) $H_3C-\!\!\!\!\bigcirc\!\!\!\!-CH_2OH$ + HCOONa   (4) [cyclohexanecarboxylic acid] + CHI$_3$ (5) [PhCH(CHO)CH$_2$OH]

● **例 9.5** 实验题：如何从苯甲酸、苯酚、环己酮和环己醇所组成的混合物中分离得到各单一组分？

解：
苯甲酸
苯酚 $\xrightarrow{NaHCO_3\ 溶液}$ 水相 $\xrightarrow{稀酸}$ $\xrightarrow{抽滤}$ 苯甲酸
环己酮   油相 { 苯酚, 环己酮, 环己醇 } $\xrightarrow{NaOH\ 溶液}$ 水相 ①
环己醇   油相 { 环己酮, 环己醇 } ②

① $\xrightarrow{稀酸}$ $\xrightarrow{过滤}$ 苯酚

② $\xrightarrow[\text{或苯肼}]{NaHSO_3\ 溶液}$ 混合物 $\xrightarrow{抽滤}$ { 沉淀物 $\xrightarrow[水解]{稀酸}$ $\xrightarrow{分液}$ 油相 环己酮; 油相 环己醇 }

● **例 9.6** 由指定原料合成下列化合物（其他无机试剂任选）：

(1) [benzene] ⟹ [3-chloro-1-propylbenzene]

(2) [cyclohexanone] ⟹ [2-cyclohexylethanol]

解：(1) [benzene] + CH$_3$CH$_2$COCl $\xrightarrow{AlCl_3}$ [PhCOCH$_2$CH$_3$] $\xrightarrow[FeCl_3]{Cl_2}$ [3-Cl-C$_6$H$_4$-COCH$_2$CH$_3$] $\xrightarrow{Zn-Hg/HCl}$ T.M

(2) [cyclohexanone] $\xrightarrow[\text{②}H_3^+O]{\text{①}LiAlH_4}$ [cyclohexanol] $\xrightarrow{PBr_3}$ [cyclohexyl bromide] $\xrightarrow[THF]{Mg}$ [cyclohexyl MgBr] $\xrightarrow{\triangle(环氧乙烷)}$ $\xrightarrow[H_2O]{H^+}$ T.M

习题解析

⭐ **9.1** 用 IUPAC 及普通命名法（如果可能的话）命名或写出结构式。

a. (CH$_3$)$_2$CHCHO   b. PhCH$_2$CHO   c. $H_3C-\!\!\!\!\bigcirc\!\!\!\!-CHO$

第九章 醛、酮、醌 / 93

d. (CH₃)₂CHCOCH₃   e. (CH₃)₂CHCOCH(CH₃)₂   f. H₃CO—C₆H₄—CHO

g. (CH₃)₂C=CHCHO   h. CH₂=CHCHO   i. CH₃COCH₂CH₂COCH₂CH₃

j. CH₃CH₂CH=CHCH₂COCH₃   k. (S)-3-甲基-2-戊酮   l. β-溴丙醛

m. 1,1,1-三氯-3-戊酮   n. 三甲基乙醛   o. 3-戊酮醛

p. 肉桂醛   q. 苯乙酮   r. 1,3-环己二酮

解：a. 2-甲基丙醛   b. 2-苯基乙醛   c. 4-甲基苯甲醛

d. 3-甲基-2-丁酮   e. 2,4-二甲基-3-戊酮   f. 3-甲氧基苯甲醛

g. 3-甲基-2-丁烯醛   h. 丙烯醛   i. 2,5-庚二酮

j. 4-庚烯-2-酮   k. H₃COC(CH₃)(H)CH₂CH₃   l. HC(O)CH₂CH₂Br

m. CH₃CH₂C(O)CH₂CCl₃   n. HC(O)C(CH₃)₂CH₃(i.e. (CH₃)₃CCHO)   o. HC(O)CH₂C(O)CH₃ (3-戊酮醛)

p. C₆H₅CH=CHCHO   q. C₆H₅COCH₃   r. (1,3-环己二酮结构式)

★ 9.2 写出任意一个属于下列各类化合物的结构式。
   a. α,β-不饱和酮   b. α-卤代醛
   c. β-羟基酮   d. β-酮醛

解：a. 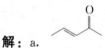   b.

c. (β-羟基酮结构式 OH及O)   d. (β-酮醛结构式 O及O)

★ 9.3 写出下列反应的主要产物。
a. CH₃COCH₂CH₃ + H₂N—OH ⟶
b. Cl₃CCHO + H₂O ⟶
c. H₃C—C₆H₄—CHO + KMnO₄ →(H⁺/△)
d. CH₃CH₂CHO →(稀NaOH)
e. C₆H₅COCH₃ + C₆H₅MgBr ⟶ →(H⁺/H₂O)
f. C₆H₁₀=O + H₂NNHC₆H₅ ⟶
g. (CH₃)₃CCHO →(浓NaOH)
h. C₆H₁₀=O + (CH₃)₂C(CH₂OH)₂ →(无水HCl)

i. (cyclopentanone) $+ K_2Cr_2O_7 \xrightarrow[\triangle]{H^+}$

j. (cyclopentyl)—CHO $\xrightarrow[\text{室温}]{KMnO_4}$

k. (cyclohexyl)—CO—CH$_3$ $\xrightarrow[OH^-]{Cl_2,\ H_2O}$

l. C$_6$H$_5$—CO—CH$_3$ + Cl$_2$ $\xrightarrow{H^+}$

m. CH$_2$=CHCH$_2$CH$_2$COCH$_3$ + HCl ⟶

n. CH$_2$=CHCOCH$_3$ + HBr ⟶

o. CH$_2$=CHCHO + HCN ⟶

p. C$_6$H$_5$CHO + CH$_3$COCH$_3$ $\xrightarrow[\triangle]{稀 NaOH}$

解:

a. CH$_3$—C(=NOH)—CH$_2$CH$_3$

b. Cl$_3$C—CH(OH)—OH

c. HOOC—C$_6$H$_4$—COOH (对位)

d. CH$_3$CH$_2$CH(OH)—CH(CH$_3$)—CHO

e. C$_6$H$_5$—C(OMgBr)(CH$_3$)—C$_6$H$_5$, C$_6$H$_5$—C(OH)(CH$_3$)—C$_6$H$_5$

f. (cyclohexylidene)=N—NHC$_6$H$_5$

g. (CH$_3$)$_3$CCH$_2$OH , (CH$_3$)$_3$CCOONa

h. (spiro cyclohexane-dioxolane with gem-dimethyl)

i. HOOCCH$_2$CH$_2$CH$_2$COOH

j. (cyclopentyl)—COOH

k. (cyclohexyl)—COO$^-$, HCCl$_3$

l. C$_6$H$_5$—CO—CH$_2$Cl

m. CH$_3$CH(Cl)CH$_2$CH$_2$COCH$_3$

n. BrCH$_2$CH$_2$COCH$_3$

o. NCCH$_2$CH$_2$CHO

p. C$_6$H$_5$CH=CHCOCH$_3$

★ **9.4** 用简单化学方法鉴别下列各组化合物。

a. 丙醛、丙酮、丙醇和异丙醇

b. 戊醛、2-戊酮和环戊酮

解: a.
- A 丙醛 ⎫
- B 丙酮 ⎬ 2,4-二硝基苯肼 → A(+)黄色↓ ⎫ Tollens → A(+)银镜现象
- C 丙醇 ⎬   B(+)黄色↓ ⎬   B(−)
- D 异丙醇⎭   C(−)无沉淀 ⎬ I$_2$/NaOH C(−)
                         D(−)无沉淀 ⎭   D(+)黄色↓

b.
- A 戊醛 ⎫ Tollens → A(+)银镜现象
- B 2-戊酮 ⎬   B(−) ⎬ I$_2$/NaOH B(+)黄色↓
- C 环戊酮 ⎭   C(−)   C(−)

★ 9.5 完成下列转化。

a. $C_2H_5OH \longrightarrow CH_3CHCOOH$
   $\qquad\qquad\qquad\quad |$
   $\qquad\qquad\qquad\ \ OH$

b. PhCOCl $\longrightarrow$ PhCOPh

c. 环己酮 $\longrightarrow$ 环己醇

d. $HC\equiv CH \longrightarrow CH_3CH_2CH_2CH_2OH$

e. 甲苯 $\longrightarrow$ PhCH$_2$C(CH$_3$)$_2$OH

f. $CH_3CH=CHCHO \longrightarrow CH_3CH(OH)CH(OH)CHO$

g. $CH_3CH_2CH_2OH \longrightarrow CH_3CH_2CH_2CH_2OH$

h. 3-己炔 $\longrightarrow$ 3-己酮

i. 苯 $\longrightarrow$ 间溴代苯乙酮

解：a. $C_2H_5OH \xrightarrow[HCl]{CrO_3/吡啶} CH_3CHO \xrightarrow[]{HCN} \xrightarrow[]{H_3^+O}$ T.M.

b. PhCOCl + 苯 $\xrightarrow{AlCl_3}$ T.M.

c. 环己酮 $\xrightarrow[EtOH]{NaBH_4}$ T.M.

d. $HC\equiv CH \xrightarrow{NaNH_2} HC\equiv CNa \xrightarrow{环氧乙烷} HC\equiv CCH_2CH_2OH \xrightarrow[Ni]{H_2}$ T.M.

e. 甲苯 $\xrightarrow[h\nu]{Br_2}$ PhCH$_2$Br $\xrightarrow[THF]{Mg}$ PhCH$_2$MgBr $\xrightarrow{CH_3COCH_3}$ T.M.

f. $CH_3CH=CHCHO \xrightarrow[干\ HCl]{HOCH_2CH_2OH} CH_3CH=CHCH(OCH_2CH_2O) \xrightarrow[冷、稀、OH^-]{KMnO_4} \xrightarrow[H_2O]{H^+}$ T.M.

g. $CH_3CH_2CH_2OH \xrightarrow{HBr} CH_3CH_2CH_2Br \xrightarrow[THF]{Mg} CH_3CH_2CH_2MgBr \xrightarrow{HCHO} \xrightarrow[H_2O]{H^+}$ T.M.

h. 3-己炔 $+ H_2O \xrightarrow[H_2SO_4]{HgSO_4}$ T.M.

i. 苯 $+ CH_3COCl \xrightarrow{AlCl_3}$ PhCOCH$_3$ $\xrightarrow[Fe]{Br_2}$ T.M.

★ 9.6 写出由相应的羰基化合物及格氏试剂合成 2-丁醇的两条路线。

解：a. $CH_3CH_2MgBr + CH_3CHO \xrightarrow[H_2O]{H^+} CH_3CH(OH)CH_2CH_3$

b. $CH_3MgBr + CH_3CH_2CHO \xrightarrow[H_2O]{H^+} CH_3\underset{OH}{\overset{}{C}H}CH_2CH_3$

★ **9.7** 分别由苯及甲苯合成 2-苯基乙醇。

解：

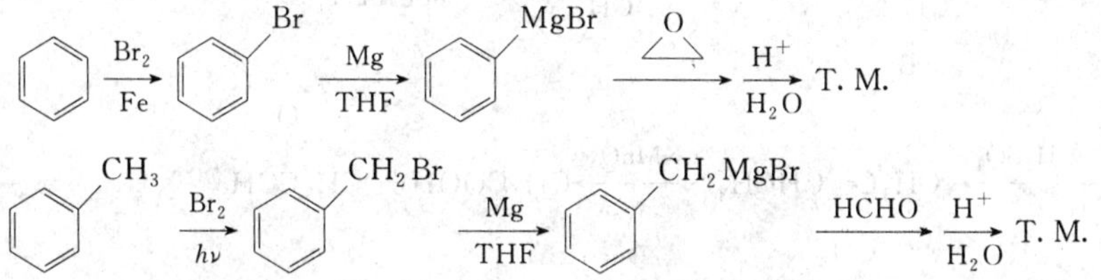

$C_6H_6 \xrightarrow[Fe]{Br_2} C_6H_5Br \xrightarrow[THF]{Mg} C_6H_5MgBr \xrightarrow{\triangle\text{(环氧乙烷)}} \xrightarrow[H_2O]{H^+}$ T. M.

$C_6H_5CH_3 \xrightarrow[h\nu]{Br_2} C_6H_5CH_2Br \xrightarrow[THF]{Mg} C_6H_5CH_2MgBr \xrightarrow{HCHO} \xrightarrow[H_2O]{H^+}$ T. M.

★ **9.8** 下列化合物中，哪个是半缩醛（或半缩酮），哪个是缩醛（或缩酮）？并写出由相应的醇及醛或酮制备它们的反应式。

a. 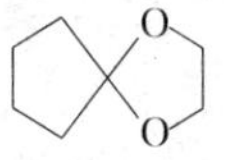 (螺环二氧戊环)   b. 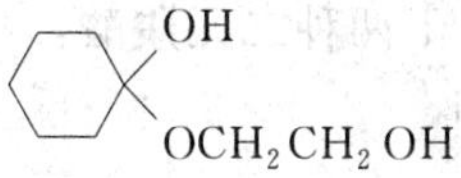 (环己基-OH, OCH₂CH₂OH)   c. 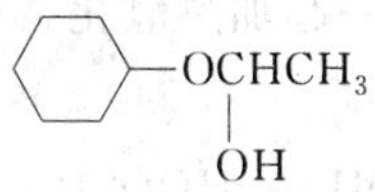 (环己基-OCHCH₃/OH)   d. 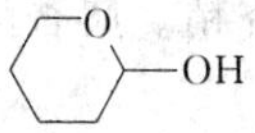 (四氢吡喃-2-醇)

解：下列化合物中，a 是缩酮；b 是半缩酮；c 是半缩醛；d 是半缩醛。它们相应的制备反应式如下：

a. 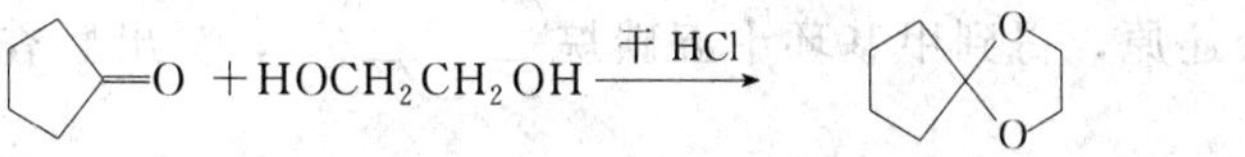 环戊酮 $+ HOCH_2CH_2OH \xrightarrow{\text{干 }HCl}$ (螺环缩酮)

b. 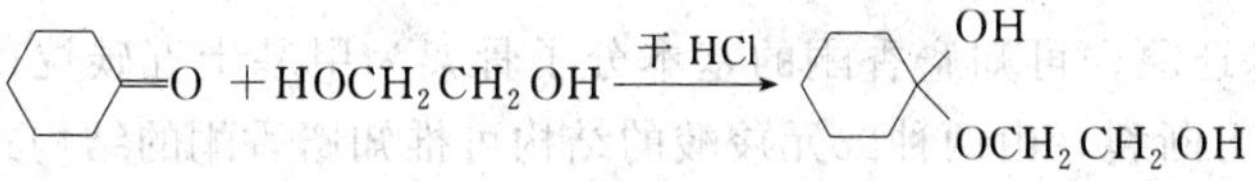 环己酮 $+ HOCH_2CH_2OH \xrightarrow{\text{干 }HCl}$ (半缩酮)

c. 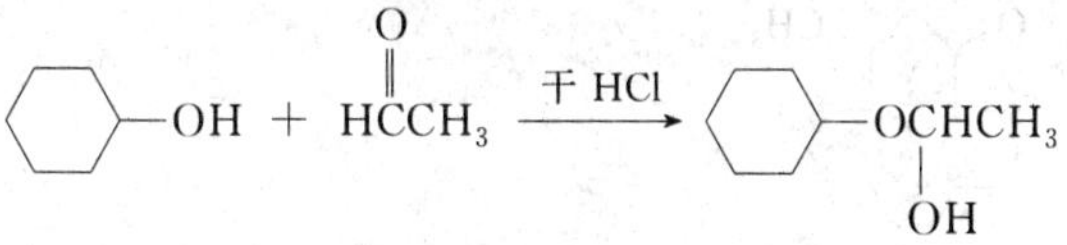 环己醇 $+ CH_3CHO \xrightarrow{\text{干 }HCl}$ (半缩醛)

d. 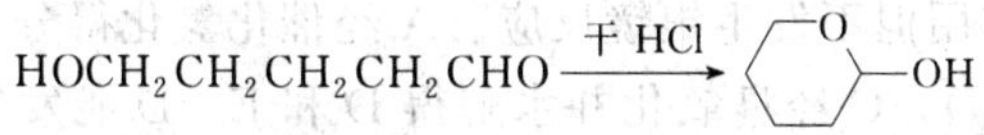 $HOCH_2CH_2CH_2CH_2CHO \xrightarrow{\text{干 }HCl}$ (四氢吡喃-2-醇)

★ **9.9** 麦芽糖的结构式如下，指出其中的缩醛或半缩醛基团。

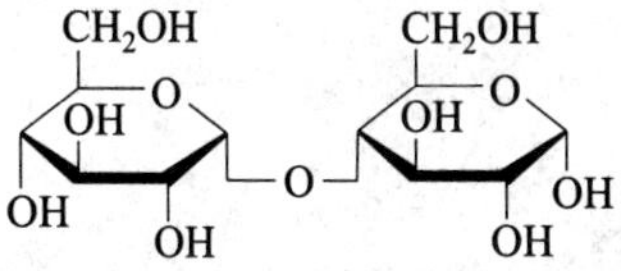

（麦芽糖结构式）

解：根据麦芽糖的结构式，其中含有的缩醛或半缩醛如下所示：

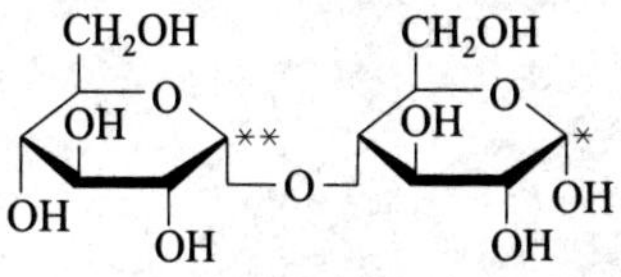

（标注 ** 缩醛和 * 半缩醛的结构式）

注：* 表示半缩醛，** 表示缩醛。

★ **9.10** 分子式为 $C_5H_{12}O$ 的 A，氧化后得 $B(C_5H_{10}O)$，B 能与 2,4-二硝基苯肼反应，并在与碘的碱溶液共热时生成黄色沉淀。A 与浓硫酸共热得 $C(C_5H_{10})$，C 经高锰酸钾氧化得丙酮及乙酸。推断 A 的结构，并写出推断过程的反应式。

解：根据题意，可以推断出 A 的结构式为：$CH_3\underset{\underset{CH_3}{|}}{\overset{\overset{OH}{|}}{C}H}CHCH_3$

推断过程的反应式有：

$$\underset{A}{CH_3CHCH_3} \atop \underset{}{\overset{OH}{|}} \overset{}{\underset{}{\overset{CH_3}{|}}} \xrightarrow{[O]} \underset{B}{CH_3CCH_3} \atop \underset{}{\overset{O}{\|}} \overset{}{\underset{}{\overset{CH_3}{|}}} \xrightarrow[NaOH]{I_2} CH_3\underset{\overset{|}{CH_3}}{\overset{\overset{O}{\|}}{C}}ONa + CHI_3 \downarrow 黄色沉淀$$

$$\underset{A}{CH_3CHCH_3} \atop \underset{}{\overset{OH}{|}} \overset{}{\underset{}{\overset{CH_3}{|}}} \xrightarrow[\triangle]{浓 H_2SO_4} \underset{C}{CH_3C=CHCH_3} \atop \underset{}{\overset{}{}} \overset{}{\underset{}{\overset{CH_3}{|}}} \xrightarrow{KMnO_4} CH_3COOH + CH_3\overset{O}{\overset{\|}{C}}CH_3$$

★9.11 麝香酮（$C_{16}H_{30}O$）是由雄麝鹿臭腺中分离出来的一种活性物质，可用于医药及配制高档香精。麝香酮与硝酸一起加热氧化，可得以下两种二元羧酸：

$$HOOC(CH_2)_{12}\overset{\overset{CH_3}{|}}{C}HCOOH \qquad HOOC(CH_2)_{11}\overset{\overset{CH_3}{|}}{C}HCH_2COOH$$

将麝香酮以锌-汞齐及盐酸还原，得到甲基环十五碳烷 （结构图），写出麝香酮的结构式。

解：锌-汞齐和盐酸可将酮羰基还原，可知麝香酮的基本分子骨架为甲基十五碳烷；硝酸氧化可使酮羰基碳的左右两侧均可断裂，由两种二元羧酸的结构可推知麝香酮的结构式是：

（环状结构图：含羰基和甲基的环十五碳酮）

★9.12 分子式为 $C_6H_{12}O$ 的 A，能与苯肼作用但不发生银镜反应。A 经催化氢化得分子式为 $C_6H_{14}O$ 的 B，B 与浓硫酸共热得 C（C_6H_{12}）。C 经臭氧化并水解得 D 和 E。D 能发生银镜反应，但不起碘仿反应，而 E 则可发生碘仿反应而无银镜反应。写出 A→E 的结构式及各步反应式。

解：根据题意，可推断出 A→E 的结构式，分别如下：

A. $CH_3CH_2\overset{\overset{O}{\|}}{\underset{\underset{CH_3}{|}}{C}}CHCH_3$ B. $CH_3CH_2\overset{\overset{OH}{|}}{\underset{\underset{CH_3}{|}}{C}}CCH_3$ C. $CH_3C=CHCH_3 \atop \underset{}{\overset{}{\underset{CH_3}{|}}}$

D. CH_3CH_2CHO E. CH_3COCH_3

相应的各步反应式为：

$$CH_3CH_2\overset{\overset{O}{\|}}{\underset{\underset{CH_3}{|}}{C}}CHCH_3 + PhNHNH_2 \longrightarrow CH_3CH_2\overset{}{\underset{\underset{CH(CH_3)_2}{|}}{C}}=N-NHPh$$

$$\underset{A}{CH_3CH_2\overset{\overset{O}{\|}}{\underset{\underset{CH_3}{|}}{C}}CHCH_3} + H_2 \xrightarrow{cat.} \underset{B}{CH_3CH_2\overset{\overset{OH}{|}}{\underset{\underset{CH_3}{|}}{C}}CCH_3}$$

$$\underset{\underset{B}{\overset{OH}{|}}}{CH_3CH_2\overset{|}{\underset{|}{C}}CH_3} \xrightarrow[\triangle]{浓\ H_2SO_4} \underset{C}{\underset{\overset{|}{CH_3}}{CH_3C=CHCH_2CH_3}}$$

$$\underset{C}{\underset{\overset{|}{CH_3}}{CH_3C=CHCH_2CH_3}} \xrightarrow{O_3} \xrightarrow{H_2O} \underset{D}{CH_3CH_2CHO} + \underset{E}{CH_3COCH_3}$$

$$CH_3CH_2CHO + [Ag(NH_3)_2]^+ + OH^- \longrightarrow Ag\downarrow + CH_3CH_2COO\overset{-}{N}H_4^+$$

$$CH_3COCH_3 \xrightarrow[NaOH]{I_2} CH_3COONa + CHI_3\downarrow$$

★ **9.13** 灵猫酮 A 是由香猫的臭腺中分离出的香气成分，是一种珍贵的香原料，其分子式为 $C_{17}H_{30}O$。A 能与羟胺等氨的衍生物作用，但不发生银镜反应。A 能使溴的四氯化碳溶液褪色，生成分子式为 $C_{17}H_{30}Br_2O$ 的 B。将 A 与高锰酸钾水溶液一起加热，得到氧化产物 C，分子式为 $C_{17}H_{30}O_5$。但如以硝酸与 A 一起加热，则得到如下的两个二元羧酸：

$$HOOC(CH_2)_7COOH \qquad HOOC(CH_2)_6COOH$$

将 A 于室温下催化氢化得分子式为 $C_{17}H_{32}O$ 的 D，D 与硝酸加热得到 $HOOC(CH_2)_{15}COOH$。写出灵猫酮以及 B、C、D 的结构式，并写出各步反应式。

解： 根据题意，可推断出 A、B、C、D 的结构如下：

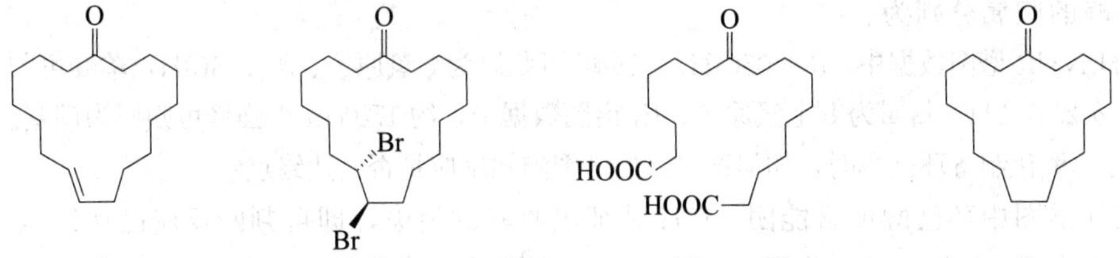

相应的各步反应式为：

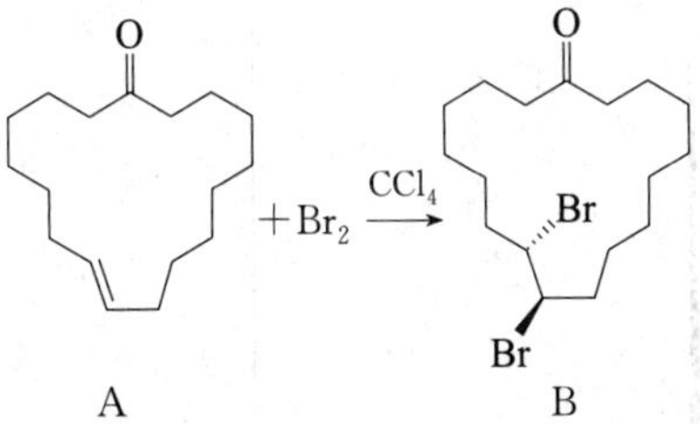

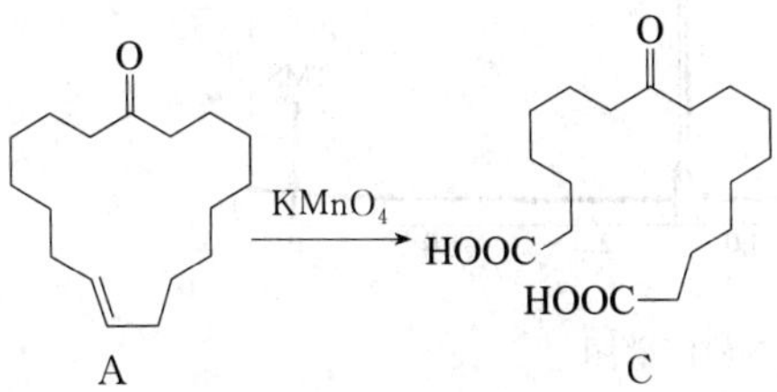

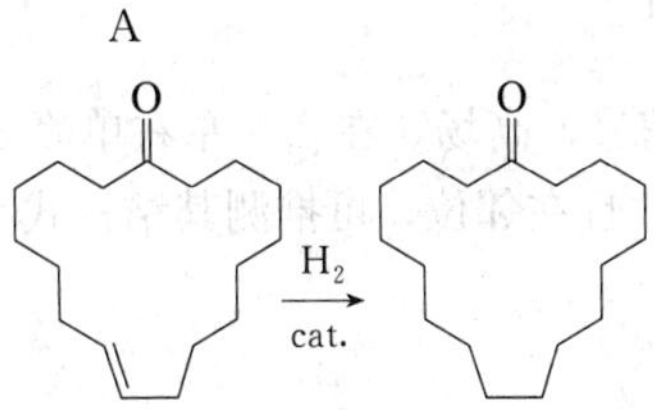

$$\text{环十七酮} \xrightarrow[\Delta]{HNO_3} HOOC(CH_2)_{15}COOH$$

★ **9.14** 对甲氧基苯甲醛与对硝基苯甲醛哪个更容易进行亲核加成？为什么？

解： 对硝基苯甲醛更易进行亲核加成，因为硝基是个强的吸电子基团，能使得发生亲核加成反应的羰基所连的碳原子上的电子云密度降低，增强了羰基碳上的正电荷。

★ **9.15** 分子式为 C_4H_8O 的 ^1H NMR 及 IR 谱图数据如下：

    ^1H NMR   IR

  (a) $\delta 1.05$（3H）   三重峰   约 $1720 cm^{-1}$ 强峰

  (b) $\delta 2.13$（3H）   单峰

  (c) $\delta 2.47$（2H）   四重峰

写出其结构式，并指明各峰的归属。

解： 根据该化合物的 ^1H NMR 及 IR 谱图数据，可推测其结构为：

$$\underset{a}{CH_3}-\overset{O}{\underset{\|}{C}}-\underset{b}{CH_2}-\underset{c}{CH_3}$$

其中各峰的归属分别为：

其中，^1H NMR 谱图数据中，$\delta 1.05$(3H) 三重峰可归属为 c 氢原子、$\delta 2.13$(3H) 单峰可归属为 a 上氢原子、$\delta 2.47$(2H) 归属为 b 上氢原子；IR 谱图数据中，约 $1720 cm^{-1}$ 强峰可归属为羰基。

★ **9.16** 由环己醇氧化制备环己酮时，如何通过红外谱图测知反应是否已达终点？

解： 通过红外谱图中环己醇的官能团—OH 特征吸收峰的消失，即可判断反应已达终点。

★ **9.17** 分子式为 C_8H_7ClO 的芳香酮的 ^1H NMR 谱图见图 9-1，写出此化合物的结构式。

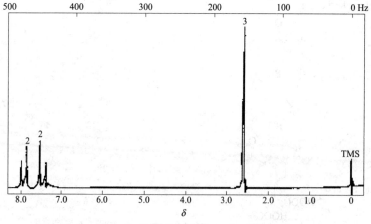

图 9-1 习题 9.17 的 ^1H NMR 谱图

解： 根据该化合物的 ^1H NMR 谱图数据可知，该化合物有 3 组信号，高场 δ 在 2.5 左右单峰 3 个 H，可推测—$COCH_3$ 片段；在低场 δ 7.0~8.0，是芳环上的 H，且在邻位，可推测其结构式为：

$$Cl-\underset{}{\underset{}{\bigcirc}}-\overset{O}{\underset{\|}{C}}CH_3$$

★ **9.18** 如何用 ^{1}H NMR 谱区别下列各组化合物？

    a. $CH_3CH_2CH_2CH_2CH=CH_2$ 与 $(CH_3)_2C=C(CH_3)_2$

    b. $CH_3CH_2CH_2CHO$ 与 $CH_3COCH_2CH_3$

    c. CH_3CH_2—⟨ ⟩ 与 CH_3—⟨ ⟩—CH_3

解：下列各组化合物用 ^{1}H NMR 谱区别结果如下。

    a. 第二个化合物只有一组核磁信号并且没有裂分；

    b. 第一个化合物在 δ 9.8 附近有一组核磁信号；

    c. 第二个化合物仅有两组核磁信号。

★ **9.19** 分子式为 C_3H_6O 的化合物的 IR 及 ^{1}H NMR 谱图如图 9-2 所示，推测其结构，并指出 ^{1}H NMR 中的峰及 IR 中 3000 cm^{-1} 左右及 1700 cm^{-1} 左右的峰的归属。

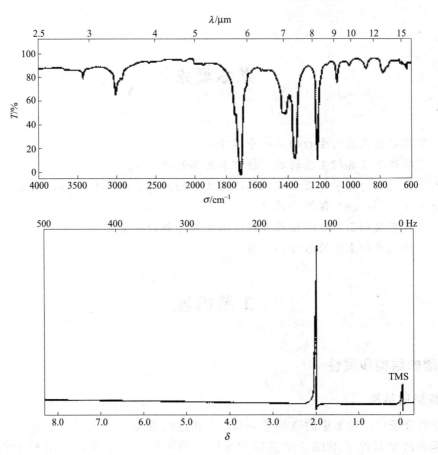

图 9-2 习题 9.19 的 IR 及 ^{1}H NMR 谱图

解：根据该化合物 IR 及 ^{1}H NMR 谱图，推测其结构式为：$CH_3-\overset{\overset{O}{\|}}{C}-CH_3$

其中，^{1}H NMR 中在 δ 2.0 附近的单峰可归属于两个 CH_3 上的 H 原子；

IR 中 3000 cm^{-1} 左右的峰可归属于—CH_3 的 C—H 伸缩振动；

1700 cm^{-1} 左右的峰可归属于羰基的伸缩振动。

第十章

羧酸及其衍生物

基本要求

（1）掌握羧酸及其衍生物的系统命名法。
（2）了解羧酸及其衍生物的物理性质和光谱性质。
（3）掌握羧酸的化学性质；掌握羧酸衍生物的水解、醇解和氨解，尤其是酯的水解历程和克莱森（Claisen）酯缩合反应。
（4）理解甲酸和乙二酸的还原性以及二元酸受热后的变化。
（5）了解碳酸衍生物的名称和性质。

主要内容

一、羧酸的结构和酸性

1. 羧酸的结构

在羧酸分子中，羧基中的碳原子以 sp^2 方式进行杂化，产生的 3 个 sp^2 杂化轨道分别与烃基和两个氧原子形成 3 个共面的 σ 键；剩下的一个 p 轨道与氧原子的 2p 轨道"肩并肩"组成 C=O 的 π 键，而羧基中羟基氧上的孤对电子，可以与该 π 键形成 p-π 共轭体系。

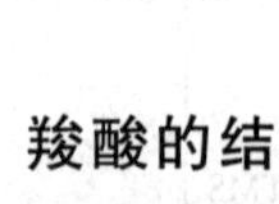

$$\underset{R}{O=C-OH}$$

2. 羧酸的酸性

由于羧基中羟基氧上的孤对电子与羧基中羰基的 C=O 双键形成了 p-π 共轭体系，使得 O—H 之间电子云密度降低，H^+ 容易解离出来，形成的羧酸根负离子 p-π 共轭效应更为显著，因此羧酸根负离子比较稳定，容易生成，从而使得羧酸的酸性比水和醇都要强得多。

$$\underset{R}{O=C-OH} \underset{+H^+}{\overset{-H^+}{\rightleftharpoons}} R-C-O^- \leftrightarrow R-C\overset{O}{\underset{O}{\ominus}}$$

羧酸是弱酸，可与碱反应生成相应的盐。影响羧酸酸性的主要因素有诱导效应、共轭效应等。如一般芳香族羧酸的酸性比脂肪族羧酸强：苯甲酸 > 环己烷羧酸；烃基上连有吸电子基团，可使羧酸的酸性增强：$ClCH_2COOH > CH_3COOH$。

二、羧酸的化学性质

1. 酰化反应

$$R-COOH + \begin{cases} SOCl_2(PCl_3, PCl_5) \longrightarrow RCOCl & 酰卤 \\ RCCOH \xrightarrow{P_2O_5}{\triangle} (RCO)_2O & 羧酸酐 \\ R'OH \xrightarrow{H^+} RCOOR' & 羧酸酯 \\ \xrightarrow{NH_3-H_2O} RCONH_2 & 酰胺 \end{cases}$$

羧酸在一定条件下，可以直接生成羧酸的衍生物酰卤、酸酐、酯和酰胺。

其中，酰卤主要由羧酸与亚硫酰氯（$SOCl_2$）、五卤化磷（PX_5）、三卤化磷（PX_3）等卤化剂反应制取。用亚硫酰氯来制备酰氯是最方便的方法，原因是副产物都是气体，易于提纯。

酸酐具有以下三种制法：①一元羧酸在脱水剂如五氧化二磷的作用下加热，两分子间失去一分子水生成酸酐；②具有五元环或是六元环的酸酐，可由二元羧酸分子内失水制得；③混合酸酐可由酰卤与无水羧酸盐加热得到。

羧酸与醇反应生成酯，称为酯化反应。酯化反应是可逆的，且必须在酸的催化及加热下进行，否则反应速率很慢。常用的酸催化剂有硫酸、磷酸、盐酸和苯磺酸等。

酰胺的制备是在羧酸中通入氨气或加入碳酸铵，得到羧酸的铵盐后热解失水而得。若继续加热，则可进一步失水生成腈。

$$R-\overset{O}{C}OH \xrightarrow{NH_3} R-\overset{O}{C}ONH_4 \xrightarrow[\triangle]{-H_2O} R-\overset{O}{C}NH_2 \xrightarrow[\triangle]{-H_2O} RC\equiv N$$

2. 脱羧反应

乙酸及其同系物在特殊条件下可以发生脱羧反应，当 α-C 上有强的吸电子基团时加热就能脱羧。若羧基转变成自由基后很容易脱羧放出 CO_2，该类型的常见反应有 Kolbe 反应和 Hunsdiecker 反应。

二元羧酸随着分子中两个羧基相对位置的不同，加热后分别发生脱水、脱羧、脱羰等反应，可得到不同的产物。

$$\left. \begin{array}{l} (COOH)_2 \\ CH_2(COOH)_2 \end{array} \right\} \xrightarrow{\triangle} \begin{cases} HCOOH \\ CH_3COOH \end{cases} + CO_2$$

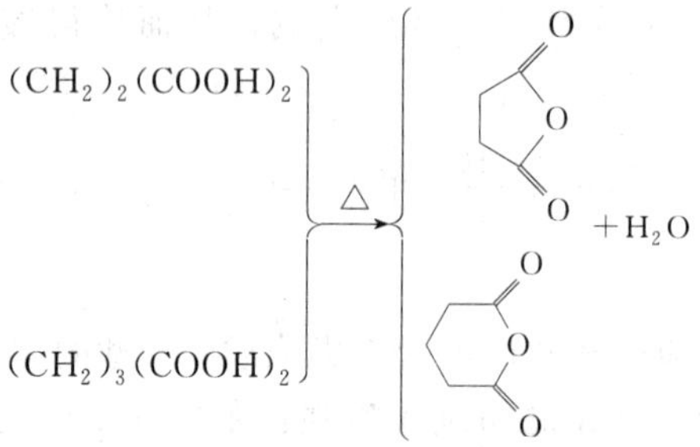

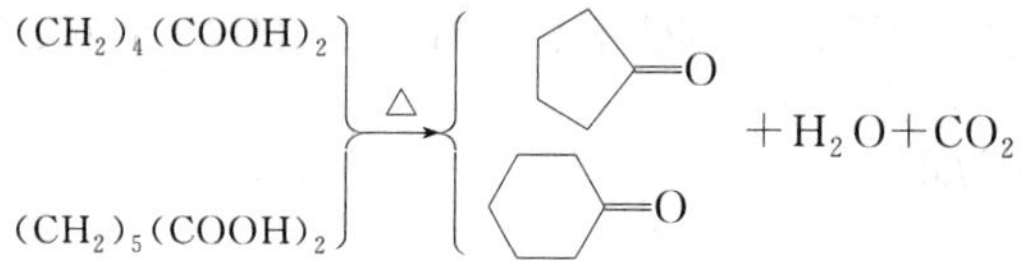

$$(CH_2)_2(COOH)_2 \xrightarrow{\Delta} \text{(succinic anhydride)} + H_2O$$

$$(CH_2)_3(COOH)_2 \xrightarrow{\Delta} \text{(glutaric anhydride)}$$

$$(CH_2)_4(COOH)_2 \xrightarrow{\Delta} \text{(cyclopentanone)} + H_2O + CO_2$$

$$(CH_2)_5(COOH)_2 \xrightarrow{\Delta} \text{(cyclohexanone)}$$

三、α-H 的卤代反应

羧酸 α-C 上的氢具有一定的活性，但和醛、酮相比弱一些，α-H 的卤代需要在光、碘、硫或红磷等催化剂作用下，才可以顺利进行。

$$R-CH_2COOH + X_2 \xrightarrow{P} R-\underset{X}{\underset{|}{C}H}COOH$$

四、还原反应

羧酸很难用催化氢化法还原，但用强的还原剂 $LiAlH_4$ 可把羧酸还原成伯醇。若用 $Li\text{-}CH_3NH_2$ 还原羧酸，生成的醛能与溶剂 CH_3NH_2 反应生成亚胺，亚胺水解即得醛。

$$RCOOH \begin{array}{c} \xrightarrow{LiAlH_4} RCH_2OH \\ \xrightarrow[CH_3NH_2]{Li} RHC=NCH_3 \xrightarrow[H_2O]{H^+} RCHO \end{array}$$

五、羧酸衍生物的化学性质

1. 水解

羧酸衍生物与水的反应称为水解，它们水解的产物都是相应的羧酸，但水解的活性不同，所需的反应条件也不尽相同。

酰卤水解速率最快，低级酰卤遇水激烈水解。酸酐的水解比相应的酰卤要温和一些，在加热或选择合适的溶剂使反应均相进行时，不需要酸或碱催化就能进行。酯和酰胺的水解都是可逆反应，需要酸或碱催化并加热才可进行。

2. 醇解

酰卤和酸酐的醇解是制备酯的重要方法，当酸和醇直接作用比较困难时，就先将酸制成酰卤或酸酐，再与醇反应，产率也很高。

酯交换反应也可用于酯的制备，它是个可逆反应，需用强酸或强碱做催化剂，使生成的低级醇不断蒸出来，促使反应向酯产物方向彻底进行。

3. 氨解

酰卤、酸酐和酯的氨解是合成酰胺的常用方法。其中，酰卤和酸酐与氨的反应速率很快；但酯需要在无水条件下，与过量的氨反应才可以得到酰胺。

4. 酯缩合——Claisen 缩合反应

含有 α-H 的酯在醇钠等强碱催化下，与另一分子酯缩去一分子醇，生成 β-羰基酸酯的反应，称为酯缩合，也称为克莱森缩合反应。

$$2\ CH_3COC_2H_5 \xrightarrow[C_2H_5OH]{NaOC_2H_5} \xrightarrow{H_3^+O} CH_3CCH_2COC_2H_5$$

反应机理为：

$$C_2H_5O^- + H-CH_2COC_2H_5 \rightleftharpoons {}^-CH_2COC_2H_5 + C_2H_5OH$$

$$CH_3COC_2H_5 + {}^-CH_2COC_2H_5 \rightleftharpoons CH_3CCH_2COOC_2H_5 \rightleftharpoons CH_3CCHCOC_2H_5 + C_2H_5O^-$$

$$\rightleftharpoons \left[H_3C-\underset{O}{\overset{O}{C}}-\bar{C}HCOC_2H_5 \longleftrightarrow H_3C-\underset{O^-}{\overset{O}{C}}=CHCOC_2H_5 \right] + C_2H_5OH \xrightarrow{H_3^+O}$$

$$\left[H_3C-\underset{OH}{\overset{}{C}}=CHCOC_2H_5 \xrightarrow{\text{烯醇-酮式互变}} CH_3CCH_2COC_2H_5 \right]$$

克莱森缩合每一步都是可逆的，直到生成乙酰乙酸乙酯后，其酸性大于乙醇，$C_2H_5O^-$ 可以顺利夺取其亚甲基上的氢，从而使平衡向右移动。

若 α-碳上只有一个氢原子，因烃基的诱导效应，酸性减弱，形成碳负离子就比较困难，需要用更强的碱，如三苯甲基钠（Ph_3CNa）。

两个不同的酯可以发生混合酯缩合反应，当只有其中一个酯有 α-H，相互缩合就能得到一个主要物质，在制备上才有意义。

酯缩合也可以发生在分子内，形成环酯，这种环化酯缩合反应又称为狄克曼反应（Dieckmann 反应），它是合成五元、六元碳环的一个重要方法。

六、亲核取代反应历程

羧酸衍生物的水解、醇解和氨解是通过加成-消除历程进行的，其反应历程如下：

$$R-\underset{}{\overset{O}{C}}-L + Nu^- \xrightleftharpoons[]{\text{决速步}} R-\underset{Nu}{\overset{O^-}{\underset{|}{C}}}-L \rightleftharpoons R-\overset{O}{C}-Nu + L^-$$

L：X，OOR，OR，NH_2。

Nu：OH^-，H_2O，NH_2^-，ROH。

其中，酯的水解历程主要有酸催化和碱催化两大类，常见的酸催化历程如下：

$$R-\overset{\ddot{O}}{C}-OR' \xrightleftharpoons{H^+} R-\overset{+OH}{C}-OR' \xrightleftharpoons{H_2O} R-\underset{OH_2^+}{\overset{OH}{\underset{|}{C}}}-OR' \xrightarrow{\text{分子内}\atop\text{质子转移}} R-\underset{OH}{\overset{OH}{\underset{|}{C}}}-{}^+OHR' \xrightleftharpoons{-R'OH} R-\overset{+OH}{C}-OH$$

$$\xrightleftharpoons{-H^+} R-\overset{O}{C}-OH$$

羧酸衍生物发生亲核取代反应的活性取决于离去基团 L 的离去能力及中心酰基碳原子的电子效应。

L⁻碱性越弱，L 的离去能力越强。L⁻碱性由小到大的排序为：Cl⁻＜RCOO⁻＜RO⁻＜NH₂⁻，因此，L 的离去能力由大到小的顺序为：Cl⁻＞RCOO⁻＞RO⁻＞NH₂⁻。

酰基与 L 的吸电子诱导效应的大小顺序为：Cl⁻＞RCOO⁻＞RO⁻＞NH₂⁻，L 的吸电子能力越大，酰基与 L 上直接相连原子的 p-π 共轭效应越小，同时酰基碳原子的电正性越强，亲核试剂 Nu⁻就越容易进攻，反应速率就越快。

综合上述因素可知，羧酸衍生物发生亲核取代反应的活性次序为：酰卤＞酸酐＞酯＞酰胺。

例题分析

例 10.1 用系统命名法命名下列化合物或根据名称写出相应的结构式。

(1) 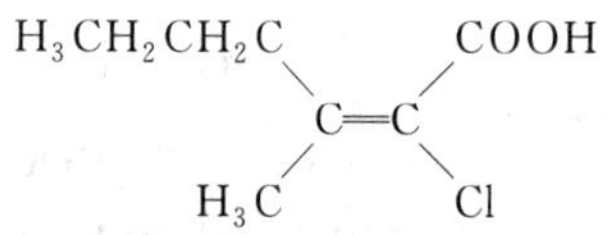 H₃CH₂CH₂C—C(Cl)=C—COOH (结构式)

(2) HOOCCH₂CH(COOH)CH₂CH₃

(3) 4-甲基-3-硝基苯甲酰氯的结构

(4) (R)-2-溴丙酸乙酯的结构

(5) CH₃CH₂C(O)N(CH₃)(CH₂CH₃)

(6) 邻苯二甲酸酐结构

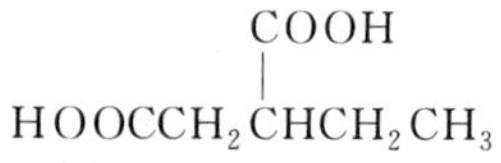

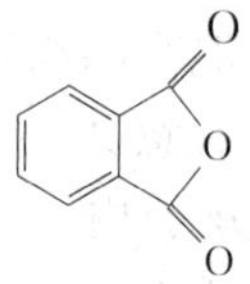

(7) 安息香酸

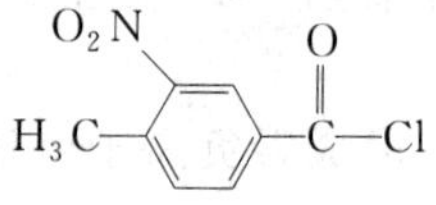

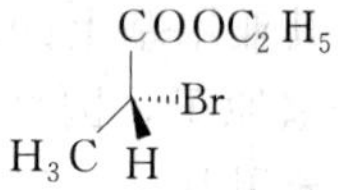

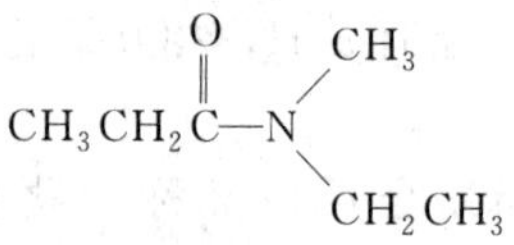

(8) DMF

解： (1) (E)-3-甲基-2-氯-2-己烯酸 (2) 2-乙基-1,4-丁二酸

(3) 4-甲基-3-硝基苯甲酰氯 (4) (R)-2-溴丙酸乙酯

(5) N-甲基-N-乙基丙酰胺 (6) 邻苯二甲酸酐

(7) 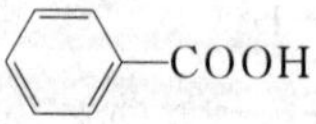 C₆H₅—COOH

(8) HC(O)—N(CH₃)₂

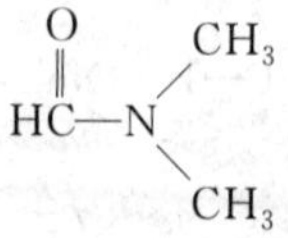

例 10.2 按要求回答下列问题。

(1) 下列化合物与乙醇钠/乙醇溶液发生醇解反应，请按照反应活性由高到低顺序排列（　　　）。

A. 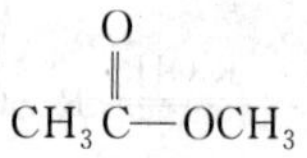 CH₃C(O)—OCH₃   B. 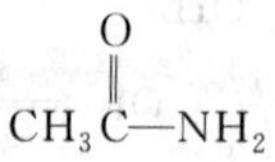 CH₃C(O)—NH₂

C. 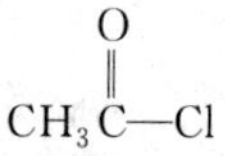 CH₃C(O)—Cl   D. 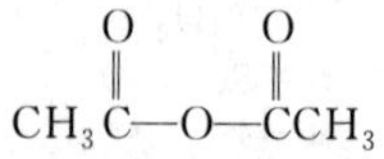 CH₃C(O)—O—C(O)CH₃

(2) 比较下列化合物的酸性强弱（　　　）。

A. 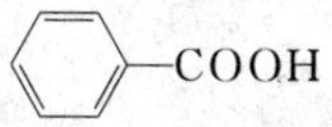 ⌬—COOH B. 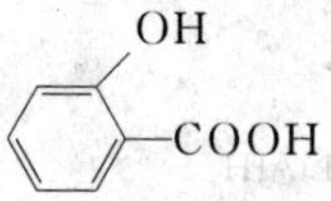 ⌬(OH)—COOH

C. 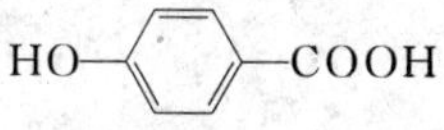 HO—⌬—COOH D. 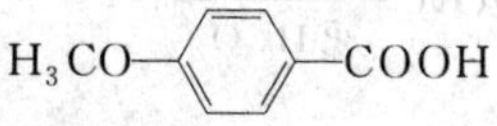 H_3CO—⌬—COOH

(3) RCOOR 在含有 H_2O^{18} 的碱性溶液中水解，O^{18} 存在于所得到的（　　）。
A. 醇中　　B. 羧酸中　　C. 两者都有　　D. 两者都没有

(4) 区别邻苯二甲酸与水杨酸的方法是（　　）。
A. 加 Na 放出 H_2 B. $FeCl_3$ 显色反应
C. 加入 $NaHCO_3$ 放出 CO_2 D. 用 $LiAlH_4$ 还原

(5) 羧酸的沸点比分子量相近的烃，甚至醇还高，主要原因是（　　）。
A. 分子极性 B. 酸性
C. 分子内氢键 D. 形成二缔合体

(6) 苯甲醛里混有少量苯甲酸，如何提纯？

(7) 乙二酸的 pK_{a_1} 比甲酸的 pK_a 值小，但 pK_{a_2} 比甲酸的 pK_a 值大，为什么？

解：(1) 反应活性由高到低顺序为：C＞D＞A＞B。

(2) 酸性由强到弱顺序排列为：B＞A＞D＞C。

(3) B。(4) B。(5) D。(6) 苯甲醛里混有少量苯甲酸，提纯方法如下：

苯甲醛（苯甲酸）$\xrightarrow{溶于甲苯}$ $\xrightarrow[洗涤]{稀OH^-}$ {水相（苯甲酸成盐溶于水）；有机相（苯甲醛/甲苯）

有机相 $\xrightarrow[干燥]{无水 MgSO_4}$ $\xrightarrow{蒸馏}$ 苯甲醛

(7) 羧基是吸电子基团，乙二酸中的另一羧基受其影响电离度加大，所以乙二酸的第一电离常数比甲酸大，即乙二酸的 pK_{a_1} 比甲酸的 pK_a 值小；当第一个羧基解离后，产生的羧酸根带负电，是供电子基团，从而使第二个羧基的电离度降低，因此，乙二酸的第二电离常数较甲酸的小，也即乙二酸的 pK_{a_2} 比甲酸的 pK_a 值大。

◉ **例 10.3**　用简便的化学方法鉴别下列化合物。

(1) 甲酸、乙酸和乙醛
(2) 乙酸、乙二酸和丙二酸
(3) $CH_3COOC_2H_5$ 和 CH_3CH_2COCl

解：(1) {甲酸；乙酸；乙醛} $\xrightarrow[溶液]{Na_2CO_3}$ {(+)↑；(+)↑；(−)} $\xrightarrow{Tollens 试剂}$ {(+) 银镜现象；(−)}

(2) {乙酸；乙二酸；丙二酸} $\xrightarrow[溶液]{KMnO_4}$ {(−)；(+) 褪色；(−)} $\xrightarrow{\triangle}$ {(−)；(+)↑}

(3) {CH_3COOEt；CH_3CH_2COCl} $\xrightarrow[溶液]{NaHCO_3}$ {(−)；(+)↑ （能使石灰水变浑浊）}

◉ **例 10.4**　完成下列各反应。

(1) 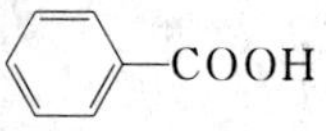 ⌬—COOH $\xrightarrow[溶液]{NaHCO_3}$

(2) $CH_3CH_2CH_2COOH + PCl_5 \xrightarrow{\triangle}$

(3) $CH_3CH_2COOH \xrightarrow[\text{红磷}]{Br_2} \xrightarrow[H^+]{C_2H_5OH}$

(4) $CH_3CH=CHCH_2COOH \xrightarrow[\text{②}H_3O^+]{\text{①}LiAlH_4}$

(5) $C_6H_5\overset{O}{\underset{\|}{C}}-Cl + CH_3CH_2OH \longrightarrow$

(6) 环丙基-C(COOH)$_2$ $\xrightarrow{\triangle}$

(7) $CH_3CH_2CO_2C_2H_5 \xrightarrow{C_2H_5O^-}$

(8) 环己烷-CH$_2$CO$_2$C$_2$H$_5$/CH$_2$CO$_2$C$_2$H$_5$ $\xrightarrow[C_2H_5OH]{C_2H_5ONa}$

解：(1) C_6H_5—COONa   (2) $CH_3CH_2CH_2\overset{O}{\underset{\|}{C}}-Cl$

(3) $CH_3\underset{Br}{\underset{|}{CH}}COOH$, $CH_3\underset{Br}{\underset{|}{CH}}\overset{O}{\underset{\|}{C}}OC_2H_5$ (4) $CH_3CH=CHCH_2OH$

(5) $C_6H_5\overset{O}{\underset{\|}{C}}-OC_2H_5$ (6) 环丙基-COOH

(7) $CH_3CH_2\overset{O}{\underset{\|}{C}}-\underset{CH_3}{\underset{|}{CH}}CO_2C_2H_5$ (8) 二环结构带酮基和COOC$_2$H$_5$

● 例 10.5 由指定原料合成下列化合物（其他无机试剂任选）。

(1) C_6H_6, $CH_3I \Longrightarrow C_6H_5\overset{O}{\underset{\|}{C}}-CH_3$

(2) $CH_3CH_2OH \Longrightarrow CH_3CH_2\overset{O}{\underset{\|}{C}}-\underset{CH_3}{\underset{|}{CH}}CO_2C_2H_5$

解：(1) $CH_3I \xrightarrow{Mg, THF} CH_3MgI \xrightarrow[\text{②}H_3O^+]{\text{①}CO_2} CH_3COOH \xrightarrow{SOCl_2} CH_3COCl \xrightarrow[AlCl_3]{C_6H_6}$ T.M.

(2) $CH_3CH_2OH \xrightarrow{HBr} CH_3CH_2Br \xrightarrow{Mg, THF} CH_3CH_2MgBr \xrightarrow[\text{②}H_3O^+]{\text{①}CO_2} CH_3CH_2COOH \xrightarrow[H^+]{C_2H_5OH}$

$CH_3CH_2COOC_2H_5 \xrightarrow{C_2H_5O^-}$ T.M.

习题解析

★ **10.1** 用系统命名法命名（如有俗名请注出）或写出结构式。

a. $(CH_3)_2CHCOOH$

b.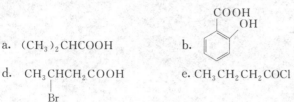

c. $CH_3CH=CHCOOH$

d. CH_3CHCH_2COOH
   |
   Br

e. $CH_3CH_2CH_2COCl$

f. $(CH_3CH_2CH_2CO)_2O$

g. $CH_3CH_2COOC_2H_5$

h. $CH_3CH_2CH_2OCOCH_3$

i.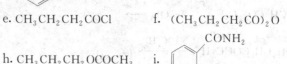

j. 顺式 HOOC-CH=CH-COOH

k. 邻苯二甲酸二甲酯

l. 甲酸异丙酯

m. N-甲基丙酰胺

n. 尿素

o. 草酸

p. 甲酸

q. 琥珀酸

r. 富马酸

s. 苯甲酰基

t. 乙酰基

解：a. 2-甲基丙酸　　b. 2-羟基苯甲酸（水杨酸）　c. 2-丁烯酸

d. 3-溴丁酸　　e. 丁酰氯　　f. 丁酸酐

g. 丙酸乙酯　　h. 乙酸丙酯　　i. 苯甲酰胺

j. 顺丁烯二酸　　K. 邻-C₆H₄(COOCH₃)₂　　l. $HCOOCH(CH_3)_2$

m. $CH_3CH_2CONHCH_3$　　n. NH_2CONH_2　　o. $HOOC—COOH$

p. $HCOOH$　　q. $HOOCCH_2CH_2COOH$　　r. 反式 HOOC-CH=CH-COOH

s. C_6H_5CO-　　t. CH_3CO-

★ **10.2** 将下列化合物按酸性增强的顺序排列。

a. $CH_3CH_2CHBrCO_2H$　　b. $CH_3CHBrCH_2CO_2H$　　c. $CH_3CH_2CH_2CO_2H$

d. $CH_3CH_2CH_2CH_2OH$　　e. C_6H_5OH　　f. H_2CO_3

g. Br_3CCO_2H　　h. H_2O

解：所列化合物按酸性增强的顺序排列为：d＜h＜e＜f＜c＜b＜a＜g。

★ **10.3** 写出下列反应的主要产物。

a. 四氢萘 $\xrightarrow{Na_2Cr_2O_7-H_2SO_4}$

b. $(CH_3)_2CHOH + H_3C-C_6H_4-COCl \longrightarrow$

c. $HOCH_2CH_2COOH \xrightarrow{LiAlH_4}$

d. $NCCH_2CH_2CN + H_2O \xrightarrow{NaOH} \xrightarrow{H^+}$

e. 邻-C₆H₄(CH₂COOH)₂ $\xrightarrow[Ba(OH)_2]{\triangle}$

f. 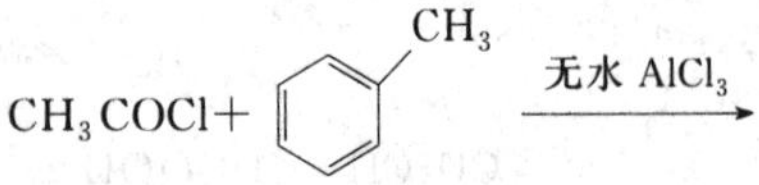 $CH_3COCl +$ ⌬-CH_3 $\xrightarrow{\text{无水 } AlCl_3}$

g. 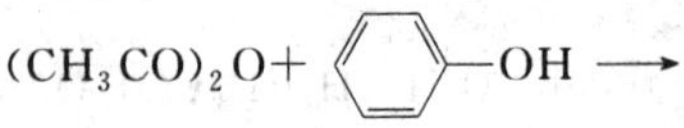 $(CH_3CO)_2O +$ ⌬-$OH \longrightarrow$

h. $CH_3CH_2COOC_2H_5 \xrightarrow{NaOC_2H_5}$

i. $CH_3COOC_2H_5 + CH_3CH_2CH_2OH \xrightarrow{H^+}$

j. $CH_3CH(COOH)_2 \xrightarrow{\triangle}$

k. 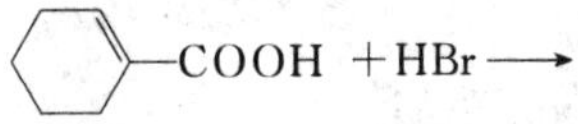 ⌬-$COOH + HBr \longrightarrow$

l. 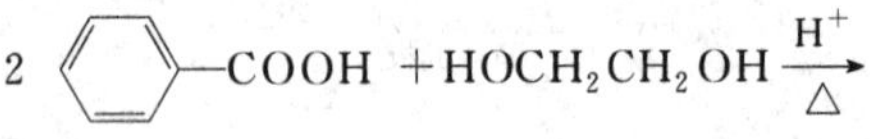 2 ⌬-$COOH + HOCH_2CH_2OH \xrightarrow[\triangle]{H^+}$

m. 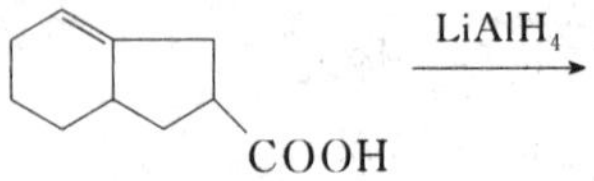 (bicyclic)-$COOH \xrightarrow{LiAlH_4}$

n. 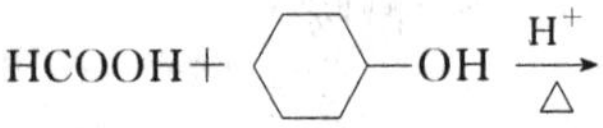 $HCOOH +$ ⌬-$OH \xrightarrow[\triangle]{H^+}$

o. 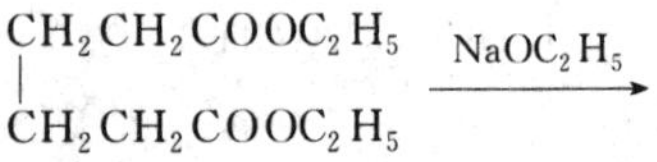 $\begin{array}{l} CH_2CH_2COOC_2H_5 \\ | \\ CH_2CH_2COOC_2H_5 \end{array} \xrightarrow{NaOC_2H_5}$

p. 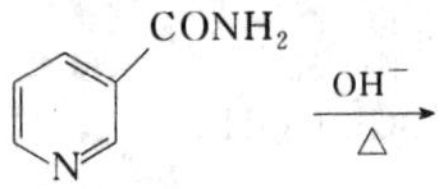 (pyridine)-$CONH_2 \xrightarrow[\triangle]{OH^-}$

q. 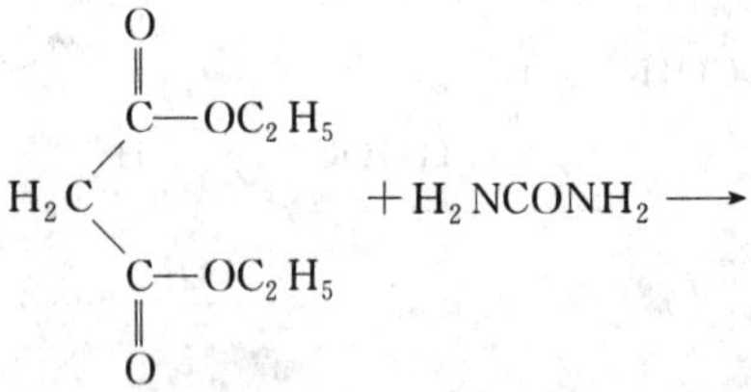 $H_2C \begin{array}{l} C(=O)-OC_2H_5 \\ C(=O)-OC_2H_5 \end{array} + H_2NCONH_2 \longrightarrow$

解: a. 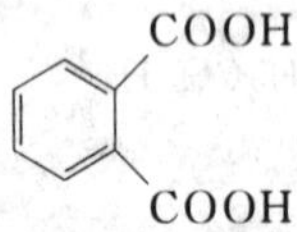 ⌬(邻-二COOH)

b. 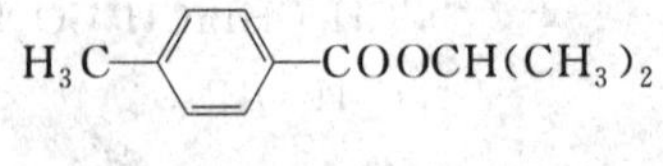 H_3C-⌬-$COOCH(CH_3)_2$

c. $HOCH_2CH_2CH_2OH$

d. $NaOOCCH_2CH_2COONa$, $HOOCCH_2CH_2COOH$

e. 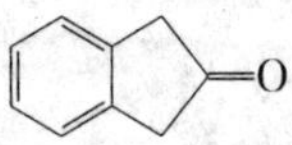 (indanone, 2-位酮)

f. 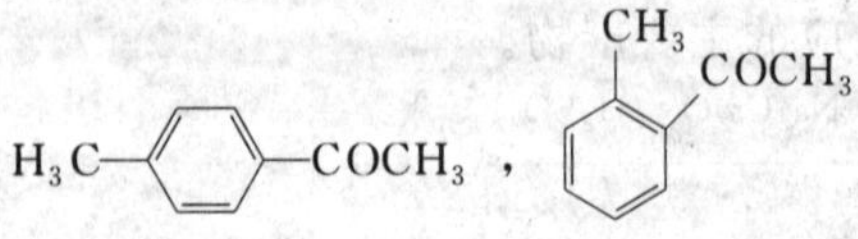 H_3C-⌬-$COCH_3$, ⌬(邻-CH_3, $COCH_3$)

g. ⌬-$OCCH_3$ (即 $C_6H_5OCOCH_3$)

h. $CH_3CH_2\overset{O}{C}CHCOOC_2H_5$
          $|$
          CH_3

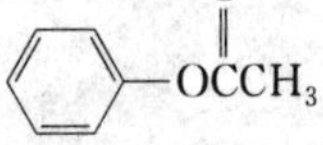

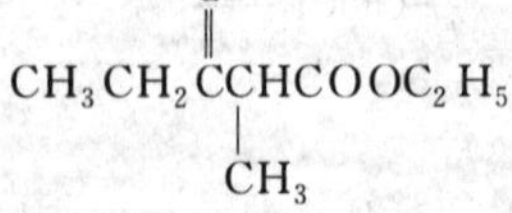

i. $CH_3COOCH_2CH_2CH_3$

j. CH_3CH_2COOH

k. 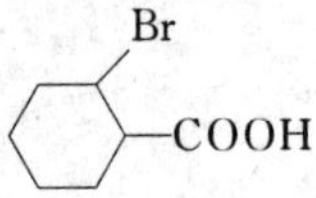 环己烷-(2-Br, 1-COOH)

l. 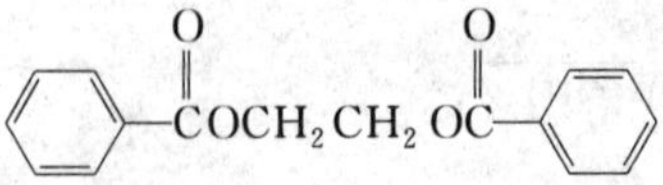 ⌬-$\overset{O}{C}OCH_2CH_2O\overset{O}{C}$-⌬

m. 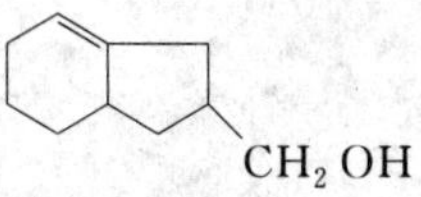 [structure: bicyclic with CH₂OH]   n. 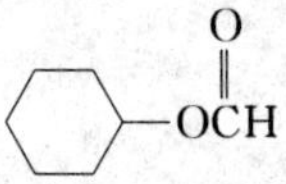 cyclohexyl-O-CHO

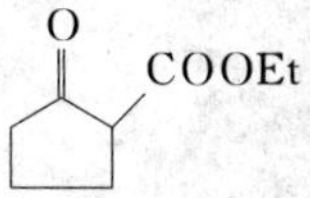

o. cyclopentanone-2-COOEt   p. 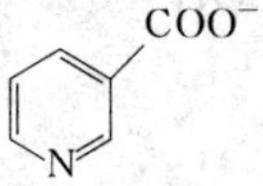 nicotinate (pyridine-3-COO⁻)   q. 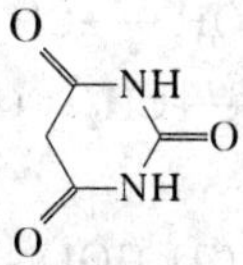 barbituric acid structure

★ **10.4** 用简单化学方法鉴别下列各组化合物。

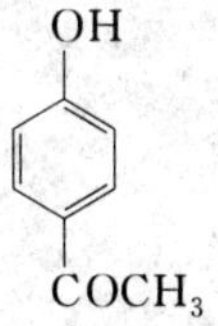

a. HOOC-COOH 与 CH₂COOH-CH₂COOH

b. 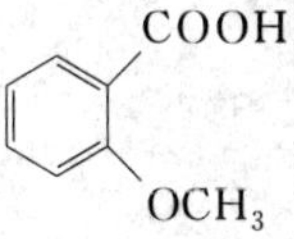 o-甲氧基苯甲酸 与 水杨酸甲酯

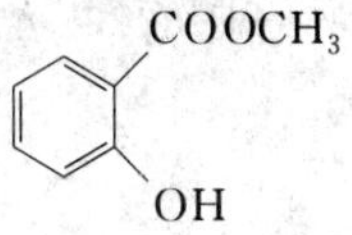

c. (CH₃)₂CHCH=CHCOOH 与 环戊基-COOH

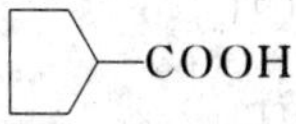

d. 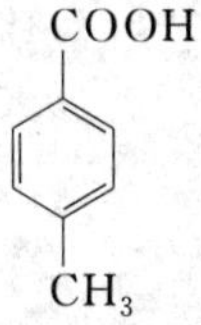 对甲基苯甲酸，对乙酰氧基苯酚 与 2,5-二羟基苯乙烯

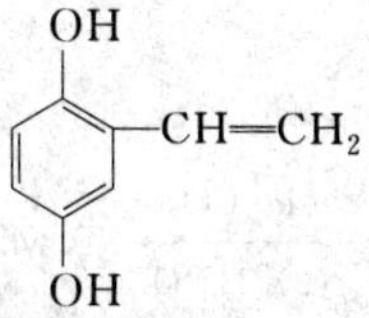

解：a. 加入 KMnO₄ 溶液，能使其褪色的是前者；

b. 加入 FeCl₃ 溶液，能产生显色反应的是后者；

c. 加入 Br₂/CCl₄ 溶液，能使其褪色的是前者；

d. 加入 Br₂/CCl₄ 溶液，能使其褪色的是第三个物质；加入 FeCl₃ 溶液，能产生显色反应的是第二个物质。

★ **10.5** 完成下列转化。

a. 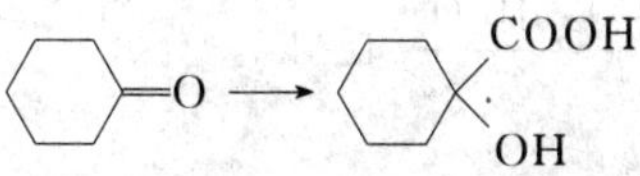 环己酮 ⟶ 1-羟基环己烷-1-甲酸

b. $CH_3CH_2CH_2Br \longrightarrow CH_3CH_2CH_2COOH$

c. $(CH_3)_2CHOH \longrightarrow (CH_3)_2C(OH)COOH$

d. 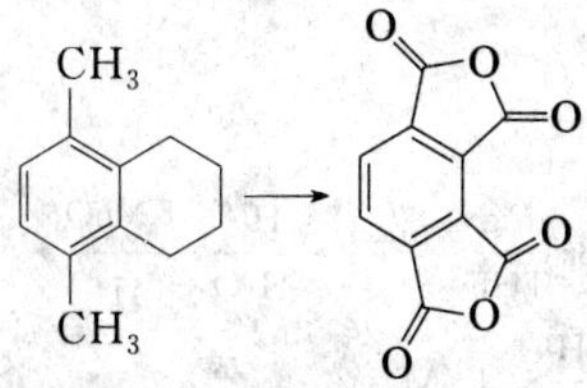 5,8-二甲基四氢萘 ⟶ 均苯四甲酸二酐

e. $(CH_3)_2C=CH_2 \longrightarrow (CH_3)_3CCOOH$

f. 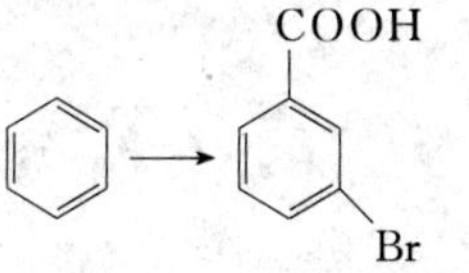 苯 ⟶ 间溴苯甲酸

g. HC≡CH ⟶ CH₃COOC₂H₅

h. cyclohexanone ⟶ cyclopentanone

i. CH₃CH₂COOH ⟶ CH₃CH₂CH₂COOH

j. CH₃COOH ⟶ CH₂(COOC₂H₅)₂

k. (succinic anhydride) ⟶ CH₂COONH₄ | CH₂COONH₂

l. (o-CO₂CH₃, OH benzene) ⟶ (o-COOH, O₂CCH₃ benzene)

m. CH₃CH₂COOH ⟶ C₆H₅—OCOCH₂CH₃

n. CH₃CH(COOC₂H₅)₂ ⟶ CH₃CH₂COOH

解:

a. cyclohexanone $\xrightarrow{HCN}$ $\xrightarrow{H_3^+O}$ T.M.

b. CH₃CH₂CH₂Br $\xrightarrow[THF]{Mg}$ CH₃CH₂CH₂MgBr $\xrightarrow{(1)\ CO_2}_{(2)\ H_3^+O}$ T.M.

c. (CH₃)₂CHOH $\xrightarrow{PCC}$ (CH₃)₂C=O $\xrightarrow{HCN}$ $\xrightarrow{H_3^+O}$ T.M.

d. (1,4-dimethyltetralin) $\xrightarrow[H^+]{KMnO_4}$ (benzene-1,2,4,5-tetracarboxylic acid) $\xrightarrow{Ba(OH)_2}$ T.M.

e. (CH₃)₂C=CH₂ $\xrightarrow{HBr}$ (CH₃)₃CBr $\xrightarrow[THF]{Mg}$ (CH₃)₃CMgBr $\xrightarrow{CO_2}$ $\xrightarrow{H_3^+O}$ T.M.

f. benzene $\xrightarrow[AlCl_3]{CH_3Br}$ toluene $\xrightarrow[H^+]{KMnO_4}$ benzoic acid $\xrightarrow[FeBr_3]{Br_2}$ T.M.

g. HC≡CH + H₂O $\xrightarrow[\text{稀 } H_2SO_4]{HgSO_4}$ CH₃CHO $\xrightarrow[H^+]{CrO_3}$ CH₃COOH $\xrightarrow[H^+]{CH_3CH_2OH}$ T.M.

h. cyclohexanone $\xrightarrow{\text{浓 } HNO_3}$ HOC(CH₂)₄COH $\xrightarrow[\Delta]{Ba(OH)_2}$ T.M.

i. CH₃CH₂COOH $\xrightarrow[②H_3^+O]{①LiAlH_4}$ CH₃CH₂CH₂OH $\xrightarrow{PBr_3}$ CH₃CH₂CH₂Br $\xrightarrow[THF]{Mg}$ $\xrightarrow[H_2O]{\text{epoxide}}$ $\xrightarrow[H^+]{KMnO_4}$ T.M.

j. CH₃COOH $\xrightarrow[\text{红磷}]{Cl_2}$ ClCH₂COOH $\xrightarrow[NaOH]{NaCN}$ CNCH₂COONa $\xrightarrow[H_2SO_4]{EtOH}$ T.M.

k. (succinic anhydride) $\xrightarrow{\text{过量 } NH_3}$ T.M.

l. [结构式: 邻羟基苯甲酸甲酯] $\xrightarrow[H_2O]{H^+}$ [结构式: 水杨酸] $\xrightarrow{(CH_3CO)_2O}$ T. M.

m. $CH_3CH_2COOH \xrightarrow{SOCl_2} CH_3CH_2COCl \xrightarrow{\text{苯酚钠}} $ T. M.

n. $CH_3CH(COOC_2H_5)_2 \xrightarrow{\text{稀 }OH^-} \xrightarrow{H^+} \xrightarrow{\triangle} \xrightarrow{-CO_2} $ T. M.

10.6 怎样将己醇、己酸和对甲苯酚的混合物分离得到各种纯的组分？

解：

己酸、己醇、对甲苯酚 $\xrightarrow{NaHCO_3 \text{ 溶液}}$ 水相 $\xrightarrow[\text{抽滤}]{\text{稀酸}}$ 乙酸；油相（己醇、对甲苯酚）$\xrightarrow{NaOH \text{ 溶液}}$ 油相：己醇；水相 $\xrightarrow[\text{②过滤}]{\text{①稀酸}}$ 对甲苯酚

10.7 写出分子式为 $C_5H_6O_4$ 的不饱和二元羧酸的各种异构体。如有几何异构体，以 Z、E 标明，并指出哪个容易形成酐。

解： 由分子式 $C_5H_6O_4$ 可计算出该物质的不饱和度为 3，因此该不饱和二元羧酸物质中含有一个双键，它的各种异构体如下：

A. [顺式 HOOC-CH=CH-CH₂COOH] Z 式

B. [反式 HOOC-CH=CH-CH₂COOH] E 式

C. [HOOC-C(CH₃)=CH-COOH] Z 式

D. [HOOC-C(CH₃)=CH-COOH] E 式

E. $HOOC-CH(COOH)-CH=CH_2$

F. $HOOC-C(COOH)=CH-CH_3$

G. $HOOCCH_2-C(COOH)=CH_2$

其中，A、C、G 容易形成酐。

10.8 化合物 A，分子式为 $C_4H_6O_4$，加热后得到分子式为 $C_4H_4O_3$ 的 B，将 A 与过量甲醇及少量硫酸一起加热得分子式为 $C_6H_{10}O_4$ 的 C。B 与过量甲醇作用也得到 C。A 与 $LiAlH_4$ 作用后得分子式为 $C_4H_{10}O_2$ 的 D。写出 A、B、C、D 的结构式以及它们相互转化的反应式。

解： 根据题意，可以推测出 A、B、C、D 的结构式为：

A. $HOOCCH_2CH_2COOH$

B. [琥珀酸酐结构]

C. $CH_3OOCCH_2CH_2COOCH_3$

D. $HOCH_2CH_2CH_2CH_2OH$

它们之间相互转化的反应式是：

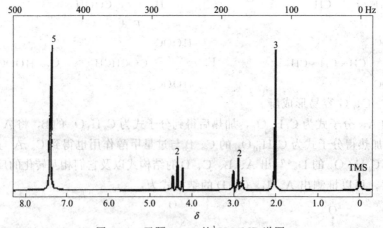

● **10.9** 用哪种光谱法可以区别下列各对化合物？说明理由。

a. $CH_3CH_2CH_2COOH$ 与 $CH_3CH_2COOCH_3$ b. 丙酮与乙酸甲酯

c. $CH_3CH_2COCH_2CH_3$ 与 $CH_3CH_2COOCH_3$ d. 丙酮与丙酸

解： a. 用 IR 光谱，在 $3400cm^{-1}$ 处的宽峰是前者。

b. 用 ^1H NMR 谱，只出现一组核磁信号且不裂分的是前者。

c. 用 ^1H NMR 谱，出现二组核磁信号的是前者；而出现三组核磁信号的则是后者。

d. 用 IR 光谱，在 $3400cm^{-1}$ 处的宽峰是后者。

● **10.10** 图 10-1 为 $C_6H_5CH_2CH_2OCOCH_3$ 的 ^1H NMR 谱，指出各峰的归属。

图 10-1 习题 10.10 的 ^1H NMR 谱图

解： $\underset{d}{C_6H_5}\underset{c}{CH_2}\underset{b}{CH_2}O\underset{}{CO}\underset{a}{CH_3}$

^1H NMR 中在 $\delta 2.0$ 附近的单峰可归属于 a 上的 3 个 H 原子；$\delta 3.0$ 附近的三重峰可归属于 c 上的 2 个 H 原子；$\delta 4.2$ 附近的三重峰可归属于 b 上的 2 个 H 原子；$\delta 7.4$ 附近的单峰可归属于 d 上的 5 个 H 原子。

第十一章

取代酸

基本要求

(1) 掌握重要的取代羧酸的分类和命名。
(2) 熟悉常见取代羧酸的俗称并了解它们的应用。
(3) 掌握取代羧酸的结构特点和化学性质。
(4) 熟练掌握乙酰乙酸乙酯和丙二酸二乙酯在有机合成中的应用。

主要内容

一、取代酸的分类与命名

羧酸分子中烃基上的氢原子被其他原子或基团取代的化合物称为取代酸。取代羧酸根据取代基的种类分为卤代酸、羟基酸、羰基酸、氨基酸等。根据取代基在酸分子的位置，又可分为 $\alpha,\beta,\gamma,\cdots,\omega$ 卤代酸、羟基酸、羰基酸、氨基酸等。

$$R\text{—}CH\text{—}(CH_2)_n COOH \qquad Z=-X, \quad -OH, \quad -NH_2, \quad =O$$
$$\phantom{R\text{—}CH}| \qquad \text{卤代酸} \quad \text{羟基酸} \quad \text{氨基酸} \quad \text{羰基酸}$$
$$\phantom{R\text{—}CH}Z \qquad n= \quad 0, \qquad 1, \qquad 2, \qquad \cdots$$
$$\phantom{R\text{—}CH} \qquad \alpha \qquad \beta \qquad \gamma \qquad \omega$$

取代酸的系统命名法是以羧酸为母体，卤素、羟基、羰基、氨基等为取代基进行的。命名时，将取代基所在的碳原子的位次（用 $\alpha,\beta,\gamma,\cdots,\omega$ 或 $1,2,3\cdots$ 表示）及取代基的数目和名称，依次写在母体羧酸名称之前。

二、取代酸的化学性质

1. 卤代酸的化学性质

α-卤代酸中的卤原子可发生亲核取代反应，同时是制备其他 α-取代酸的母体化合物。

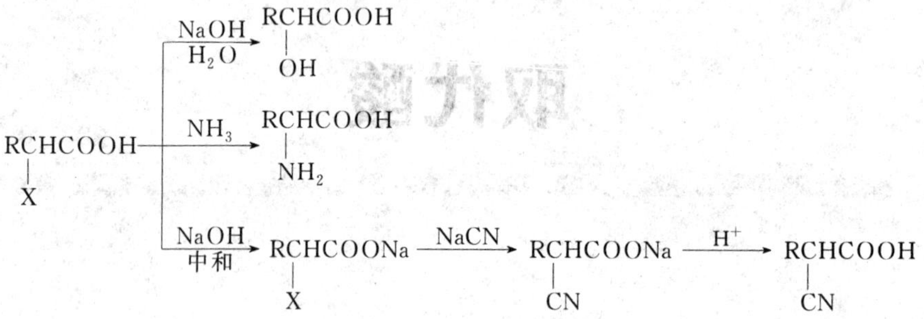

$$\text{RCHCOOH} \atop X \quad \begin{array}{l} \xrightarrow{\text{NaOH}/H_2O} \text{RCHCOOH} \atop OH \\ \xrightarrow{NH_3} \text{RCHCOOH} \atop NH_2 \\ \xrightarrow{\text{NaOH 中和}} \text{RCHCOONa} \atop X \xrightarrow{\text{NaCN}} \text{RCHCOONa} \atop CN \xrightarrow{H^+} \text{RCHCOOH} \atop CN \end{array}$$

β-卤代酸与碱反应可生成 α,β-不饱和酸；γ 与 δ-卤代酸在碱作用下，则先形成羧酸盐，再发生 S_N2 反应形成五元 γ-内酯或六元 δ-内酯。

2. 羟基酸的化学性质

羟基酸分子内具有羟基和羧基这两个可以相互反应的基团，因此可发生分子间或分子内的反应。

两分子 α-羟基酸受热脱水形成交酯：

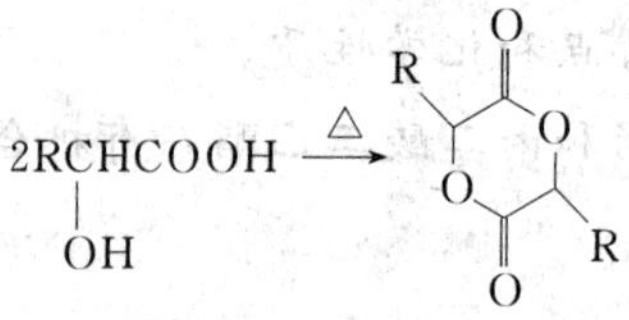

$$2\text{RCHCOOH} \atop OH \xrightarrow{\Delta} \text{交酯}$$

同卤代酸类似，在加热作用下，β-羟基酸分子内脱水生成 α,β-不饱和酸；γ-与 δ-羟基酸则易分子内脱水形成五元 γ-内酯或六元 δ-内酯。

3. 羰基酸的化学性质

羰基酸由于分子中两个官能团的相互影响，除了具有羰基化合物的性质外，还有一些特性。

如最简单的酮酸中的丙酮酸，在与稀硫酸或浓硫酸共热时，前者发生脱羧反应生成乙醛；而后者是脱一分子 CO，产物为乙酸。

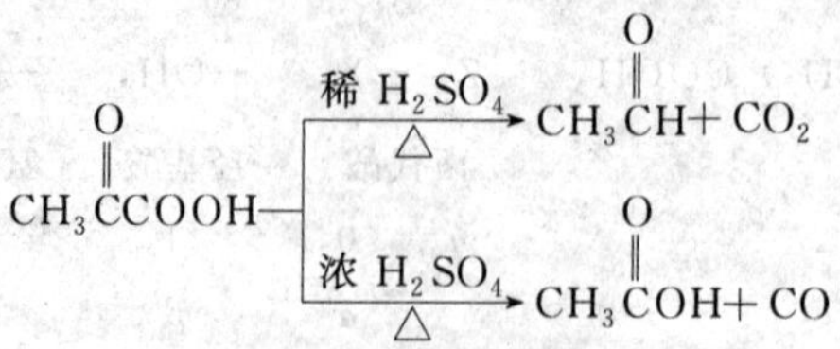

$$\text{CH}_3\text{CCOOH} \begin{array}{l} \xrightarrow{\text{稀}H_2SO_4, \Delta} \text{CH}_3\text{CH}+CO_2 \\ \xrightarrow{\text{浓}H_2SO_4, \Delta} \text{CH}_3\text{COH}+CO \end{array}$$

β-羰基酸在受热作用下，易脱羧生成酮类化合物。

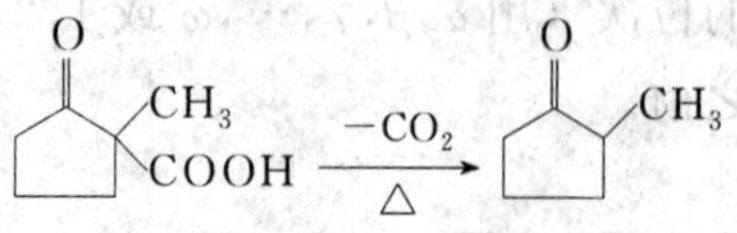

三、乙酰乙酸乙酯在有机合成中的应用

1. 乙酰乙酸乙酯的合成

乙酰乙酸乙酯可由乙酸乙酯在乙醇钠或金属钠的作用下，发生克莱森酯缩合反应。反应式如下：

$$2CH_3COC_2H_5 \xrightarrow[C_2H_5OH]{NaOC_2H_5} \xrightarrow{H_3^+O} CH_3COCH_2COC_2H_5$$

2. 乙酰乙酸乙酯的应用

乙酰乙酸乙酯与稀碱（或稀酸）作用，酯基发生水解生成 β-酮酸盐（酸），酸化后加热则脱羧生成丙酮，称为酮式分解，其反应式如下：

$$CH_3COCH_2COC_2H_5 \xrightarrow[\triangle]{稀酸} CH_3COCH_2COOH \xrightarrow[\triangle]{-CO_2} CH_3COCH_3$$

$$\downarrow 稀碱$$

$$CH_3COCH_2CONa \xrightarrow{H_3^+O}$$

在浓碱作用下，乙酰乙酸乙酯不但酯基被水解，而且酮羰基碳也受亲核试剂 OH^- 进攻，引起碳碳键断裂，最后生成两分子乙酸，称为酸式分解，其反应式如下：

$$CH_3COCH_2COC_2H_5 \xrightarrow[\triangle]{浓 \ OH^-} 2CH_3COOH + CH_3CH_2OH$$

由于酸式分解时往往伴随着一些酮式分解，因此，合成羧酸最好用下述的丙二酸二乙酯法。乙酰乙酸乙酯主要用于制备甲基酮。

$$CH_3COCH_2COC_2H_5 \xrightarrow{NaOC_2H_5} [CH_3COCHCOC_2H_5]^- Na^+ \xrightarrow{RX} CH_3COCHCOC_2H_5 \xrightarrow{NaOC_2H_5}$$
$$ R$$

$$[CH_3COCCOC_2H_5]^- Na^+ \xrightarrow{R'X} CH_3C-C-COC_2H_5 \xrightarrow[\triangle]{稀碱} \xrightarrow[\triangle]{H_3^+O} CH_3C-C-R'$$
$$R R' H$$

四、丙二酸二乙酯有机合成中的应用

1. 丙二酸二乙酯的合成

丙二酸二乙酯可由一取代醋酸来合成。反应式如下：

$$CH_3COOH \xrightarrow[红磷]{Cl_2} ClCH_2COOH \xrightarrow[NaOH]{NaCN} CNCH_2COONa \xrightarrow[H_2SO_4]{EtOH} C_2H_5OCCH_2COC_2H_5$$

2. 丙二酸二乙酯的应用

丙二酸二乙酯在合成各种类型的羧酸中有广泛的应用，如烷基化可以逐步取代亚甲基上的氢原子，生成 HOOC—CHRR′ 类型的酸。

$$C_2H_5OCCH_2COC_2H_5 \xrightarrow{NaOC_2H_5} \left[C_2H_5OCCHCOC_2H_5 \right]^- Na^+ \xrightarrow{RX} C_2H_5OCCHCOC_2H_5 \xrightarrow{NaOC_2H_5}$$
(O O above CH₂ / CHR groups)

$$\left[\begin{array}{c} O\ O \\ C_2H_5OCCCOC_2H_5 \\ R \end{array} \right]^- Na^+ \xrightarrow{R'X} \begin{array}{c} O\ R\ O \\ C_2H_5OC-C-COC_2H_5 \\ R' \end{array} \xrightarrow[\triangle]{稀碱} \xrightarrow[\triangle]{H_3^+O} \begin{array}{c} H\ O \\ R-C-COOH \\ R' \end{array}$$

例题分析

● **例 11.1** 用系统命名法命名下列化合物或根据名称写出相应的结构式。

(1) HO—C(COOH)(H)(CH₃)
(2) 3,4-(H₃CO)₂C₆H₃—CH=CHCOOH
(3) CH₃CHCH₂CH₂CHCOOH
　　　 |　　　　　|
　　　 Br　　　 C₂H₅
(4) 苹果酸
(5) 水杨酸乙酯
(6) 没食子酸

解：(1) (2S)-2-羟基丙酸　　(2) 3-(3,4-二甲氧基苯基)丙烯酸
(3) 2-乙基-5-溴己酸　　(4) HOOCCH₂CHCOOH
　　　　　　　　　　　　　　　　　　　|
　　　　　　　　　　　　　　　　　　OH

(5) 邻-(OH)C₆H₄COOCH₂CH₃　　(6) 3,4,5-三羟基苯甲酸 (苯环上 OH, OH, OH, COOH)

● **例 11.2** 按要求回答下列问题。

(1) 按烯醇式含量由高到低排列（　　）。
  A. $CH_2(COOC_2H_5)_2$　　B. $C_6H_5COCH_2COC_6H_5$
  C. $CH_3COCH_2COCH_3$　　D. $CH_3COCH_2COOC_2H_5$

(2) 由大到小排列下列化合物的酸性（　　）。
  A. $CH_3COCH(COOC_2H_5)_2$　　B. $CH_3COCH_2COCH_3$
  C. $CH_2(CO_2C_2H_5)_2$　　D. $CH_3COCH_2COOC_2H_5$

(3) 加热时，可以生成内酯的羟基酸是（　　）。
  A. α-羟基酸　　B. β-羟基酸
  C. γ-羟基酸　　D. δ-羟基酸

(4) 邻羟基苯甲酸的 pK_a 为 3.00，间羟基苯甲酸的 pK_a 为 4.12，对羟基苯甲酸的 pK_a 为 4.54，为什么？

(5) 鉴别以下三个化合物：水杨酸、乙酰水杨酸和水杨酸乙酯。

解：(1) B＞C＞D＞A [连在亚甲基上的两个基团的吸电子能力越强，则其烯醇式越稳定，其中 (B) 的烯醇式由于有两个苯环的共轭效应而最稳定]。

（2）A＞B＞D＞C（连在亚甲基上的吸电子基团越多，且吸电子能力越强，则其 α-H 的酸性越强）。

（3）C、D（加热时，γ-羟基酸、δ-羟基酸可分别形成五元环和六元环的内酯）。

（4）羟基的位置对酚酸的酸性影响很大。邻羟基可与苯甲酸的酸根形成较强的分子内氢键，酸性最强（pK_a＝3.00）；羟基在间位时，它的吸电子的诱导效应（－I）大于其给电子的共轭效应（＋C）；而当羟基在对位时，其 ＋C＞－I，使得羧基所连碳原子上的电子云密度升高，因此，酸性最弱（pK_a＝4.54）。

（5）
$$\left.\begin{array}{l} \text{邻-OH-C}_6\text{H}_4\text{COOH} \\ \text{邻-CH}_3\text{COO-C}_6\text{H}_4\text{COOH} \\ \text{邻-OH-C}_6\text{H}_4\text{COOC}_2\text{H}_5 \end{array}\right\} \xrightarrow{\text{NaHCO}_3\text{ 溶液}} \begin{array}{l}(+)\uparrow \\ (+)\uparrow \\ (-)\end{array} \xrightarrow{\text{FeCl}_3\text{ 溶液}} \begin{array}{l}(+)\text{ 显色} \\ (-) \end{array}$$

● **例 11.3** 完成下列各反应。

（1）$BrCH_2CH_2CH_2COOH \xrightarrow{Na_2CO_3}{H_2O}$

（2）$CH_3CH(OH)CH_2COOH \xrightarrow{\triangle}$

（3）$CH_3COCH_2COOC_2H_5 + PhCHO \xrightarrow{C_2H_5ONa}{C_2H_5OH}$

（4）$CH_3COCH_2COOC_2H_5 \xrightarrow{\text{NaBH}_4 \mid \text{Zn-Hg, HCl} \mid \text{①LiAlH}_4 \text{ ②H}_3^+\text{O}}$

（5）$C_2H_5OCOCH_2COOC_2H_5 \xrightarrow{NaOC_2H_5} \xrightarrow{C_2H_5Br} \xrightarrow{NaOC_2H_5} \xrightarrow{CH_3I} \xrightarrow[\triangle]{\text{稀碱}} \xrightarrow[\triangle]{H_3^+O}$

解：（1）γ-丁内酯 （2）$CH_3CH=CHCOOH$ （3）$CH_3C(COOC_2H_5)=CHPh$

（4）$CH_3CH(OH)CH_2COOEt$，$CH_3CH_2CH_2COOEt$，$CH_3CH(OH)CH_2CH_2OH$

（5）$C_2H_5OCOCH(C_2H_5)COOC_2H_5$，$C_2H_5OCOC(CH_3)(C_2H_5)COOC_2H_5$，$HOCOCH(CH_3)CH_2CH_3$

例 11.4 由指定原料合成下列化合物（其他无机试剂任选）。

(1) 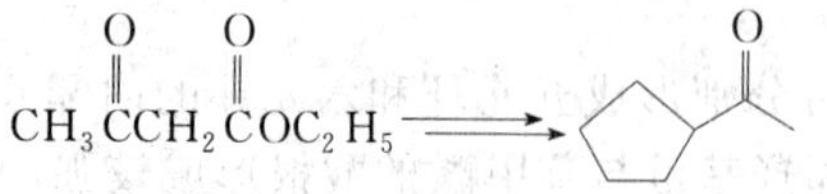 CH₃COCH₂COOC₂H₅ ⟶ 环戊基甲基酮

(2) 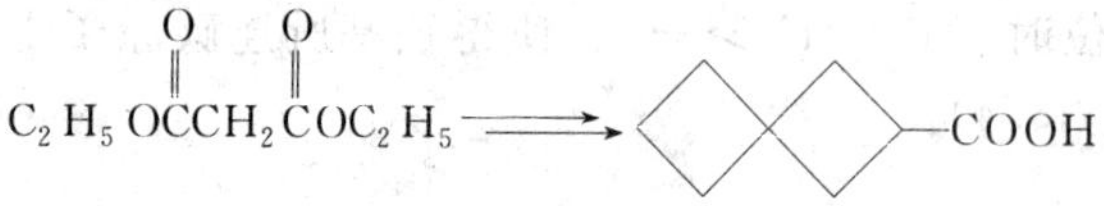 C₂H₅OCOCH₂COOC₂H₅ ⟶ 螺[3.3]庚烷羧酸

(3) HOOC(CH₂)₄COOH ⟶ 2-乙基环戊酮

解：

(1) CH₃COCH₂COOC₂H₅ —NaOC₂H₅→ —Br(CH₂)₄Br→ CH₃COCH(COOC₂H₅)CH₂(CH₂)₂CH₂Br —NaOC₂H₅→

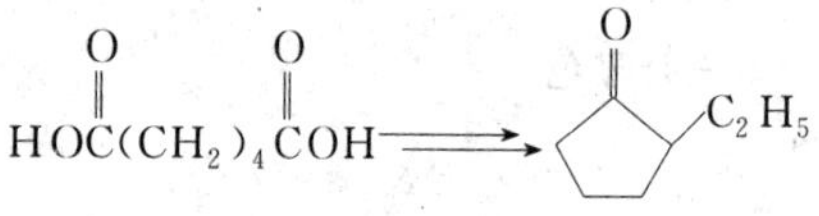

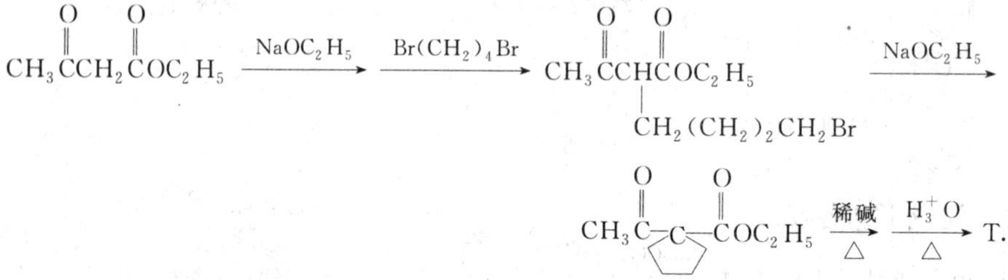

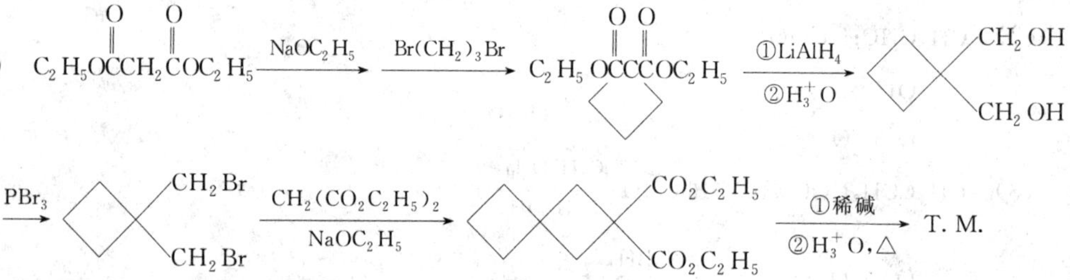

2-乙酰基-2-乙氧羰基环戊烷 —稀碱, Δ→ —H₃O⁺, Δ→ T.M.

(2) C₂H₅OCOCH₂COOC₂H₅ —NaOC₂H₅→ —Br(CH₂)₃Br→ C₂H₅OCO-C(COOC₂H₅)-环丁烷 —①LiAlH₄ ②H₃O⁺→ 环丁烷-1,1-二甲醇

—PBr₃→ 1,1-双(溴甲基)环丁烷 —CH₂(CO₂C₂H₅)₂ / NaOC₂H₅→ 螺[3.3]庚烷-2,2-二甲酸二乙酯 —①稀碱 ②H₃O⁺, Δ→ T.M.

(3) HOOC(CH₂)₄COOH + C₂H₅OH —浓H₂SO₄→ EtOOC(CH₂)₄COOEt —NaOC₂H₅→ 2-乙氧羰基环戊酮

—NaOC₂H₅→ —C₂H₅Br→ 2-乙基-2-乙氧羰基环戊酮 —稀碱, Δ→ —H₃O⁺, Δ→ T.M.

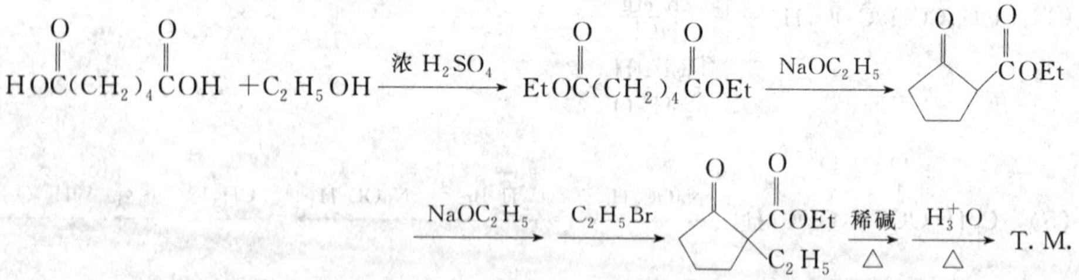

习题解析

11.1 写出下列化合物的结构式或命名，如有惯用俗名，请写出。

a. 乳酸 b. CH₃COCOOH c. 柠檬酸

d. 顺乌头酸 e. 草酰乙酸 f. 酒石酸

g.
$$\begin{array}{c}\text{CHO}\\|\\\text{COOH}\end{array}$$

h.
$$\begin{array}{c}\text{HOCHCOOH}\\|\\\text{CH}_2\text{COOH}\end{array}$$

i. 异柠檬酸

j. 乙酰乙酸

k.
邻羟基苯甲酸 (OH, COOH on benzene ring)

l.
$$\begin{array}{c}\text{CH}_3\text{CHCH}_2\text{COOH}\\|\\\text{Cl}\end{array}$$

m.
$$\begin{array}{c}\text{CH}_3\text{CCH}_2\text{CH}_2\text{COOH}\\\|\\\text{O}\end{array}$$

解：a. $\begin{array}{c}\text{CH}_3\text{CHCOOH}\\|\\\text{OH}\end{array}$ b. 2-羰基丙酸 c. $\begin{array}{c}\quad\quad\text{OH}\\\quad\quad|\\\text{HOOCCH}_2\text{CCH}_2\text{COOH}\\|\\\text{COOH}\end{array}$

d. $\begin{array}{c}\text{HC—COOH}\\\|\\\text{C—COOH}\\|\\\text{CH}_2\text{—COOH}\end{array}$ e. $\begin{array}{c}\quad\text{O}\quad\text{O}\\\quad\|\quad\|\\\text{EtO—C—C—OEt}\end{array}$ f. $\begin{array}{c}\text{HO}\quad\text{OH}\\|\quad\quad|\\\text{HOOCHC—CHCOOH}\end{array}$

g. 乙醛酸 h. 羟基丁二酸（苹果酸） i. $\begin{array}{c}\quad\quad\text{OH}\\\quad\quad|\\\text{HOOCCHCHCH}_2\text{COOH}\\|\\\text{COOH}\end{array}$

j. $\begin{array}{c}\quad\text{O}\\\quad\|\\\text{CH}_3\text{C—COOH}\end{array}$ k. 2-羟基苯甲酸（水杨酸） l. 3-氯丁酸

m. 4-羰基戊酸

★ **11.2** 用简单化学方法鉴别下列各组化合物。

a. $CH_3CH_2CH_2COCH_2COOCH_3$ 邻羟基苯甲酸 $\begin{array}{c}CH_3CHCOOH\\|\\OH\end{array}$

b. $CH_3CH_2CH_2COCH_3$ $CH_3COCH_2COCH_3$

解：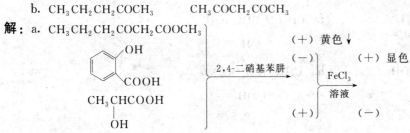

★ **11.3** 写出下列反应的主要产物。

a. $\begin{array}{c}CH_3COCHCOOC_2H_5\\|\\CH_3\end{array} \xrightarrow[\text{②}H^+, \triangle]{\text{①稀 }OH^-}$

b. $\begin{array}{c}CH_3CH_2CHCOOH\\|\\OH\end{array} \xrightarrow{\triangle}$

c. 环己烷-1,1-二甲酸二甲酯 $\xrightarrow[\triangle]{\text{稀 }H^+}$

d. 2-氧代环戊烷-1-(丙基)-1-甲酸 $\xrightarrow{\triangle}$

e. $HO_2CCH_2C(CH_3)_2COOH \xrightarrow{\Delta}$

f. $CH_3CH_2CHClCOOH \xrightarrow{NaOH-H_2O}{\Delta}$

g. $CH_3CH(OH)CH_2COOH \xrightarrow{\Delta}$

h. 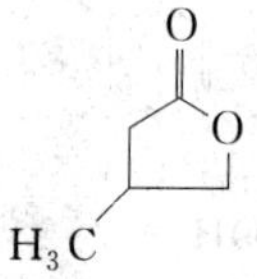 3-methyl-γ-butyrolactone $\xrightarrow{NaOH-H_2O}{\Delta}$

i. $CH_3CH_2C(OH)(CH_3)COOH \xrightarrow{稀 H_2SO_4}{\Delta}$

j. $CH_3CH_2COCO_2H \xrightarrow{稀 H_2SO_4}{\Delta}$

k. $CH_3CH(CH_3)COCO_2H \xrightarrow{\Delta}$

l. 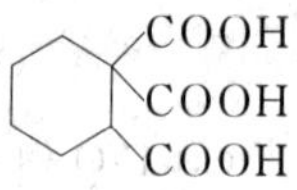 cyclohexane-1,1,2-tricarboxylic acid $\xrightarrow{\Delta}$

m. 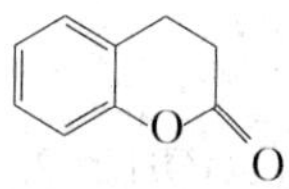 chroman-2-one $\xrightarrow[②HCl, \Delta]{①NaOH, \Delta}$

n. $CH_3CH_2COOH + Cl_2 \xrightarrow{P}$

解：

a. $CH_3COCH_2CH_3$

b. 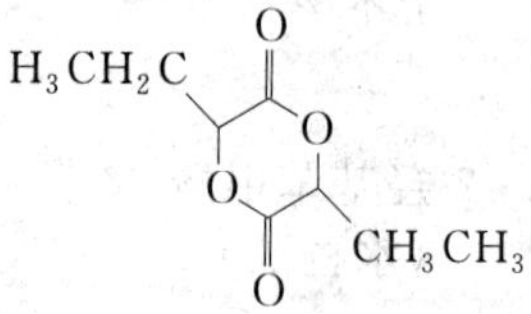 3,6-diethyl-1,4-dioxane-2,5-dione

c. 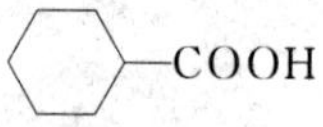 cyclohexane-COOH

d. 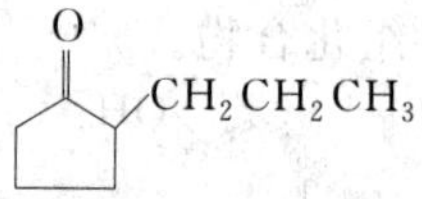 2-propylcyclopentanone

e. $CH_3CO-CH(CH_3)_2$

f. $CH_3CH_2CH(OH)COOH$

g. $CH_3CH=CHCOOH$

h. $CH_3CH(CH_2OH)CH_2COONa$

i. $CH_3CH_2COCH_3 + HCOOH$

j. $CH_3CH_2CHO + CO_2$

k. $CH_3CH(CH_3)COOH + CO$

l. 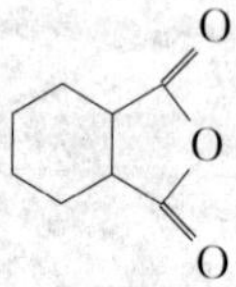 cyclohexane-1,2-dicarboxylic anhydride

m. 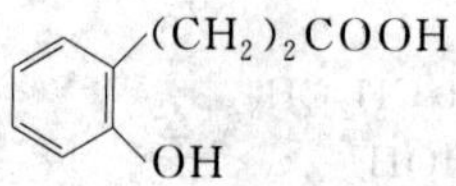 o-$HOC_6H_4(CH_2)_2COOH$

n. $CH_3CHClCOOH$

11.4 写出下列化合物的酮式与烯醇式互变平衡体系。

a. CH_3COCH_3 b. $CH_3CH_2\underset{OH}{C}=CHCOOCH_3$ c. CH_3COCH_2CHO

d. $CH_3COCHCOCH_3$ e. $CH_3CH_2COCH_2COCH_3$ f. $CH_3CH_2COCH(CO_2C_2H_5)_2$
     $\quad\quad\quad |$
     $\quad\quad CH_3$

g. $CH_3COCHCOCH_3$ h. 环己酮 i. 环己酮-2-COCH₃
     $\quad\quad\quad |$
     $\quad\quad COCH_3$

解：

a. $CH_3COCH_3 \rightleftharpoons CH_3\underset{OH}{C}=CH_2$

b. $CH_3CH_2\underset{OH}{C}=CHCOOCH_3 \rightleftharpoons CH_3CH_2\underset{O}{C}-CH_2COOCH_3 \rightleftharpoons$
$CH_3CH_2\underset{O}{C}-\underset{OH}{CH}-COCH_3 \rightleftharpoons CH_3CH=\underset{OH}{C}CH_2COOCH_3$

c. $CH_3COCH_2CHO \rightleftharpoons CH_3\underset{OH}{C}=CHCHO \rightleftharpoons CH_3COCH=CHOH$

d. $CH_3COCHCOCH_3 \rightleftharpoons CH_3\underset{OH}{C}=\underset{CH_3}{C}COCH_3 \rightleftharpoons CH_3COC\underset{CH_3}{C}=CH_2$
     $\;\;\;|$
     CH_3

e. $CH_3CH_2COCH_2COCH_3 \rightleftharpoons CH_3CH=\underset{OH}{C}CH_2COCH_3 \rightleftharpoons CH_3CH_2\underset{OH}{C}=CHCOCH_3 \rightleftharpoons$
$CH_3CH_2COCH_2\underset{OH}{C}=CH_2 \rightleftharpoons CH_3CH_2COCH=\underset{OH}{C}CH_3$

f. $CH_3CH_2COCH(CO_2C_2H_5)_2 \rightleftharpoons CH_3\underset{OH}{C}=CHCH(CO_2C_2H_5)_2 \rightleftharpoons CH_3CH_2\underset{OH}{C}=C(CO_2C_2H_5)_2$
$\rightleftharpoons CH_3CH_2COC\underset{CO_2C_2H_5}{=}\underset{OH}{C}OC_2H_5$

g. $CH_3COCHCOCH_3 \rightleftharpoons CH_3\underset{OH}{C}=\underset{COCH_3}{C}COCH_3 \rightleftharpoons CH_2=\underset{OH}{C}CH COCH_3$
     $\;\;\;|$ $\;\;\;|$
     $COCH_3$ $COCH_3$

h. 环己酮 ⇌ 环己烯醇

i. (2-乙酰基环己酮互变异构系列)

11.5 完成下列转化：

a. $BrCH_2(CH_2)_2CH_2CO_2H \longrightarrow$ [δ-戊内酯]

b. [2-甲氧羰基环己酮] $\longrightarrow$ [2-(2-氧代丙基)环己酮]

c. $CH_3COOH \longrightarrow$ [环丁基]—COOH

d. $CH_3COOH \longrightarrow HOOCHC\!\!-\!\!CHCOOH$
　　　　　　　　　　　　　　　$|\quad\quad|$
　　　　　　　　　　　　　　$CH_3\ CH_3$

解： a. $BrCH_2(CH_2)_2CH_2CO_2H \xrightarrow[\text{溶液}]{NaHCO_3} HOCH_2(CH_2)_2CH_2CO_2H \xrightarrow{\triangle}$ T.M.

b. [环己酮-2-CO_2CH_3] $\xrightarrow{NaOC_2H_5} \xrightarrow{CH_3CCH_2Cl}$ [环己酮-2-(CO_2CH_3)(CH_2COCH_3)] $\xrightarrow[\triangle]{\text{稀碱}} \xrightarrow[\triangle]{H_3^+O}$ T.M.

c. $CH_3COOH \xrightarrow[\text{红磷}]{Cl_2} ClCH_2COOH \xrightarrow[NaOH]{NaCN} CNCH_2COONa \xrightarrow[H_2SO_4]{EtOH} C_2H_5OCCH_2COC_2H_5$

$\xrightarrow{NaOC_2H_5} \xrightarrow{BrCH_2CH_2CH_2Br} C_2H_5OCCHCOC_2H_5 \xrightarrow{NaOC_2H_5} C_2H_5OCCCOC_2H_5 \xrightarrow[\text{②}H_3^+O,\triangle]{\text{①稀碱}}$ T.M.
　　　　　　　　　　　　　　　　　　　$|$
　　　　　　　　　　　　　　　$CH_2CH_2CH_2Br$

d. $CH_3COOH \xrightarrow[\text{红磷}]{Cl_2} ClCH_2COOH \xrightarrow[NaOH]{NaCN} CNCH_2COONa \xrightarrow[H_2SO_4]{EtOH} C_2H_5OCCH_2COC_2H_5$

$\xrightarrow{NaOC_2H_5} \xrightarrow{CH_3\overset{Br}{\underset{}{C}}HCOOEt} C_2H_5OCCHCOC_2H_5 \xrightarrow{NaOC_2H_5} \xrightarrow{CH_3I} \xrightarrow[\text{②}H_3^+O,\triangle]{\text{①稀碱}}$ T.M.
　　　　　　　　　　　　　　$|$
　　　　　　　　　　　$H_3C-CHCOOEt$

第十二章

含氮化合物

基本要求

（1）理解硝基化合物的分子结构、命名及物理性质，掌握硝基化合物的化学性质：硝基的还原反应、α-H 的反应、硝基对芳环上其他基团的影响。

（2）理解胺的结构、分类、命名及物理性质，熟练掌握胺的化学性质：氨（胺）的烷基化、酰基化和磺酰化；与亚硝酸的反应；氨基对芳环上亲电取代反应的致活作用。

（3）掌握重氮化反应、芳香族重氮盐的生成、性质及其在有机合成中的应用。

（4）理解重氮偶联反应和偶氮化合物的生成及应用；了解偶氮染料和指示剂的结构与颜色的关系。

主要内容

一、硝基化合物

1. 硝基化合物的结构

硝基化合物可看作是烃分子中的氢原子被硝基（—NO_2）取代后生成的衍生物，按烃基的不同，可分为脂肪族化合物（R—NO_2）和芳香族硝基化合物（Ar—NO_2）。其中，官能团硝基中的氮原子是 sp^2 杂化，未参与杂化的 p 轨道上一对孤对电子与两个氧原子上 p 轨道"肩并肩"重叠形成"三中心四电子"的共轭离域体系（π_3^4），它的共振式表示为：

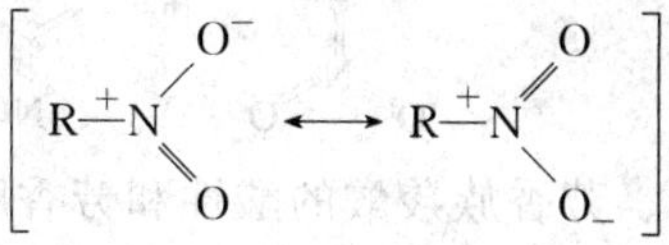

$$\left[R-\overset{+}{N}\begin{matrix}O^-\\ \\O\end{matrix} \longleftrightarrow R-\overset{+}{N}\begin{matrix}O\\ \\O^-\end{matrix} \right]$$

硝基是强吸电子基团，它会使硝基化合物的 α-碳原子上的电子云密度降低，α-氢原子解离趋势增大，因此，脂肪族硝基化合物的 α-H 具有一定的酸性。对芳香族的硝基化合物而言，硝基的强吸电子性质使得苯环上电子云密度降低，是典型的致钝基团和间位定位基。

硝基化合物与亚硝酸酯（R—ONO）是同分异构体。

2. 硝基化合物的化学性质

（1）**酸性** 具有 α-H 的脂肪族硝基化合物可溶于强碱、与醛酮反应，也可与亚硝酸反应。

$$RH_2C-NO_2 \rightleftharpoons RHC=N(OH)O \xrightarrow{NaOH} [RHC=NO_2]^- Na^+$$

硝基式　　　　　酸式

在碱催化下，一级和二级硝基化合物能与羰基化合物发生缩合反应。

$$CH_3NO_2 \begin{cases} \xrightarrow[OH^-]{3HCHO} (HOCH_2)_3CNO_2 \\ \xrightarrow[OH^-]{PhCHO} PhCH=CHNO_2 \\ \xrightarrow[C_2H_5ONa]{PhCO_2C_2H_5} PhCOCH_2NO_2 \end{cases}$$

（2）**还原** 选用适当的还原试剂和条件，硝基苯可以生成各种不同的还原产物。

$$PhNO_2 \begin{cases} \xrightarrow{Zn/Fe-HCl \text{ 或催化氢化}} PhNH_2 \quad \text{酸性条件下：单分子还原产物} \\ \xrightarrow{Zn, NH_4Cl / H_2O} PhNHOH \\ \xrightarrow{Zn, H_2O} PhNO \end{cases} \text{中性条件下：单分子还原产物}$$

$$\begin{cases} \xrightarrow{Zn-NaOH} PhNHNHPh \\ \xrightarrow{Fe-NaOH} PhN=NPh \end{cases} \text{碱性条件下：双分子还原产物}$$

其中，在碱性条件下，发生的双分子还原反应是硝基苯及其单分子还原产物之间的互相作用。所有的中间还原产物在强酸中还原，最终都得到苯胺。

（3）**芳环上硝基的电子效应** 硝基是强的吸电子基团，不利于芳环上亲电取代反应的发生，但更易于在芳环的邻位或对位发生亲核取代反应。

$$\underset{NO_2}{\underset{|}{C_6H_3}}(Cl)(NO_2) \xrightarrow[100°C]{Na_2CO_3, H^+} \underset{NO_2}{\underset{|}{C_6H_3}}(OH)(NO_2)$$

这类反应的历程是通过加成-消除机理进行的，以对硝基芳烃为例，反应过程表示如下：

$$\underset{NO_2}{\underset{|}{C_6H_4}}-L + Nu^- \xrightarrow{\text{慢}} \underset{NO_2}{\underset{|}{C_6H_4}}(L)(Nu) \xrightarrow[\text{快}]{-L^-} \underset{NO_2}{\underset{|}{C_6H_4}}-Nu + L^-$$

硝基的强吸电子性质对酚类、芳香族羧酸的酸性和芳香胺的碱性等产生了十分显著的影响。当硝基处于芳香酚羟基、芳香族羧酸的羧基、芳香胺的氨基的邻、对位时，将使芳香酚、羧酸的酸性增强，芳香胺的碱性减弱。

二、胺

1. 胺的结构

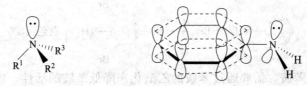

胺（氨）具有棱锥形的结构，中心氮原子采用 sp^3 方式杂化，其中的三个 sp^3 杂化轨道与三个 H 或 C 原子形成三个 σ 键；氮原子上还有一对孤对电子，则占据剩下的一个 sp^3 杂化轨道，处于棱锥体的顶端，类似第四个"基团"，因此，胺（氨）的空间排布基本上近似碳的四面体结构，氮原子在四面体的中心。

在芳香胺中，氮原子上的孤对电子占据的 sp^3 杂化轨道有更多的 p 轨道性质，能和苯环的大的 π 电子轨道部分重叠，形成氮和苯环在内的共轭 π 分子轨道。

2. 胺的化学性质

(1) 碱性

胺分子中的氮原子上有一对孤电子，易与质子结合，使胺表现出碱性。

$$(Ar)R\ddot{N}H_2 + HCl \longrightarrow (Ar)RNH_3^+ Cl^-$$

一般而言，氮原子上的电子云密度越大，胺的碱性就越强。不同的胺表现的碱性顺序为：脂肪胺 $>NH_3>$ 芳香胺。但在气态和液态时，脂肪胺中的伯胺、仲胺和叔胺的碱性排序会有较大变化。

气态时：$R_3N>R_2NH>RNH_2$（影响因素：电子效应）。

液态时：$R_2NH>RNH_2>R_3N$（影响因素：电子效应、溶剂化效应和空间效应）。

对于芳香胺的碱性则是：当苯环上连有吸电子基团时，碱性减弱；当苯环上连有供电子基团时，碱性增强。

(2) 亲核性

同样是由于氮原子上有一对孤对电子，胺又可作为亲核试剂发生各种亲核取代反应。

① 烷基化反应：

$$RNH_2 \xrightarrow{R'X} RNHR' \xrightarrow{R'X} RNR_2' \xrightarrow{R'X} RNR_3'^+ X^- \quad (季铵盐)$$

胺与卤代烃发生 S_N2 反应往往得到伯、仲、叔胺的盐和季铵盐的混合物，这些盐用碱处理，即得到相应的游离胺。

② 酰基化反应　伯胺、仲胺可与酰氯或酸酐反应生成相应的酰胺；酰胺又可很容易地在强酸或强碱的水溶液中加热水解成原来的胺，因此，可以通过酰化反应来保护氨基。

$$RNHR' + R''\overset{O}{\underset{\|}{C}}-X \longrightarrow R''\overset{O}{\underset{\|}{C}}-NRR' + HX \quad (X=卤素、-O-\overset{O}{\underset{\|}{C}}-R''' 或 -OR)$$

③ 磺酰化反应

$$\left.\begin{array}{l} RNH_2 \\ R_2NH \\ R_3N \end{array}\right\} \xrightarrow{PhSO_2Cl} \begin{array}{l} PhSO_2NHR \\ PhSO_2NR_2 \\ 不反应 \end{array} \xrightarrow{NaOH} \begin{array}{l} [PhSO_2NR]^-Na^+ \\ 不溶于碱液 \end{array}$$

磺酰化反应可用于鉴别或分离不同的胺，称为兴斯堡（Hinsberg）反应。

(3) 芳香胺上的亲电取代反应

① 卤代

$$\text{C}_6\text{H}_5\text{NH}_2 + \text{Br}_2 \xrightarrow{\text{H}_2\text{O}} \text{2,4,6-三溴苯胺} \downarrow \text{白色沉淀}$$

为了制取一卤代苯胺，需要通过苯胺的乙酰化来降低苯胺的活性，反应过程如下：

$$\text{C}_6\text{H}_5\text{NH}_2 \xrightarrow[\text{或 CH}_3\text{COCl}]{(\text{CH}_3\text{CO})_2\text{O}} \text{C}_6\text{H}_5\text{NHCOCH}_3 \xrightarrow[\text{干燥 CH}_3\text{COOH}]{\text{Br}_2}$$

$$p\text{-Br-C}_6\text{H}_4\text{NHCOCH}_3 \xrightarrow[\text{H}^+ \text{或 OH}^-]{\text{H}_2\text{O}} p\text{-Br-C}_6\text{H}_4\text{NH}_2$$

若要制备间溴苯胺，则采用下述方法：

$$\text{C}_6\text{H}_5\text{NH}_2 \xrightarrow{\text{H}_2\text{SO}_4} \text{C}_6\text{H}_5\overset{+}{\text{NH}}_3\text{HSO}_4^- \xrightarrow{\text{Br}_2} m\text{-Br-C}_6\text{H}_4\overset{+}{\text{NH}}_3\text{HSO}_4^- \xrightarrow{\text{NaOH}} m\text{-Br-C}_6\text{H}_4\text{NH}_2$$

② 硝化

芳胺的直接硝化会引起氧化反应，需要通过芳胺的乙酰化来保护氨基，生成的硝基乙酰苯胺很容易用稀碱水解成相应的硝基苯胺，反应如下：

$$\text{C}_6\text{H}_5\text{NH}_2 \xrightarrow[\text{或 CH}_3\text{COCl}]{(\text{CH}_3\text{CO})_2\text{O}} \text{C}_6\text{H}_5\text{NHCOCH}_3 \begin{cases} \xrightarrow[\text{在乙酸中}]{\text{HNO}_3} p\text{-O}_2\text{N-C}_6\text{H}_4\text{NHCOCH}_3 \\ \xrightarrow[\text{在乙酐中}]{\text{HNO}_3} o\text{-O}_2\text{N-C}_6\text{H}_4\text{NHCOCH}_3 \end{cases}$$

若用浓硝酸和浓硫酸的混酸进行硝化，则主要产物为间硝基苯胺。

$$\text{C}_6\text{H}_5\text{NH}_2 \xrightarrow{\text{浓 H}_2\text{SO}_4} \text{C}_6\text{H}_5\overset{+}{\text{NH}}_3\text{HSO}_4^- \xrightarrow{\text{浓 HNO}_3} m\text{-O}_2\text{N-C}_6\text{H}_4\overset{+}{\text{NH}}_3\text{HSO}_4^- \xrightarrow{\text{NaOH}} m\text{-O}_2\text{N-C}_6\text{H}_4\text{NH}_2$$

③ 磺化

$$\text{C}_6\text{H}_5\text{NH}_2 \xrightarrow{\text{浓 H}_2\text{SO}_4} \text{C}_6\text{H}_5\overset{+}{\text{NH}}_3\text{HSO}_4^- \xrightarrow{180\,°\text{C}} p\text{-H}_2\text{N-C}_6\text{H}_4\text{SO}_3\text{H}$$

(4) 与 HNO_2 反应

① 脂肪胺与 HNO_2 反应

$$\left.\begin{array}{l} \text{RNH}_2 \\ \text{R}_2\text{NH} \\ \text{R}_3\text{N} \end{array}\right\} \xrightarrow[(\text{NaNO}_2 + \text{HCl})]{\text{HNO}_2} \begin{array}{l} \text{N}_2\uparrow + \text{醇与烯烃的混合物} \\ \text{R}_2\text{N-N=O} \quad \text{黄色油状或固体 } N\text{-亚硝基胺} \\ \text{R}_3\text{N}^+\text{HNO}_2^- \quad \text{不稳定的盐} \end{array}$$

其中，伯胺与亚硝酸反应放出的氮气是定量的，可用作氨基（—NH_2）的定量测定；仲胺与亚硝酸作用生成的 N-亚硝基胺与稀酸共热，可水解成原来的仲胺；叔胺与亚硝酸作用所生成的盐，加碱中和又转变成叔胺。利用该反应，可以区别鉴定这三种胺。

② 芳香胺与 HNO_2 反应

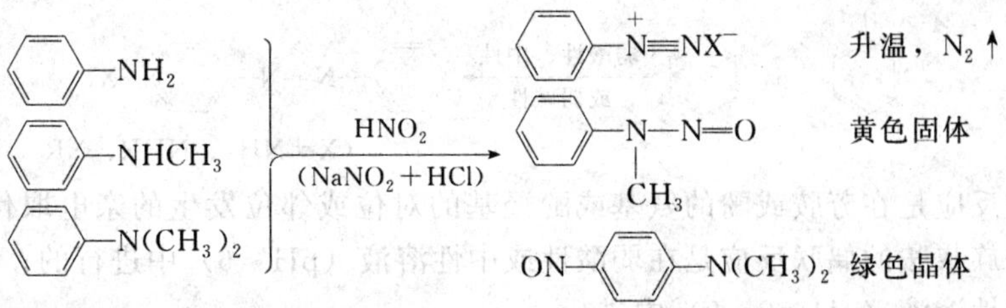

根据芳香胺与亚硝酸反应现象的差异，可区别这三种芳香胺。

3. 胺的主要制法

一般可由胺与卤代烃的反应、含氮不饱和化合物的还原及羰基化合物的还原氨（胺）化等方法制备，也可由 Gabriel 法及 Hoffmann 降解等方法合成。

三、重氮和偶氮化合物

重氮和偶氮化合物都含有官能团—N≡N—，若该官能团只有一端与烃基相连的化合物称为重氮化合物，若两端都与烃基相连的化合物称为偶氮化合物。

1. 芳香族重氮化反应

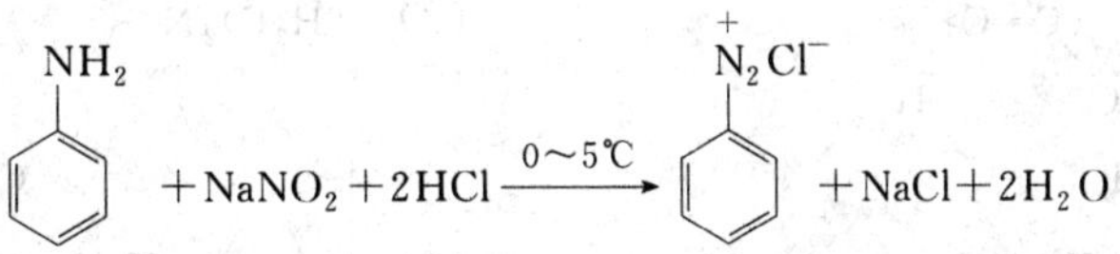

芳香族的重氮化反应要控制温度在 0~5℃，以利于获得高产率的重氮盐；若环上具有 —NO_2 或 —SO_3H 等的芳胺，可以适当提高温度（40~60℃）进行重氮化反应。重氮盐不稳定，制备后要立即进行后续反应。

2. 芳香族重氮盐的反应

重氮基在不同条件下，可以被卤素、硝基、氰基、硫氰基、羟基、氢原子等取代生成各种不同的化合物。

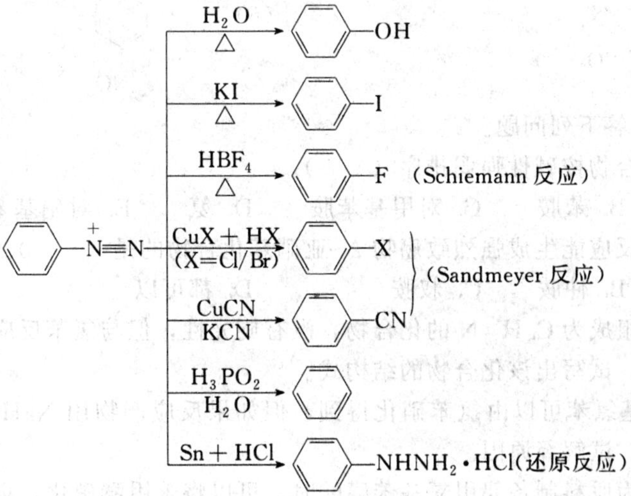

3. 偶氮染料

重氮盐在弱酸性、中性或弱碱性溶液中与芳胺或酚类发生偶联反应，生成偶氮化合物。

$$\underset{\text{重氮盐}}{\underset{}{\bigcirc}-N_2^+Cl^-} + \underset{}{\bigcirc}-X \xrightarrow{\text{弱酸性、中性}}{\text{或弱碱性}} \bigcirc-N=N-\bigcirc-X$$
$$(X=NH_2、NHR、NR_2、OH)$$

该类偶联反应是在芳胺或酚的氨基或酚羟基的对位或邻位发生的亲电取代反应，其中，重氮盐与芳香族叔胺的偶联反应是在弱酸性或中性溶液（pH≈6）中进行的；与酚的偶联反应一般在弱碱性溶液（pH=8~9）中进行。

偶氮染料是以分子内具有一个或几个偶氮基（—N＝N—）为特征的合成染料。它的颜色的色光几乎包括全部色谱，在所有已知染料品种中，偶氮化合物要占到半数以上。

例题分析

▶ **例 12.1** 用系统命名法命名下列化合物或根据名称写出相应的结构式。

(1) $\underset{H_3C}{\overset{H_3CH_2CH_2C}{\diagdown}}C=C\underset{H}{\overset{CH_2NH_2}{\diagup}}$

(2) $(H_3C)_2N-\bigcirc-\overset{O}{\overset{\|}{C}}CH_3$

(3) $H_2NCH_2\overset{CH_3}{\overset{|}{C}H}CH_2NH_2$

(4) $\left[\bigcirc-H_2C-\overset{CH_3}{\overset{|}{\underset{|}{N}^+}}-C_{18}H_{35}\right]Br^-$

(5) 1,4,6-三硝基萘

(6) 苦味酸

解：（1）(2Z)-3-甲基-2-己烯-1-胺 (2) 4-(N,N-二甲基)氨基苯乙酮
（3）2-甲基-1,3-丙二胺 (4) 溴化 N,N-二甲基十八烷基苄铵

(5) 1,5-二硝基-7-硝基萘结构

(6) 2,4,6-三硝基苯酚结构

▶ **例 12.2** 按要求回答下列问题。

（1）将下列化合物按碱性强弱排序（   ）。
A. 二乙胺   B. 苯胺   C. 对甲基苯胺   D. 氨   E. 对硝基苯胺

（2）与亚硝酸反应能生成强烈致癌物 N-亚硝基化合物的是（   ）。
A. 伯胺   B. 仲胺   C. 叔胺   D. 都可以

（3）一种分子组成为 $C_6H_{15}N$ 的化合物，没有旋光性，但与氯苄反应生成的季铵盐可以拆分成一对对映体，试写出该化合物的结构式。

（4）2,4-二硝基氯苯可以由氯苯硝化得到，但如果反应产物用 $NaHCO_3$ 水溶液洗涤除酸，则得不到产品，试解释原因。

（5）以苯甲醚为原料制备邻甲氧基苯磺酸时，可以将苯甲醚硝化，再磺酸化，最后怎样才能得到产物？制备过程中，第一步的硝化反应起到什么作用？

（6）用两种简便的化学方法鉴别丁胺、二乙胺和三乙胺。

解:（1）下列各组化合物按碱性由强到弱排序为：A＞D＞C＞B＞E。

（2）B。

（3）$H_3CH_2C-\underset{\underset{CH_2CH_3}{|}}{\overset{\overset{CH_3}{|}}{N}}-CH_2CH_3$ 或 $H_3CH_2C-\underset{\underset{CH(CH_3)_2}{|}}{\overset{\overset{CH_3}{|}}{N}}-CH_2CH_3$。

（4）由于在两个强吸电子基团的影响下，2,4-二硝基氯苯容易发生亲核取代反应，因此，用 $NaHCO_3$ 水溶液洗涤将得到 2,4-二硝基苯酚。

（5）经过硝化、磺化后，其后经还原硝基、重氮化、还原消去重氮基得到目标产物。其中的硝化反应起到占位和定位的双重作用。

（6）方法一：可以 $NaNO_2$-HCl，丁胺放出气体（N_2）、二乙胺生成黄色油状物，成两相，三乙胺与酸生成可溶于水的盐而成一相。

方法二：利用兴斯堡反应，加入对甲苯磺酰氯，丁胺和二乙胺可生成沉淀，三乙胺不反应；丁胺生成的沉淀可溶于 NaOH 溶液，而二乙胺生成的沉淀则不溶。

● **例 12.3** 完成下列各反应。

(1) ![structure] $\xrightarrow[MeOH]{MeONa}$

(2) ![structure] $+ H_2SO_4(稀) \longrightarrow$

(3) $CH_3CH_2NHCH_3 +$![PhCOCl] $\longrightarrow$

(4) ![PhNHCH₃] $+ NaNO_2 \xrightarrow{HCl}$

(5) ![structure] $\xrightarrow{NaNO_2}{HCl} \xrightarrow{KCN}{CuCN}$

(6) $(H_3C)_2N-$![Ph]$+ HO_3S-$![Ph]$-\overset{+}{N_2}Cl^- \longrightarrow$

解： (1) ![O₂N-Ph(NO₂)-OMe]   (2) ![m-CH₃-Ph-NH₃⁺ HSO₄⁻]

(3) ![PhCO-N(CH₃)(CH₂CH₃)]   (4) ![Ph-N(CH₃)-NO]

(5) H_3C-![Ph]$-CN$ (6) $(H_3C)_2N-$![Ph]$-N=N-$![Ph]$-SO_3H$

● **例 12.4** 由指定原料合成下列化合物，其他无机试剂及三碳以下有机试剂任选。

（1）由苯制备对乙酰基乙酰苯胺；

（2）由苯制备 1,2,3-三溴苯；

（3）用硝基苯制备 4-羟基-3,5-二溴苯甲酸。

解： (1) ![Ph] $\xrightarrow[浓 H_2SO_4]{浓 HNO_3}$![Ph-NO₂] $\xrightarrow{Sn-HCl}$![Ph-NH₂] $\xrightarrow{(CH_3CO)_2O}$![Ph-NHCOCH₃] $\xrightarrow[无水 AlCl_3]{(CH_3CO)_2O}$ T.M.

(2) ![Ph] $\xrightarrow[浓 H_2SO_4]{浓 HNO_3}$![Ph-NO₂] $\xrightarrow{Sn-HCl}$![Ph-NH₂] $\xrightarrow{(CH_3CO)_2O}$![Ph-NHCOCH₃] $\xrightarrow[在乙酸中]{HNO_3}$![p-NHCOCH₃-Ph-NO₂] $\xrightarrow{Br_2}$

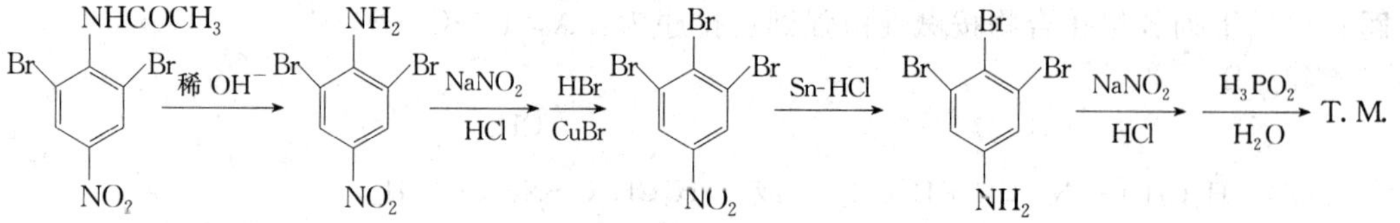

(3)

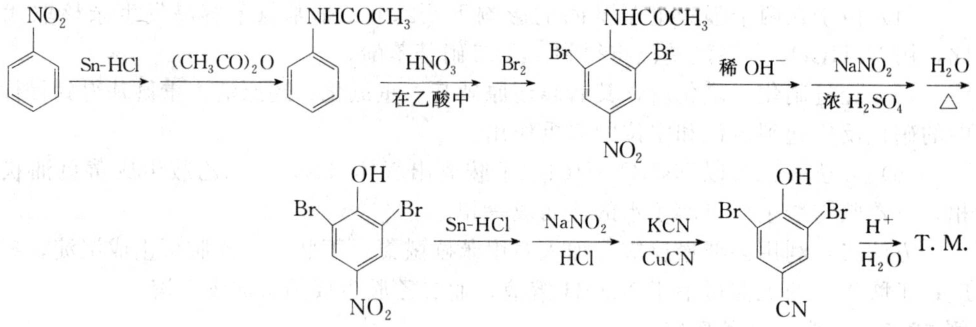

[反应路线图：硝基苯 → Sn-HCl → (CH₃CO)₂O → HNO₃ 在乙酸中 → Br₂ → 稀OH⁻ → NaNO₂ 浓H₂SO₄ → H₂O △ → 2,6-二溴-4-硝基苯酚 → Sn-HCl → NaNO₂/HCl → KCN/CuCN → 2,6-二溴-4-氰基苯酚 → H⁺/H₂O → T.M.]

习题解析

★ **12.1** 写出分子式为 $C_4H_{11}N$ 的胺的各种异构体，命名，并指出各属哪级胺。

(1) $CH_3CH_2CH_2CH_2NH_2$
丁胺

(2) $CH_3CHCH_2NH_2$
　　　$|$
　　　CH_3
2-甲基丙胺

(3) $CH_3CH_2\overset{*}{C}HNH_2$
　　　　　$|$
　　　　　CH_3
1-甲基丙胺

(4) $CH_3NHCH_2CH_3$
N-甲基丙胺

(5) $CH_3CHNHCH_3$
　　　$|$
　　　CH_3
N-甲基异丙胺

(6) $CH_3CH_2NHCH_2CH_3$
二乙胺

(7) $CH_3CH_2N(CH_3)_2$
N,N-二甲基乙胺

解：在所列 $C_4H_{11}N$ 的胺的各种异构体中，属于伯胺的有（1）、（2）、（3）；仲胺的有（4）、（5）、（6）；叔胺的有（7）。

★ **12.2** 命名下列化合物或写出结构式。

a. $CH_3CH_2NO_2$

b. 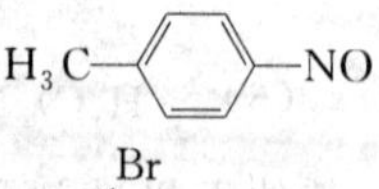 $H_3C-\!\!\!\!\bigcirc\!\!\!\!-NO$

c. 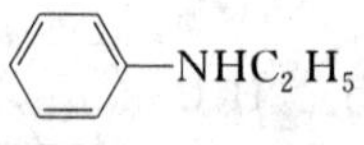 $\bigcirc\!\!\!\!-NHC_2H_5$

d. 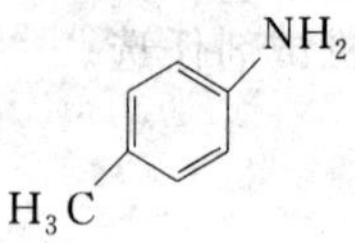 $H_3C-\!\!\!\!\bigcirc\!\!\!\!-NH_2$

e. 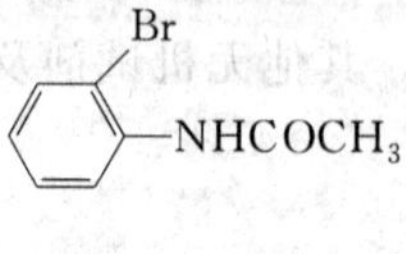 邻溴-$NHCOCH_3$ 苯

f. $CH_3CH_2CH_2CN$

g. 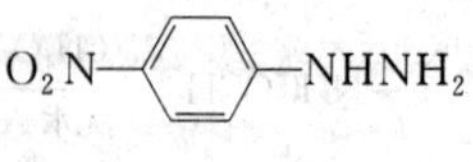 $O_2N-\!\!\!\!\bigcirc\!\!\!\!-NHNH_2$

h. $H_2NCH_2(CH_2)_5CH_2NH_2$

i. 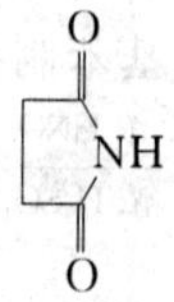 丁二酰亚胺 (含NH的五元环酰亚胺)

j. $(CH_3CH_2)_2N-NO$

k. $\left[C_6H_5H_2C-\overset{\overset{\displaystyle CH_3}{|}}{\underset{\underset{\displaystyle CH_3}{|}}{N}}-C_{12}H_{25}\right]^+ Br^-$

l. 胆碱

m. 多巴胺　　　n. 乙酰胆碱　　　o. 肾上腺素　　　p. 胍

解： a. 硝基乙烷　　　　　b. 4-亚硝基甲苯　　　　c. N-乙基苯胺
　　　d. 4-甲基苯胺　　　　e. 2-溴乙酰苯胺　　　　f. 丁腈
　　　g. 4-硝基苯肼　　　　h. 1,7-庚二胺　　　　　i. 丁二酰亚胺
　　　j. N-亚硝基二乙基胺　k. 溴化二甲基正十二烷基苄基铵

l. $[(CH_3)_3N^+CH_2CH_2OH]OH^-$

m. HO—C$_6$H$_3$(OH)—CH$_2$CH$_2$NH$_2$

n. $[H_3C-\underset{O}{\overset{\|}{C}}-O(CH_2)_2\overset{+}{N}(CH_3)_3]OH^-$

o. HO—C$_6$H$_3$(OH)—CH(OH)—CH$_2$NHCH$_3$

p. $H_2N-\underset{NH}{\overset{\|}{C}}-NH_2$

★ **12.3** 下列哪个化合物存在对映异构体？

　　a. $CH_3NHCH_2CH_2Cl$　　　　b. $(CH_3)_2N^+(CH_2CH_2Cl)_2Cl^-$

　　c. 哌啶—N—CH$_3$　　　　　　d. C$_6$H$_5$—CH$_2$CH(NH$_2$)—

解： 化合物 a 和 d 存在对映异构体，但 a 的对映异构体在通常条件下容易相互快速转化。

★ **12.4** 写出下列体系中可能存在的氢键。

　　a. 二甲胺的水溶液　　　　b. 纯二甲胺

解： a. 在二甲胺的水溶液中，可能存在三种氢键：

（结构式：H—O—H⋯O(H)—H；H$_3$C—N(H)—H⋯N(H)(CH$_3$)—CH$_3$；H$_3$C—N(H)—H⋯O—H）

b. 在纯二甲胺溶液中，只有一种可能的氢键：

（结构式：H$_3$C—N(H)—H⋯N(H)(CH$_3$)—CH$_3$）

★ **12.5** 如何解释下列事实？

　　a. 苄胺（$C_6H_5CH_2NH_2$）的碱性与烷基胺基本相同，而与芳胺不同。

　　b. 下列化合物的 pK_b 为

O_2N—C$_6$H$_4$—NH_2　　　　C$_6$H$_5$—NH_2　　　　H_3C—C$_6$H$_4$—NH_2
　$pK_b=13.0$　　　　　　　$pK_b=9.37$　　　　　　$pK_b=8.70$

解： a. 因为在苄胺中，N 原子未与苯环直接相连，其孤对电子不能与苯环产生共轭效应，所以碱性与烷基胺基本相似；而芳胺中的 N 原子是直接与苯环相连，产生了共轭效应，因此苄胺的碱性与其不同。

b. 在对硝基苯胺中，硝基具有强的吸电子效应，会使得氨基上 N 原子的孤对电子偏向苯环，电子云密度降低，因此与苯胺相比，其碱性变弱；而在对甲基苯胺中，甲基具有一定的给电子效应，会使得氨基上 N 原子的电子云密度有所增加，因此与苯胺相比，其碱性变强。

★ **12.6** 以反应式表示如何用（＋）-酒石酸拆分仲丁胺？

解：

$$(\pm)\text{-}CH_3CH_2\overset{*}{C}HCH_3 \atop \quad\quad\quad | \atop \quad\quad\quad NH_2 \xrightarrow{(+)\text{-酒石酸}} \begin{cases} (+)\text{-胺-}(+)\text{-酒石酸} \\ (-)\text{-胺-}(+)\text{-酒石酸} \end{cases}$$

外消旋体　　　　　旋光的酸　　　非对映体

生成的非对映体的物理性质是有差异的，如沸点、溶解性等，采用分馏或分步结晶法使其分开；或利用它们分子极性、吸附作用的不同用色谱法分离。最后，加入强碱 NaOH，即可析出（＋）-仲丁胺和（－）-仲丁胺。

★ **12.7** 指出下列结构式所代表的物质各属于哪一类化合物（例如，伯、仲、叔胺或它们的盐，或季铵盐等）？

a. [N-甲基哌啶]　　b. $C_6H_5NH_2$　　c. [$\overset{+}{N}H(CH_3)$环] Cl^-

d. [N-甲基-2-吡咯烷酮]　　e. $(C_2H_5)_3\overset{+}{C}NH_3 \cdot HSO_4^-$　　f. $(CH_3)_2\overset{+}{C}HN(C_2H_5)_3 Br^-$

g. [环己基-$N(CH_3)_2$]　　h. $C_6H_5\underset{CH_3}{\overset{|}{C}H}NHCH_3$　　i. $C_6H_5\overset{+}{C}HNH_2\underset{CH_3}{\overset{|}{C}H}CH_3 \; Cl^-$ （两甲基分布于两碳上）

j. $C_6H_5\overset{O}{\overset{\|}{C}}\text{-}N(CH_3)\underset{}{CH(CH_3)_2}$　　k. [2-氨基环己酮]

解：下列结构式属于伯胺（盐）的有：b、e、k；仲胺（盐）的有：h、i；叔胺（盐）的有：a、c、d、g、j；季铵盐的有：f。

★ **12.8** 下列化合物中，哪个可以作为亲核试剂？

a. H_2NNH_2　　b. $(C_2H_5)_3N$　　c. $(CH_3)_2NH$　　d. [N-甲基哌啶]

e. [$C_6H_5NHCH_3$]　　f. $(CH_3)_4N^+$　　g. [N-甲基吡啶鎓]

解：下列化合物中，可作为亲核试剂的有：a、b、c、d、e。

★ **12.9** 完成下列转化。

a. [苯] ⟶ [苯胺 NH_2]

b. [苯胺] ⟶ [O_2N-C_6H_4-NH_2]

c. $CH_3COOH \longrightarrow CH_3CONH_2$

d. $CH_3CH_2OH \longrightarrow CH_3\underset{NH_2}{\overset{|}{C}H}CH_2CH_3$

e. 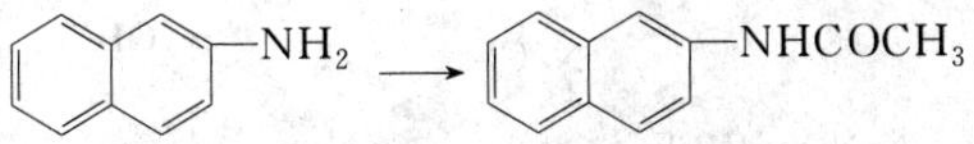 2-naphthylamine → N-(2-naphthyl)acetamide

f. 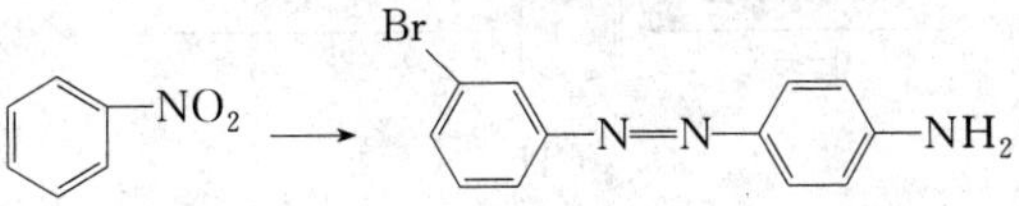 PhNO₂ → 3-bromo-phenyl-N=N-phenyl-4-NH₂

g. 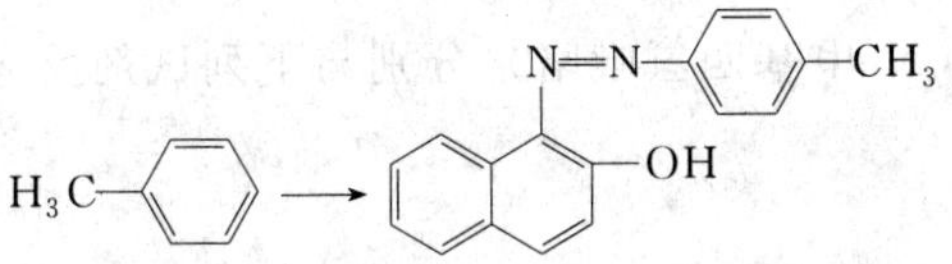 甲苯 → 1-(4-甲基苯基偶氮)-2-萘酚

解：

a. 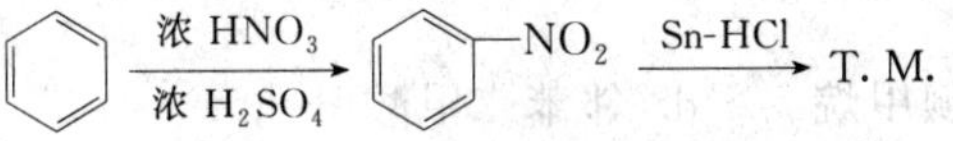 苯 →(浓HNO₃/浓H₂SO₄)→ PhNO₂ →(Sn-HCl)→ T.M.

b. 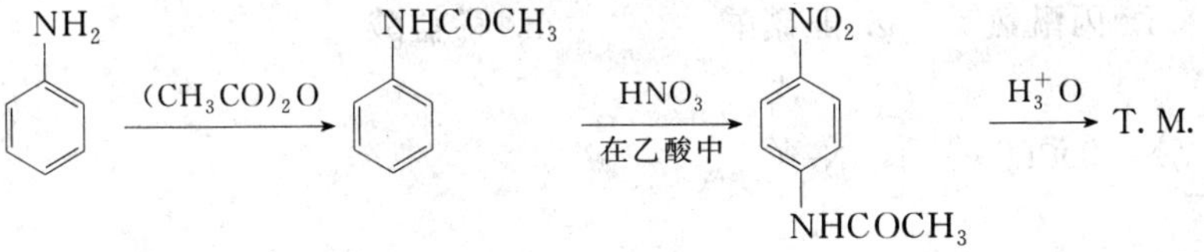 苯胺 →((CH₃CO)₂O)→ 乙酰苯胺 →(HNO₃/在乙酸中)→ 对硝基乙酰苯胺 →(H_3^+O)→ T.M.

c. $CH_3COOH + NH_3 \longrightarrow CH_3COO^- NH_4^+ \xrightarrow{\triangle}$ T.M.

或 $CH_3COOH \xrightarrow{SOCl_2} CH_3COCl \xrightarrow{NH_3}$ T.M.

d. $CH_3CH_2OH \xrightarrow{CrO_3/Py} CH_3CHO$

$CH_3CH_2OH \xrightarrow{PBr_3} CH_3CH_2Br \xrightarrow{Mg / Et_2O} CH_3CH_2MgBr$

$\xrightarrow{H_3^+O} CH_3CH(OH)CH_2CH_3 \xrightarrow{SOCl_2} CH_3CHClCH_2CH_3 \xrightarrow{NH_3}$ T.M.

或 $CH_3CH(OH)CH_2CH_3 \xrightarrow{CrO_3/Py} CH_3COCH_2CH_3 \xrightarrow{NH_3} CH_3C(=NH)CH_2CH_3 \xrightarrow{H_2/Ni}$ T.M.

或 邻苯二甲酰亚胺 →(KOH)→ 钾盐 →(CH₃CHClCH₂CH₃)→ →(H_3^+O)→ T.M.

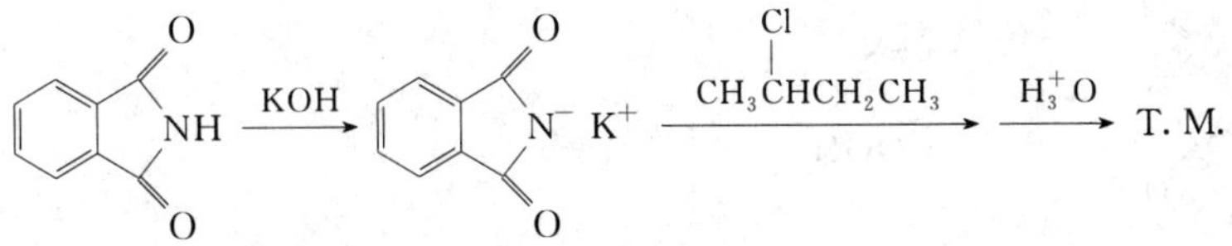

e. 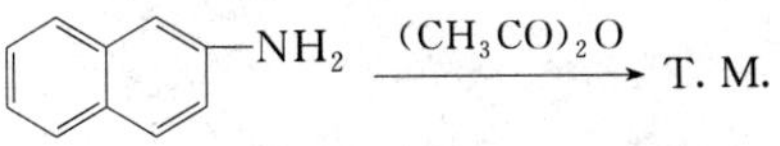 2-萘胺 →((CH₃CO)₂O)→ T.M.

f. 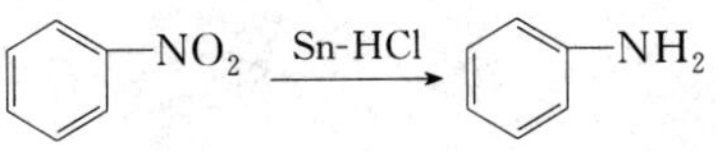 PhNO₂ →(Sn-HCl)→ PhNH₂

PhNO₂ + Br₂ →(FeCl₃)→ 间溴硝基苯 →(Sn-HCl)→ 间溴苯胺 →(NaNO₂+HCl, 0~5℃)→ 间溴重氮氯化物 →(弱酸, PhNH₂)→ T.M.

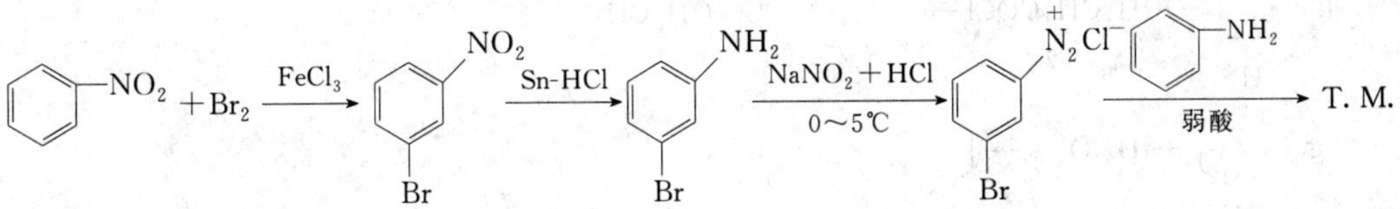

g. 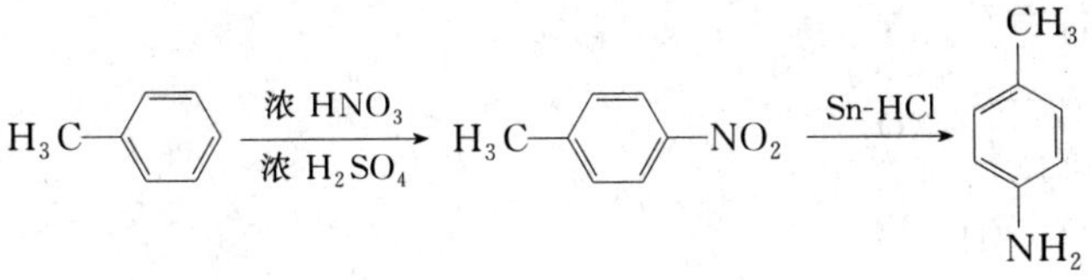 甲苯 →(浓HNO₃/浓H₂SO₄)→ 对硝基甲苯 →(Sn-HCl)→ 对甲基苯胺

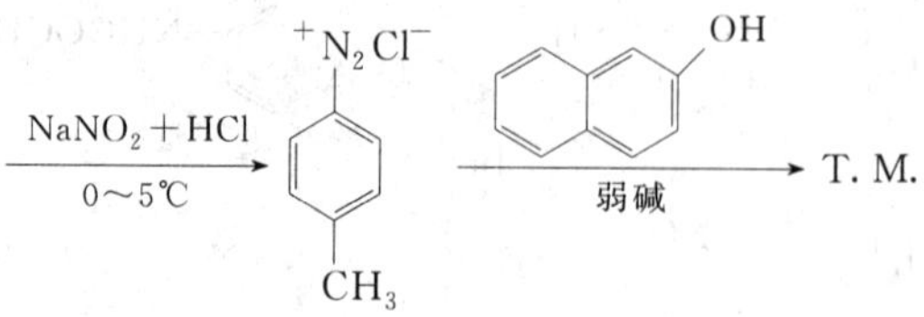

$$\underset{0\sim 5℃}{\xrightarrow{NaNO_2+HCl}} \text{[对甲基苯重氮氯化物]} \xrightarrow[\text{弱碱}]{\text{[2-萘酚]}} \text{T. M.}$$

★ **12.10** 写出  [四氢吡咯] (四氢吡咯) 及 [N-甲基四氢吡咯] (N-甲基四氢吡咯) 分别与下列试剂反应的主要产物(如果能发生反应的话)。

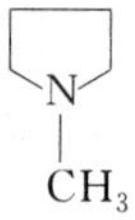

  a. 苯甲酰氯 b. 乙酸酐 c. 过量碘甲烷 d. 邻苯二甲酸酐
  e. 苯磺酰氯 f. 丙酰氯 g. 亚硝酸 h. 稀盐酸

解：

a. 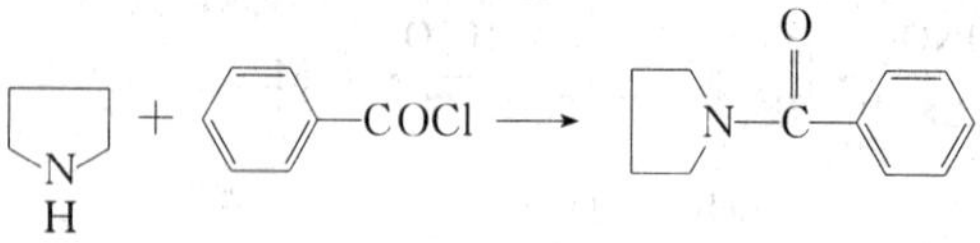 [四氢吡咯] + [C₆H₅—COCl] ⟶ [N-苯甲酰四氢吡咯]

b. 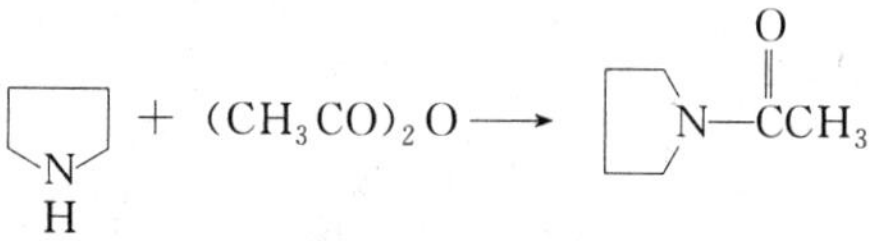 [四氢吡咯] + (CH₃CO)₂O ⟶ [N-乙酰四氢吡咯]

c. 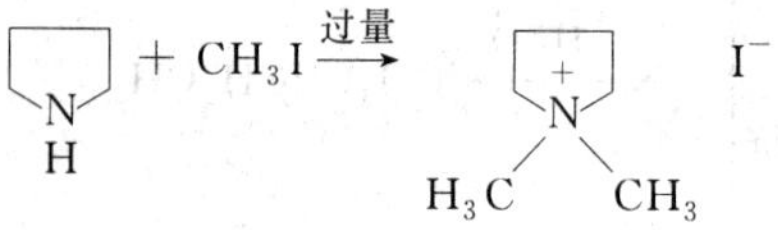 [四氢吡咯] + CH₃I $\xrightarrow{\text{过量}}$ [季铵盐] I⁻

[N-甲基四氢吡咯] + CH₃I $\xrightarrow{\text{过量}}$ [季铵盐] I⁻

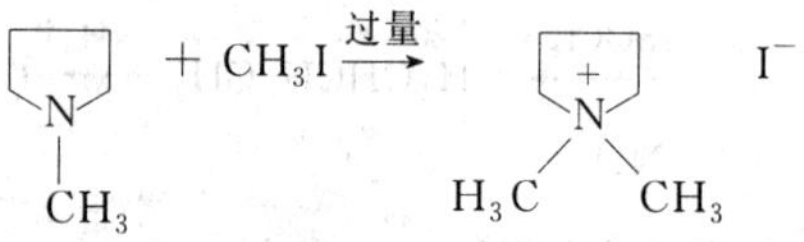

d. 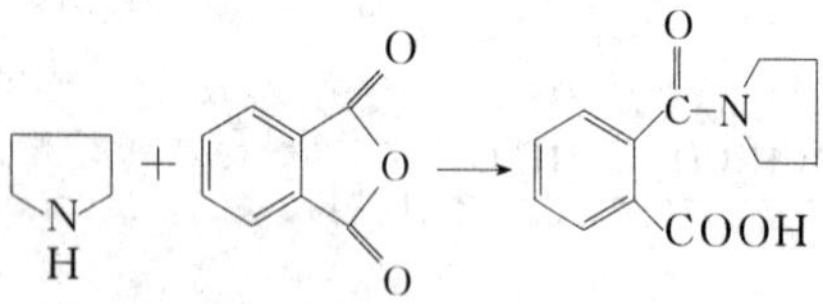 [四氢吡咯] + [邻苯二甲酸酐] ⟶ [邻-(吡咯甲酰基)苯甲酸]

e. 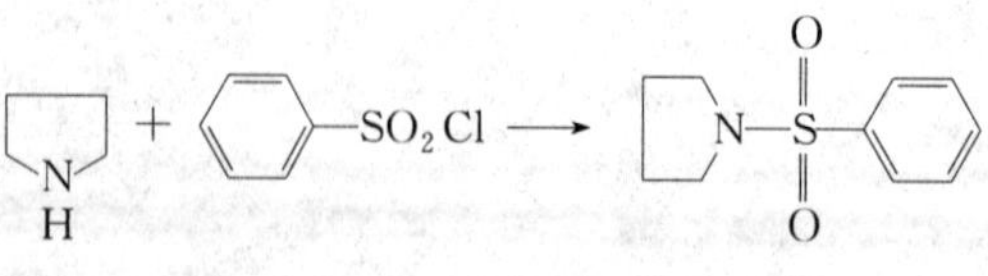 [四氢吡咯] + [C₆H₅—SO₂Cl] ⟶ [N-苯磺酰四氢吡咯]

f. 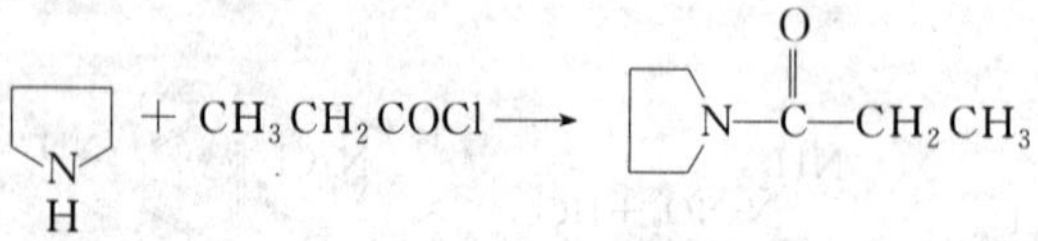 [四氢吡咯] + CH₃CH₂COCl ⟶ [N-丙酰四氢吡咯]

g. 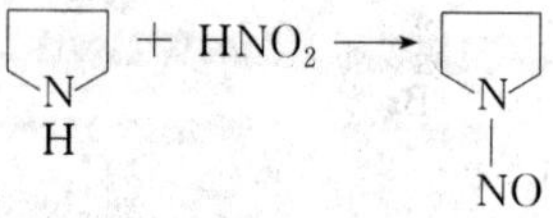 [四氢吡咯] + HNO₂ ⟶ [N-亚硝基四氢吡咯]

[N-甲基四氢吡咯] + HNO₂ ⟶ [季铵盐] NO₂⁻

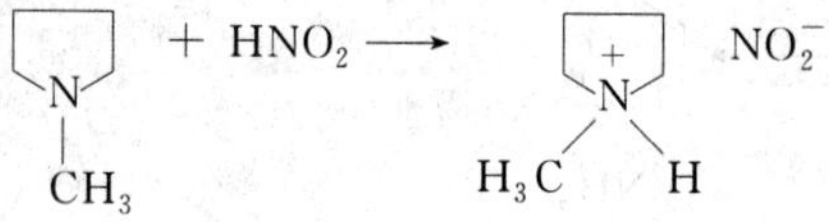

h.

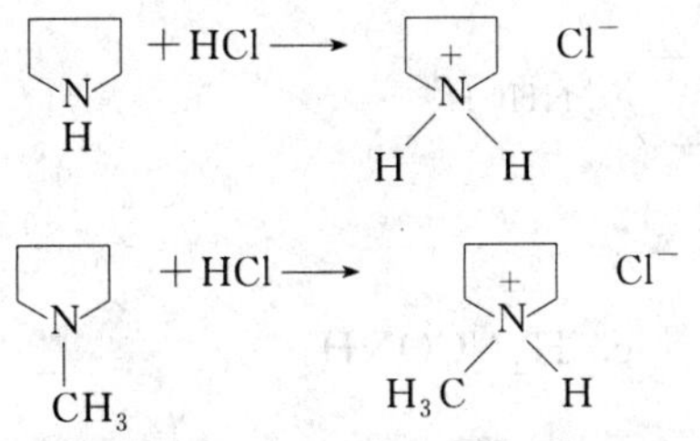

![pyrrolidine] + HCl ⟶ ![pyrrolidinium chloride]

![N-methylpyrrolidine] + HCl ⟶ ![N-methylpyrrolidinium chloride]

★ **12.11** 化学方法鉴别下列各组化合物。

　　a. 邻甲苯胺　　N-甲基苯胺　　苯甲酸　　邻羟基苯甲酸
　　b. 三甲胺盐酸盐　　溴化四乙基铵

解： a. 邻甲苯胺　　　　　　　　（－）⎤ HNO₂ （＋）升温↑
　　　N-甲基苯胺 ⎤ NaHCO₃ （－）⎦ ⟶ （＋）黄色固体
　　　苯甲酸　　 ⎦ 溶液 （＋）↑ FeCl₃ （－）
　　　邻羟基苯甲酸　　　　　　（＋）↑ 溶液 （＋）显色

b. 三甲胺盐酸盐 ⎤ NaOH （＋）分层
　　溴化四乙基铵 ⎦ 溶液 （－）均相

★ **12.12** 写出下列反应的主要产物。

a. $(C_2H_5)_3N + CH_3\underset{Br}{CHCH_3} \longrightarrow$

b. $[(CH_3)_3N^+CH_2CH_2CH_2CH_3]Cl^- + NaOH \longrightarrow$

c. 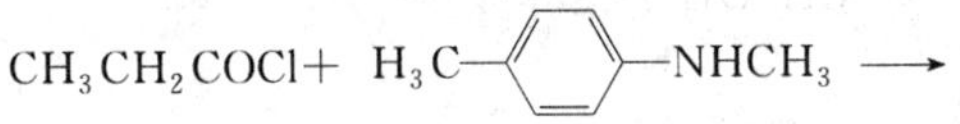 $CH_3CH_2COCl + H_3C-$![phenyl]$-NHCH_3 \longrightarrow$

d. 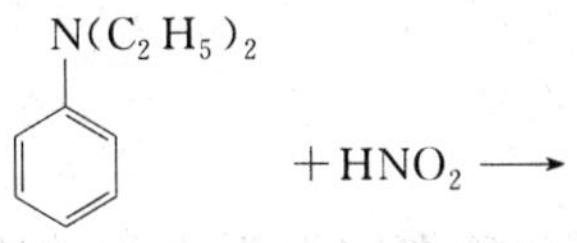 ![phenyl-N(C2H5)2] + HNO₂ ⟶

解： a. $(C_2H_5)_3\overset{+}{N}(CH_3)_2 Br^-$　　　　b. $[(CH_3)_3N^+CH_2CH_2CH_2CH_3]OH^-$

c. 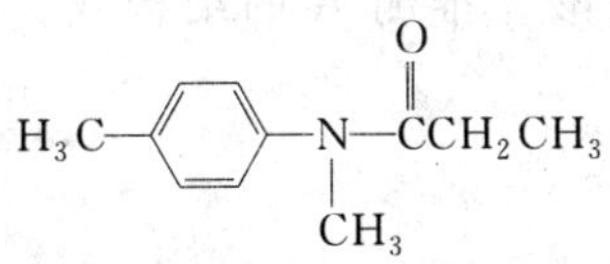 H_3C-![phenyl]$-\underset{CH_3}{N}-\overset{O}{\overset{\|}{C}}CH_2CH_3$　　　d. 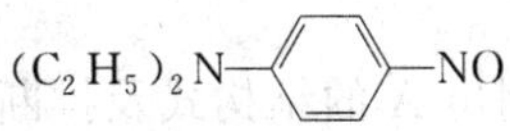 $(C_2H_5)_2N-$![phenyl]$-NO$

★ **12.13** N-甲基苯胺中混有少量苯胺和 N,N-二甲苯胺，怎样将 N-甲基胺提纯？

解：
A ![PhNHCH₃]　　　　　　　　　　　　![Ph-N(CH₃)SO₂Ph]
B ![PhNH₂]　　　PhSO₂Cl　　　![Ph-NHSO₂Ph]　　蒸馏　　NaOH
C ![PhN(CH₃)₂]　　⟶　　![Ph-N(CH₃)₂]　　除去C　　溶液

A 不溶于碱液
$\left[\text{![Ph-NSO}_2\text{Ph]}\right]^- Na^+$　　水洗　萃取　　![Ph-N(CH₃)SO₂Ph] 有机相
　　　　　　　　　　　　　　　　除去 B　水相

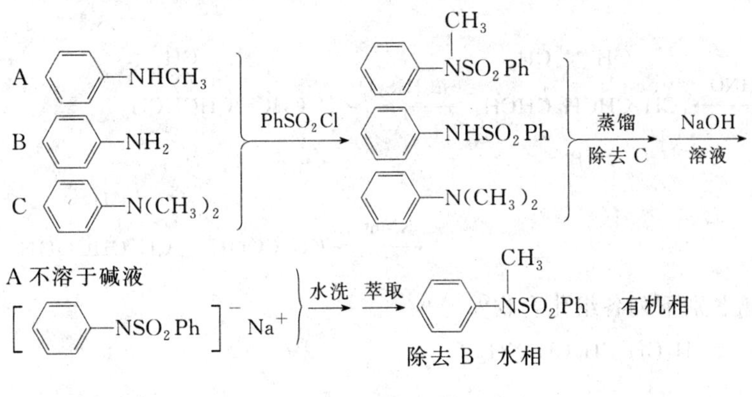

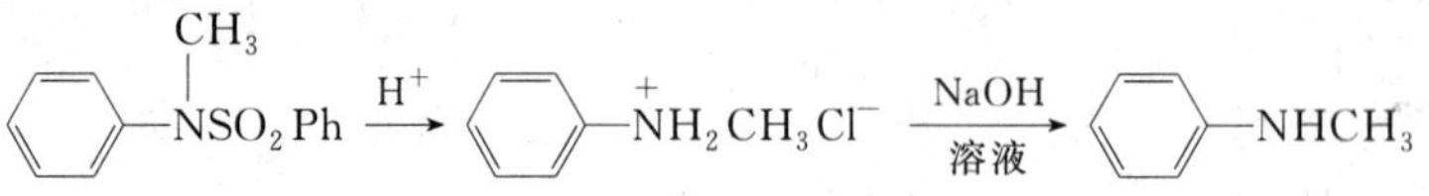

有机相 … → 有机相 → (reaction scheme shown)

* **12.14** 将下列化合物按碱性增强的顺序排列。

    a. CH_3CONH_2 b. $CH_3CH_2NH_2$ c. H_2NCONH_2
    d. $(CH_3CH_2)_2NH$ e. $(CH_3CH_2)_4N^+OH^-$

    解：下列化合物碱性增强的顺序为：e＞d＞b＞c＞a。

* **12.15** 将苄胺、苄醇及对甲苯酚的混合物分离为三种纯的组分。

    解：首先将此混合物加入适量甲苯溶解后，进行如下操作：

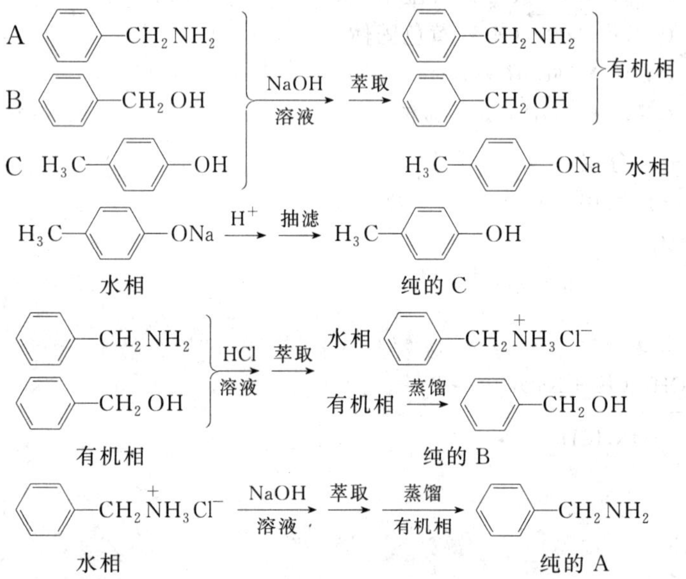

    A $PhCH_2NH_2$
    B $PhCH_2OH$ $\xrightarrow[\text{溶液}]{\text{NaOH}}$ 萃取 → 有机相：$PhCH_2NH_2$、$PhCH_2OH$；水相：$H_3C\text{-}C_6H_4\text{-}ONa$
    C $H_3C\text{-}C_6H_4\text{-}OH$

    $H_3C\text{-}C_6H_4\text{-}ONa$（水相）$\xrightarrow{H^+}$ 抽滤 → $H_3C\text{-}C_6H_4\text{-}OH$（纯的 C）

    $PhCH_2NH_2$ 与 $PhCH_2OH$（有机相）$\xrightarrow[\text{溶液}]{\text{HCl}}$ 萃取 → 水相：$PhCH_2NH_3^+Cl^-$；有机相 $\xrightarrow{\text{蒸馏}}$ $PhCH_2OH$（纯的 B）

    $PhCH_2NH_3^+Cl^-$（水相）$\xrightarrow[\text{溶液}]{\text{NaOH}}$ 萃取 有机相 $\xrightarrow{\text{蒸馏}}$ $PhCH_2NH_2$（纯的 A）

* **12.16** 分子式为 $C_6H_{15}N$ 的 A，能溶于稀盐酸。A 与亚硝酸在室温下作用放出氮气，并得到几种有机物，其中一种 B 能进行碘仿反应。B 和浓硫酸共热得到 C（C_6H_{12}），C 能使高锰酸钾褪色，且反应后的产物是乙酸和 2-甲基丙酸。推测 A 的结构式，并写出推断过程。

    解：根据题意，可以推测出 A 的结构式及推断过程如下：

    A $CH_3CH(NH_2)CH_2CH(CH_3)CH_3$

    $CH_3CH(NH_2)CH_2CH(CH_3)CH_3$ $\xrightarrow{HNO_2}$ $CH_3CH(OH)CH_2CH(CH_3)CH_3$ $\xrightarrow[\triangle]{\text{浓}H_2SO_4}$ $H_3CCH=CHCH(CH_3)CH_3$
    　　A　　　　　　　　　　　　　　　　B　　　　　　　　　　　　　　　　C

    $\xrightarrow{KMnO_4}$ $CH_3COOH + CH_3CH(CH_3)COOH$

* **12.17** 如何通过红外光谱鉴别下列各组化合物？

    a. $CH_3CH_2CH_2NHCH_3$ 及 $CH_3CH_2CH_2CH_2NH_2$

b.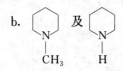

解：a. 在 3500～3300cm^{-1} 区域内，有双峰出现的是后者，仅出现单峰的为前者；

b. 后者在 3300cm^{-1} 附近有吸收峰，但前者没有。

★ **12.18** 在红外谱图中 O—H 峰还是 N—H 峰的吸收强度大？

解：因为 O—H 键的偶极矩大于 N—H 键的，所以，在红外谱图中，O—H 峰的吸收强度大。

第十三章

含硫和含磷有机化合物

基本要求

（1）了解硫和磷原子的成键特点，并理解这些特点对其形成化合物的物理和化学性质的影响。

（2）掌握含硫、磷化合物的分类、结构、命名及其化学性质；了解硫叶立德和磷叶立德的制备及其在有机合成中的应用。

（3）了解磺胺类药物和有机磷农药的基本类型及应用。

主要内容

一、硫和磷的结构特点

与氮和氧相比，磷和硫分别位于元素周期表第三周期的第五和第六主族，因此，它们在结构上和成键方式上既有相同点，也有不同点。

相同之处：氮与磷，氧与硫具有相同的价电子数，可以形成类似的化合物。

RNH_2（伯胺）　　ROH（醇）　　$ArOH$（酚）　　ROR（醚）
RPH_2（伯膦）　　RSH（硫醇）　　$ArSH$（硫酚）　　RSR（硫醚）

不同之处：磷和硫的 3d 轨道可以参与成键，如可与其他原子的 s、p、d 轨道形成 σ 键或 p、d 轨道形成 π 键，从而可形成高价的、呈不同的立体形状的化合物。另外，硫和磷原子的电负性比氧和氮小，而原子半径却要大得多，因此，原子核对价电子的束缚力较小，使得它们在化学性质上与含氧和含氮化合物有明显的区别。

二、含硫有机化合物的反应

硫醇具有弱酸性，可与碱或重金属盐反应生成相应的盐，硫醇的共轭碱 RS^- 碱性较弱，但却具有较强的亲核性；易被氧化剂氧化。

$$RSH \begin{cases} \xrightarrow[\text{酸性}]{NaOH} RSNa \xrightarrow{R'X} RSR'（亲核取代）（硫醚）\\ \xrightarrow{HgO} (RS)_2Hg\downarrow（酸性）\\ \xrightarrow{\text{弱氧化剂}} RSSR(I_2、O_2、MnO_2 \text{ 或 } Fe_2O_3) \\ \xrightarrow{\text{强氧化剂}} RSO_3H(HNO_3 \text{ 或 } KMnO_4) \end{cases}$$（氧化反应）

$$RSH \begin{cases} \xrightarrow[H^+]{R'COR'} \underset{R'}{\overset{R'}{C}}\underset{SR}{\overset{SR}{}}（亲核加成）\\ \xrightarrow{R'COCl} R'COSR（亲核加成-消去） \end{cases}$$

硫醚分子中的硫有较强的亲核性，在适当的溶剂中与有机卤代物发生亲核取代生成锍盐，锍盐用碱处理可以制备硫叶立德。硫醚用适当的氧化剂氧化，可分别生成亚砜和砜。

三、含磷有机化合物的反应

膦具有较强的亲核性，易与卤代烃反应得到季鏻盐。其中，叔膦与过渡金属形成的络合物，如三苯膦铑氯络合物（又称 Wilkinson 催化剂）在有机催化反应中具有特别重要的意义。

季鏻盐的一个重要应用是制备 Wittig 试剂即磷叶立德。反应过程如下：

$$Ph_3P: + \overset{X}{\underset{R}{C}}HR' \xrightarrow{-X^-} Ph_3\overset{+}{P}-\overset{H}{C}RR' \xrightarrow{B^-} Ph_3\overset{+}{P}-\overset{-}{C}RR'$$
磷 Ylide

Wittig 试剂在有机合成上最重要的应用是作为强亲核试剂与醛、酮反应，生成烯烃。其反应历程如下：

$$R^2-\underset{O}{\overset{R^1}{C}} + {}^-CRR' \atop {}^+PPh_3 \longrightarrow R^2-\underset{O^-}{\overset{R^1}{C}}-\underset{PPh_3}{\overset{R}{C}}-R' \longrightarrow \left[R^2-\underset{O-PPh_3}{\overset{R^1}{C}}-\underset{}{\overset{R}{C}}-R' \right] \longrightarrow R^2-\underset{}{\overset{R^1}{C}}=\underset{}{\overset{R}{C}}-R' + O=PPh_3$$

例题分析

例 13.1 用系统命名法命名下列化合物。

(1) HOCH$_2$CH$_2$SH

(2) C$_6$H$_5$—SCH$_3$

(3) 邻-NH$_2$-C$_6$H$_4$-SH

(4) 四氢噻吩砜 (环状 S(=O)$_2$)

(5) 3-Cl-C₆H₄-SO₂NHCH₃

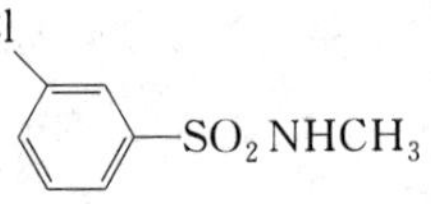

(6) HO-P(=O)(OC₂H₅)(OC₂H₅)

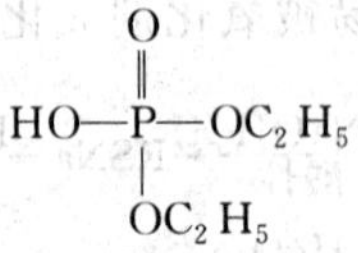

解：(1) 2-羟基乙硫醇　　　　　　　(2) 苯甲硫醚
(3) 2-氨基苯硫酚　　　　　　　(4) 环丁砜
(5) N-甲基-3-氯苯磺酰胺　　　(6) 磷酸二乙酯

● **例 13.2** 按要求回答下列问题。

(1) 将下列化合物按酸性强弱排序：

A. 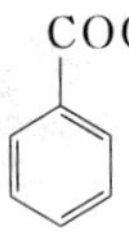 C₆H₅COOH　　B. 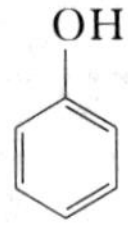 C₆H₅OH　　C. 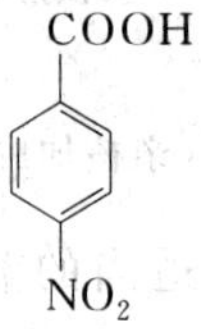 4-NO₂-C₆H₄-COOH　　D. 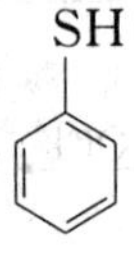 C₆H₅SH　　E. 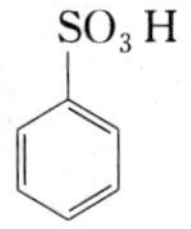 C₆H₅SO₃H

(2) 解释下列性质：

① 硫醇和硫酚的酸性比醇和酚强；

② 膦的亲核性强弱顺序为：$R_3P > R_2PH > RPH_2 > PH_3$，与胺的强弱顺序 $R_3N < R_2NH < RNH_2 < NH_3$ 正好相反。

(3) 用简单的化学方法区别下列化合物：

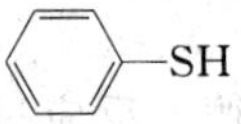

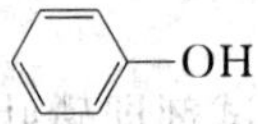

C₆H₅—SH，C₆H₅—OH 和 C₆H₅—SCH₃

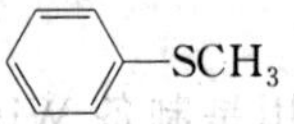

解：(1) 下列化合物酸性排序为：E＞C＞A＞D＞B。

(2) ①硫醇和硫酚的酸性强于醇和酚原因如下：一是因为硫原子的 3p 轨道比氧原子的 2p 轨道更分散，因此它与氢原子的 1s 轨道重叠不如 2p 轨道有效；二是 S 原子的电负性比 O 原子的小，其核对外层电子的束缚力较小，综上两个原因，巯基上的氢原子比羟基上的氢原子容易解离，从而表现出较强的酸性。

② 膦的亲核性顺序与胺的正好相反，原因是：在膦中，P 原子的体积较大，分子内各原子团彼此比较舒展，因此起决定作用的是烷基的给电子诱导效应，烃基越多，亲核性越强。但在胺中，N 原子的体积较小，分子内的空间密度大，因而烃基越多，空间位阻越大，则亲核越弱。

(3) 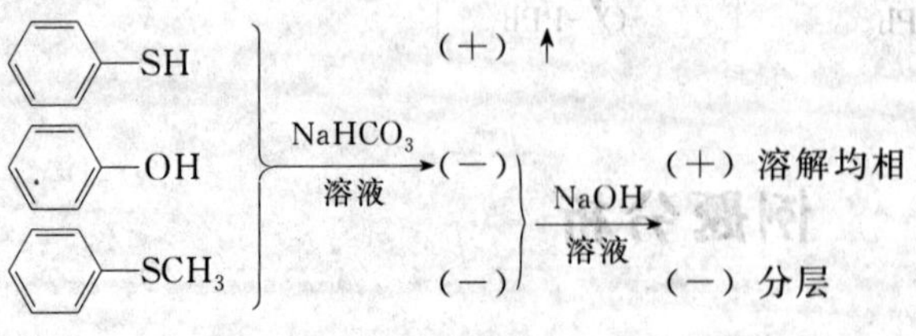
C₆H₅—SH
C₆H₅—OH   NaHCO₃ 溶液 (+) ↑
C₆H₅—SCH₃   (−)   NaOH 溶液 (+) 溶解均相
                           (−)   (−) 分层

● **例 13.3** 写出下列反应的主要产物。

(1) (CH₃)₂C=CH₂ + H₂S $\xrightarrow{\text{浓 H}_2\text{SO}_4}$

(2) H₂S + (环氧乙烷) $\xrightarrow{1:1}$

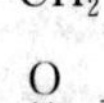

(3) 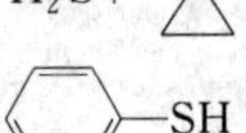 C₆H₅—SH $\xrightarrow{\text{KOH}}$ $\xrightarrow{\text{CH}_3\text{I}}$

142　有机化学学习指导

(4) $CH_3CH_2SCH_2CH_3 \xrightarrow{KMnO_4}$

(5) $CH_3COCH_2CH_3 + HSCH_2CH_2SH \xrightarrow{干\ HCl}$

(6) 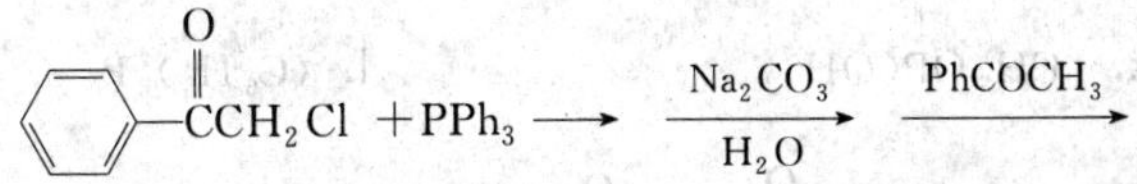 $PhCOCH_2Cl + PPh_3 \xrightarrow{Na_2CO_3/H_2O} \xrightarrow{PhCOCH_3}$

解：(1) $(CH_3)_2CHSH$ (2) $HSCH_2CH_2OH$ (3) 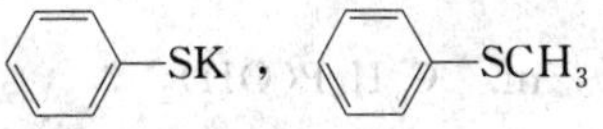 PhSK, PhSCH₃

(4) 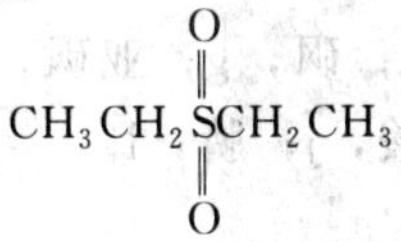 $CH_3CH_2SO_2CH_2CH_3$ (5) 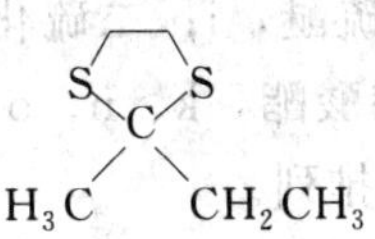 2,2-dimethyl-1,3-dithiolane (H₃C, CH₃ on C between two S in 5-ring)

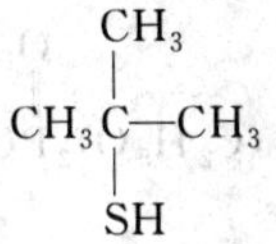

(6) 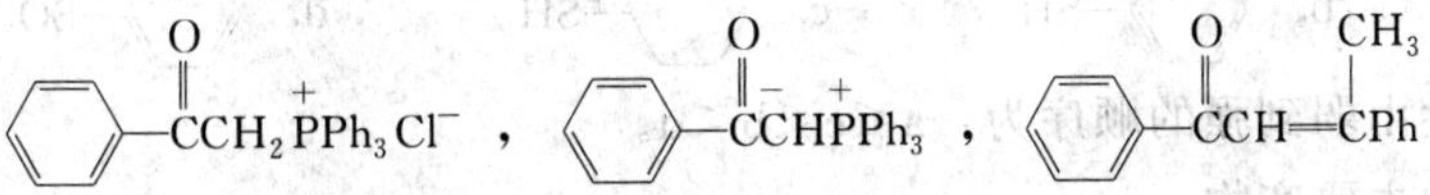 $PhCOCH_2\overset{+}{P}Ph_3\ Cl^-$, $PhCO\overset{-}{C}H\overset{+}{P}Ph_3$, $PhCOC(CH_3)=CHPh$

例 13.4 以甲苯为原料合成下列化合物，其他无机试剂及三碳以下有机试剂任选。

(1) 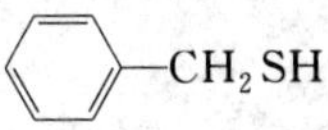 PhCH₂SH (2) 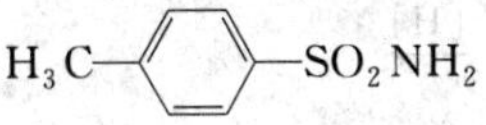 H_3C-C₆H₄-SO_2NH_2

(3) H_3C-C₆H₄-SO_2-C₆H₄-CH_3

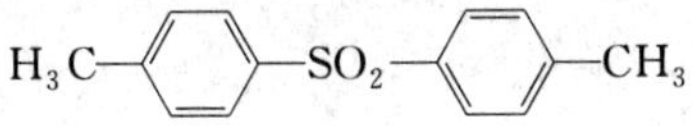

解：(1) PhCH₃ $\xrightarrow{NBS}$ PhCH₂Br $\xrightarrow{SH^-}$ T.M.

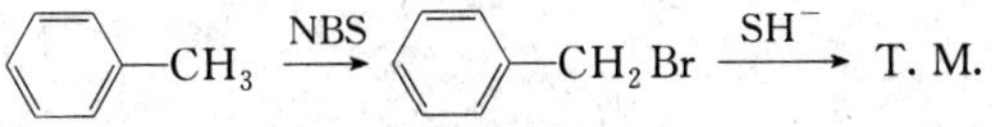

(2) 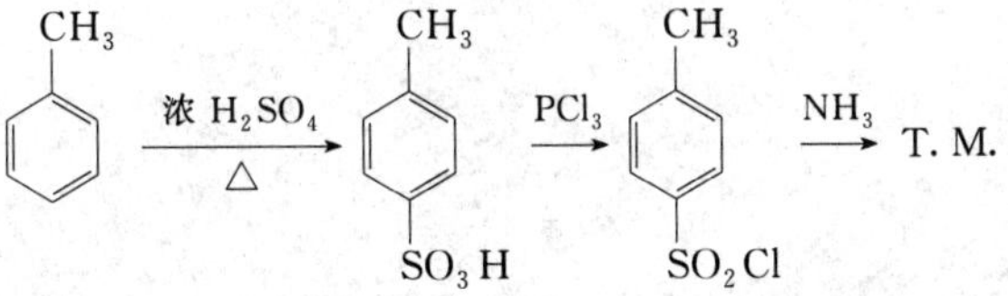 PhCH₃ $\xrightarrow{浓 H_2SO_4, \Delta}$ p-CH₃C₆H₄SO₃H $\xrightarrow{PCl_3}$ p-CH₃C₆H₄SO₂Cl $\xrightarrow{NH_3}$ T.M.

(3) PhCH₃ $\xrightarrow{HOSO_2Cl}$ p-CH₃C₆H₄SO₂Cl $\xrightarrow{PhCH_3, AlCl_3}$ T.M.

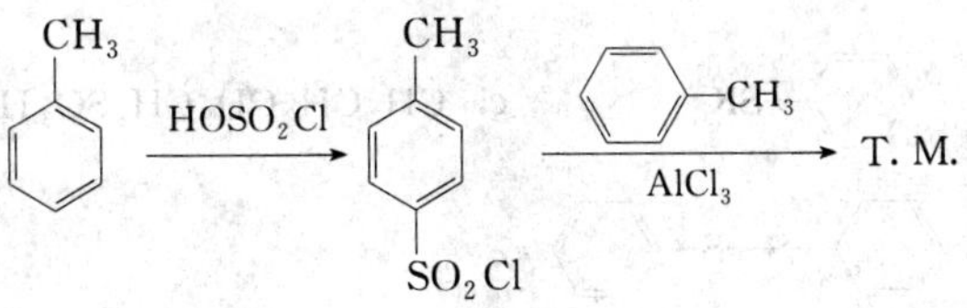

习题解析

13.1 指出下列各物质属于哪一类化合物。

a. 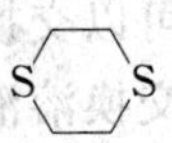 1,4-dithiane (S-CH₂CH₂-S-CH₂CH₂ ring) b.  p-ClC₆H₄SO₂NHCH₃ c. CH₃SOCH₃

d. $H_3C\text{-}C_6H_4\text{-}SO_3H$ e. $C_6H_{11}\text{-}SH$ f. $H_3C\text{-}C_6H_4\text{-}SH$

g. $C_6H_5\text{-}SO_2\text{-}C_6H_5$ h. $C_2H_5\text{-}S\text{-}S\text{-}C_2H_5$ i. $H_3CS\text{-}C_6H_5$

j. $CH_3C(=S)OH$ k. $CH_3OP(=O)(OH)_2$ l. $(C_6H_5)_3P$

m. $C_6H_5P(=O)(OH)_2$ n. 核糖-$CH_2\text{-}O\text{-}P(=O)(OH)\text{-}O\text{-}P(=O)(OH)\text{-}OH$ o. $(C_2H_5O)_2P(=O)OH$

解：所列化合物分别属于：硫醇，e；硫醚，i；二硫化物，a、h；砜，g；亚砜，c；磺酸，d；硫酚，f；磺酰胺，b；膦酸，m；磷酸酯，k、n、o；硫代羧酸，j；膦，l。

★ **13.2** 将下列化合物按酸性增强的顺序排列。

a. 环己基-OH b. $C_6H_5\text{-}SH$ c. 环己基-SH d. $C_6H_5\text{-}SO_3H$

解：所列化合物按酸性由弱到强的顺序为：a＜c＜b＜d。

★ **13.3** 写出下列反应的主要产物。

a. $\begin{array}{c}SCH_2CH(NH_2)COOH\\|\\SCH_2CH(NH_2)COOH\end{array}\xrightarrow{[H]}$

b. $C_6H_5\text{-}SH + KOH \longrightarrow$

c. $CH_3CH_2CH_2CH_2SH \xrightarrow{HNO_3}$

d. $C_6H_5\text{-}S\text{-}S\text{-}C_6H_5 \xrightarrow{HNO_3}$

e. $C_6H_5\text{-}SH \xrightarrow{O_2}$

f. $H_3C\text{-}C_6H_4\text{-}SO_3H \xrightarrow{PCl_3}$

g. $CH_3(CH_2)_4CH_2SH \xrightarrow{NaOH}$

解：a. $HSCH_2CH(NH_2)COOH$ b. $C_6H_5\text{-}S^-K^+$ c. $CH_3CH_2CH_2CH_2SO_3H$

d. $C_6H_5\text{-}SO_3H$ e. $C_6H_5\text{-}S\text{-}S\text{-}C_6H_5$

f. $H_3C\text{-}C_6H_4\text{-}SO_2Cl$ g. $CH_3(CH_2)_4CH_2S^-Na^+$

★ **13.4** 离子交换树脂的结构特点是什么？举例说明什么叫阴离子交换树脂，什么叫阳离子交换树脂。

解：离子交换树脂的结构特点是：通过烯烃的自由基聚合形成的高分子化合物，加入交联剂形成了空间网状结构，通过化学修饰接枝上官能团，官能团上的阳离子或阴离子可以与水中的阳离子或阴离子进行交换。如果通过化学修饰，接枝上季铵盐类官能团可以交换溶液中的阴离子，称为阴离子交换树脂；若接枝上以磺酸基为代表的官能团，可以交换溶液中的阳离子，则称为阳离子交换树脂。

★ **13.5** 磷酸可以形成几种类型的酯？以通式表示。

解：磷酸可以形成以下三种类型的酯，其通式为：

$$HO-\underset{\underset{OH}{|}}{\overset{\overset{O}{\|}}{P}}-OR, \quad HO-\underset{\underset{OH}{|}}{\overset{\overset{O}{\|}}{P}}-O-\underset{\underset{OH}{|}}{\overset{\overset{O}{\|}}{P}}-OR, \quad HO-\underset{\underset{OH}{|}}{\overset{\overset{O}{\|}}{P}}-O-\underset{\underset{OH}{|}}{\overset{\overset{O}{\|}}{P}}-O-\underset{\underset{OH}{|}}{\overset{\overset{O}{\|}}{P}}-OR$$

★ **13.6** 由指定原料及其他无机试剂写出下列合成路线。

a. 由 $CH_3CH_2CH_2CH_2OH$ 合成 $CH_3CH_2CH_2SO_2CH_2CH_2CH_3$

b. 由 $\text{C}_6\text{H}_5\text{—CH}_3$ 合成 $H_3C\text{—}\underset{}{\text{C}_6\text{H}_4}\text{—}SO_2NH\text{—}\underset{}{\text{C}_6\text{H}_4}\text{—}CH_3$

解：a. $CH_3CH_2CH_2CH_2OH \xrightarrow{PBr_3} CH_3CH_2CH_2CH_2Br \xrightarrow{Na_2S} CH_3CH_2CH_2CH_2SCH_2CH_2CH_2CH_3$

$\xrightarrow[\text{或 } CH_3CO_3H]{KMnO_4} \text{T. M.}$

b.

$$\underset{}{\text{C}_6\text{H}_5\text{—CH}_3} \xrightarrow{\text{浓 } H_2SO_4} \underset{SO_3H}{\text{H}_3\text{C—C}_6\text{H}_4} \xrightarrow{PCl_5} \underset{SO_2Cl}{\text{H}_3\text{C—C}_6\text{H}_4} \quad \cdots\cdots ①$$

$$\underset{}{\text{C}_6\text{H}_5\text{—CH}_3} \xrightarrow[\text{浓 } H_2SO_4]{\text{浓 } HNO_3} \underset{NO_2}{\text{H}_3\text{C—C}_6\text{H}_4} \xrightarrow{Sn\text{-}HCl} \underset{NH_2}{\text{H}_3\text{C—C}_6\text{H}_4} \quad \cdots\cdots ②$$

① + ② → T. M.

第十四章

碳水化合物

基本要求

（1）了解糖类化合物的含义、分类和命名。

（2）理解利用化学方法证明的己醛糖直链构造式；掌握单糖的构型、开链结构（Fischer 投影式），环状结构（Haworth 式：呋喃型和吡喃型）和构象式。

（3）掌握单糖的化学性质：还原性、成脎反应、成苷反应、成醚（酯）反应、差向异构、氧化性等；掌握区别还原性糖和非还原性糖的方法。

（4）掌握蔗糖、麦芽糖等重要二糖的 Haworth 式和构象式写法及其化学性质；了解纤维二糖、乳糖的结构及性质。

（5）了解多糖如淀粉、纤维素等典型多糖的结构特征与基本性质。

主要内容

一、单糖的结构

1. 开链结构——Fischer 式

单糖是多羟基醛、酮化合物，其中的手性碳构型可采用 R、S 标记法，但习惯上是沿用 D、L 构型标记法，在自然界存在的糖为 D 构型，用 Fischer 式表示其构型。如：

D-(+)-葡萄糖　　　　D-(+)-甘露糖　　　　D-(+)-果糖

在上述单糖中，D-葡萄糖和 D-甘露糖属于差向异构体，即它们之间除了一个手性碳构型不同外，其余各个手性碳的构型完全相同。相同碳数的醛糖和酮糖为同分异构体，在碱性条件下，可通过差向异构化而相互转化，如 D-甘露糖和 D-果糖。

2. 环状结构——Haworth 式

单糖的直立环状投影式虽然能表示出半缩醛形式结构，但从环的稳定性来看，过长的氧桥键是不合理的，且不能反映出各个基团的相对空间关系，所以应将其转化为透视式，即 Haworth 式。以 D-果糖为例：

   α-D-吡喃果糖   β-D-吡喃果糖   α-D-呋喃果糖   β-D-呋喃果糖

在形成半缩醛的 Haworth 式中，生成的羟基叫半缩醛（酮）羟基，简称苷羟基。该羟基与决定构型的碳原子上的羟基位置（未成环时的）在同侧和异侧时分别叫作 α-型、β-型，这两种异构体又称为异头物。

二、单糖的反应

1. 成脎反应

单糖中的羰基可与苯肼生成苯腙，其 α-位的羟基会被苯肼氧化成羰基，而会与过量的苯肼继续反应，最终生成糖脎。

$$\begin{matrix} CHO \\ HC-OH \\ R \end{matrix} \begin{matrix} CH_2OH \\ C=O \\ R \end{matrix} \xrightarrow{3\ C_6H_5NHNH_2} \begin{matrix} HC=NNHC_6H_5 \\ C=NNHC_6H_5 \\ R \end{matrix}$$

糖脎都是不溶于水的黄色结晶，不同的糖脎晶形不同，且在反应中生成的速率也不同。因此，可根据糖脎晶形及生成时间来鉴定糖。

2. 氧化反应

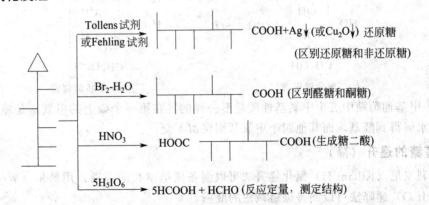

常见的弱氧化剂，如 Tollens 试剂、Fehling 试剂和 Benedict 试剂，除了能氧化醛糖外，还能氧化酮糖，原因是在碱性条件下，发生了差向异构化，使得酮基不断地变成醛基。

溴水能氧化醛糖，但不能氧化酮糖，可以利用这个反应来区别鉴定醛糖和酮糖。硝酸可以将醛糖中的醛基和伯羟基均氧化成羧基，产物是同碳数的糖二酸，可以根据糖二酸是否具有旋光性来推测糖的构型。酮糖在硝酸氧化下，会导致 C_1-C_2 键的断裂，生成少一个碳数的糖二酸。

糖类化合物能被高碘酸裂解，反应定量进行，每断裂一个碳碳键就消耗 1mol 的高碘酸，是研究糖类结构最有用的手段之一。

3. 还原反应

单糖可以被催化氢化或硼氢化钠等还原剂还原成糖醇。有时根据产物有无旋光性来推测糖的结构。如木糖还原成木糖醇，产物中第三碳是假不对称碳原子，是无旋光性的。

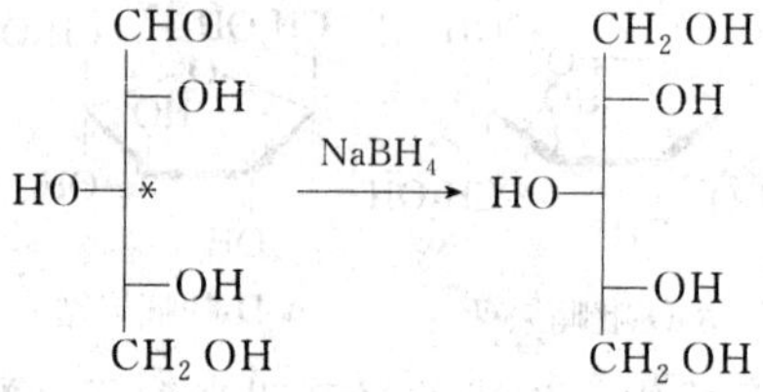

$$\begin{array}{c}\text{CHO}\\|\\\text{—OH}\\|\\\text{HO—*—}\\|\\\text{—OH}\\|\\\text{CH}_2\text{OH}\end{array} \xrightarrow{\text{NaBH}_4} \begin{array}{c}\text{CH}_2\text{OH}\\|\\\text{—OH}\\|\\\text{HO—}\\|\\\text{—OH}\\|\\\text{CH}_2\text{OH}\end{array}$$

4. 成苷（醚）反应

单糖的半缩醛羟基与另一羟基化合物（如醇、酚等）中的羟基脱水形成糖苷键（C—O—C 型），得到的产物叫配糖体或糖苷或简称苷（具有缩醛或缩酮的结构）。糖苷是稳定的，在水溶液中不能再转化为链式，因此糖苷没有变旋现象和还原性等。但在酸或酶作用下，糖苷可分解成糖和非糖部分（羟基化合物），前者称作糖苷基，后者叫作配基、配质或苷元。

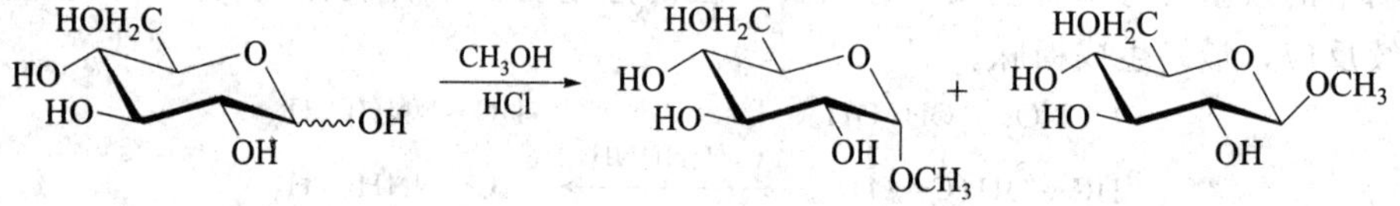

α-D-吡喃葡萄糖甲苷　　β-D-吡喃葡萄糖甲苷

糖分子中的羟基可以烷基化成醚，如葡萄糖甲苷用 30% 氢氧化钠和硫酸二甲酯可顺利使其甲基化。

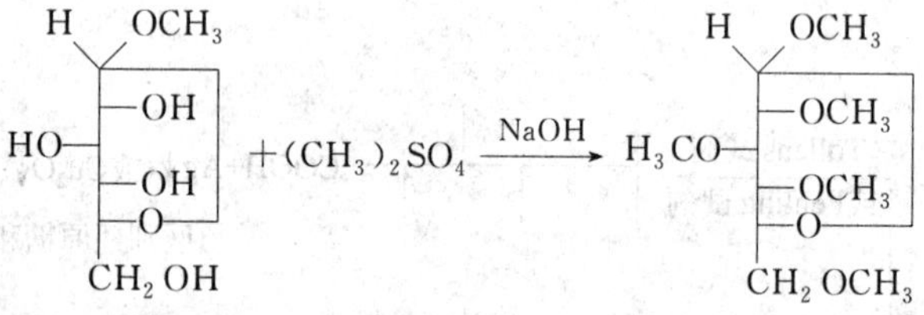

葡萄糖甲苷　　五-O-甲基葡萄糖

五-O-甲基葡萄糖中五个甲氧基性质是不一样的，在第一个碳上的甲氧基是缩醛，容易被稀盐酸水解得到醛基，而其他四个甲氧基则保留不变。

5. 醛糖的递升（降）

用克利安尼（Kiliani H）氰化递升法可以制备碳链增长的醛糖；用佛尔（Wohl A）或芦福（Ruff O）递降法可以制备碳链减短的醛糖。

三、二糖的结构

双糖是低聚糖中最重要的一类，是由两分子单糖失水形成，能被水解为两分子单糖。自然界存在的双糖分为还原性双糖和非还原性双糖。其中，还原性单糖可看作是由一分子单糖的半缩醛羟基与另一分子单糖的醇羟基失水形成，所以这类双糖还具有一般单糖的性质：变旋现象和还原性等。如：

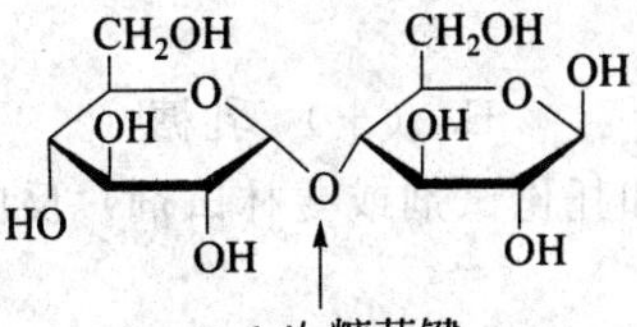

α-1,4'-糖苷键
β-(+)-麦芽糖

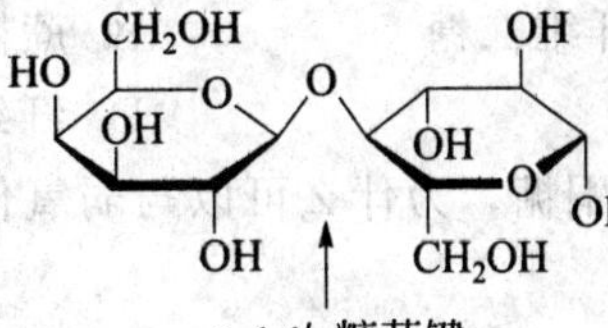

β-1,4'-糖苷键
β-(+)-乳糖

而非还原性双糖则是两个单糖的半缩醛羟基失水形成，两个单糖都成为苷，所以这类双糖就没有变旋现象和还原性等性质。如：

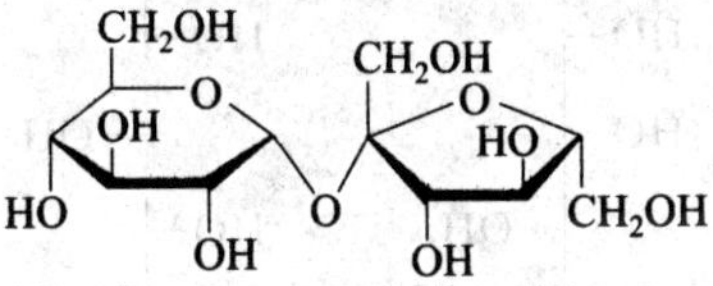

(+)-蔗糖

例题分析

例 14.1 按照要求命名或写出结构式。

(1) 用系统命名法命名

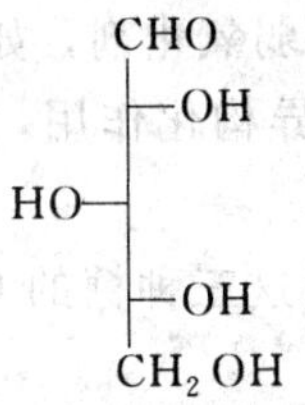

CHO
—OH
HO—
—OH
CH$_2$OH

(2) L-丙氨酸的 Fischer 投影式；

(3) 化合物 α-D-甲基吡喃葡萄糖苷的 Haworth 透视结构式；

(4) β-D-甲基吡喃半乳糖苷的优势构象。

解：(1) (2R,3S,4R)-2,3,4,5-四羟基戊醛

(2) 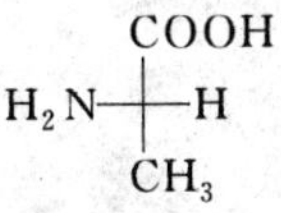 H$_2$N—C(CH$_3$)(H)—COOH   (3) 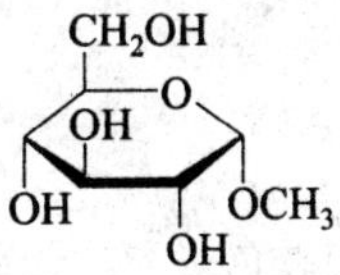   (4)

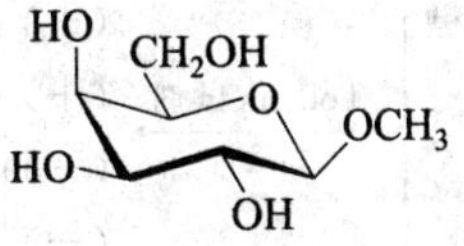

例 14.2 按要求回答下列问题。

(1) 下列化合物中，不能形成糖脎的是（　　）。
A. D-葡萄糖　　B. 麦芽糖　　C. 蔗糖　　D. 果糖

(2) 理论上，己酮糖具有的立体异构体的数目是（　　）。
A. 4 种　　B. 8 种　　C. 16 种　　D. 32 种

(3) 不能把醛糖氧化成醛糖酸的是（　　）。
A. 稀硝酸　　　　　　B. Fehling 试剂
C. Benedict 试剂　　　D. 溴水溶液

(4) 下列糖中，为还原双糖的是（　　）。

A．（＋）-纤维二糖　　　　　　B．蔗糖
C．麦芽糖　　　　　　　　　　D．纤维素　　　　E．（＋）-乳糖

(5) 果糖是酮糖，为什么可以与弱氧化剂（如托伦试剂或斐林试剂）反应，却又不能与溴水反应？

(6) 怎样能证明 D-葡萄糖、D-甘露糖和 D-果糖这三种糖的 C_3、C_4 和 C_5 具有相同的构型？

(7) 结合下列 5 个戊糖的结构，根据所提的问题，选择合适的结构：

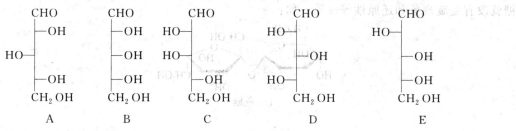

① A 的对映体是哪一个？
② A 的 C_2 差向异构体是哪一个？
③ 5 个戊糖都还原成戊五醇，哪几个戊糖醇还具有旋光性？
④ 5 个戊糖都氧化成糖二酸，哪些糖的氧化产物结构相同？

解：(1) C；(2) B；(3) A；(4) A、C、E；

(5) 果糖是 α-羟基酮糖，在托伦试剂或斐林试剂的碱性溶液中，果糖能发生酮式-烯醇式的互变异构，酮基可以不断地变成醛基，因此果糖能像醛糖一样和弱氧化剂，如托伦试剂或斐林试剂等反应。而溴水是一个酸性试剂，不会引起 α-羟基酮糖异构化作用，因此果糖不会与溴水反应，可以利用这个反应来区别醛糖和酮糖；

(6) 将这三种糖分别与苯肼作用，若生成同一种糖脎，就能证明这三种糖的 C_3、C_4 和 C_5 具有相同的构型；

(7) ① D；　② C；　③ C、E；　④ A 与 D；C 与 E。

● **例 14.3**　用简单的化学方法区别下列各组化合物。

(1) D-半乳糖、D-果糖、蔗糖、淀粉；
(2) 葡萄糖、2-D-甲基葡萄糖苷，甲基葡萄糖苷。

解：

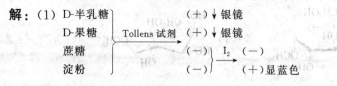

● **例 14.4**　完成下列反应式。

(1)
$$\begin{array}{c} \text{CHO} \\ \text{HO}-\!\!\!\!-\text{OH} \\ -\!\!\!\!-\text{OH} \\ -\!\!\!\!-\text{OH} \\ \text{CH}_2\text{OH} \end{array} \xrightarrow[\text{H}^+]{\text{PhNHNH}_2}$$

(2) [结构式] $\xrightarrow{NH_2OH}$

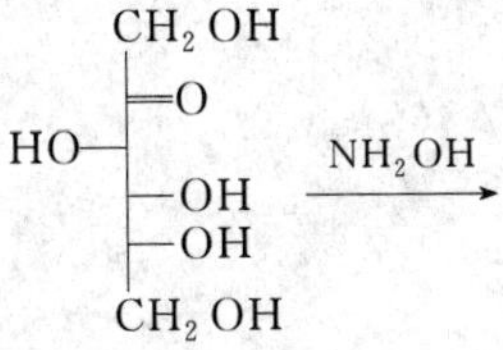

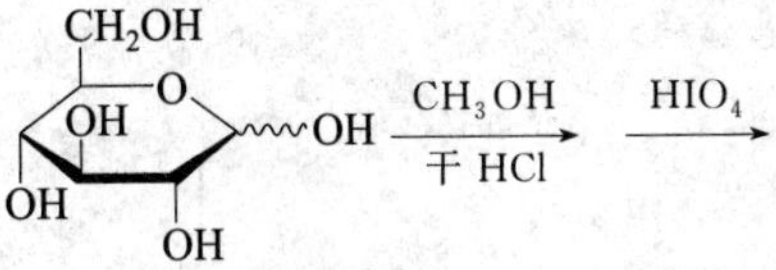

(3) [结构式] $\xrightarrow[\text{干 HCl}]{CH_3OH}$ $\xrightarrow{HIO_4}$

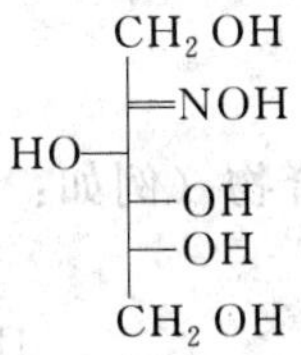

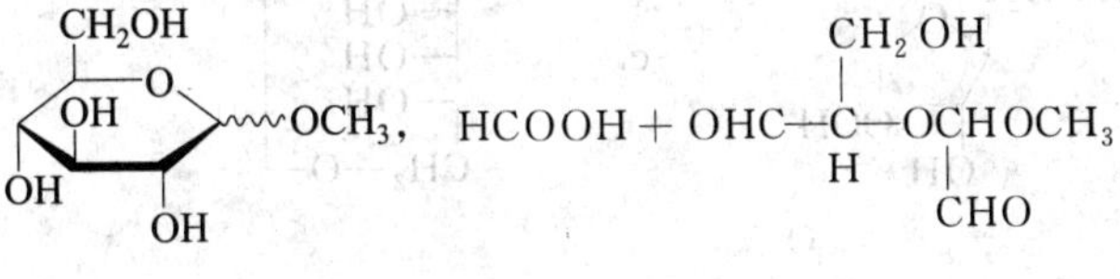

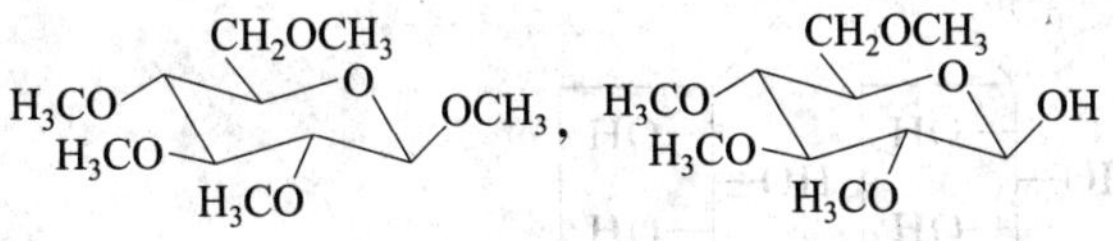

(4) [结构式] $+ (CH_3)_2SO_4 \xrightarrow[H_2O]{NaOH} \xrightarrow{稀 HCl}$

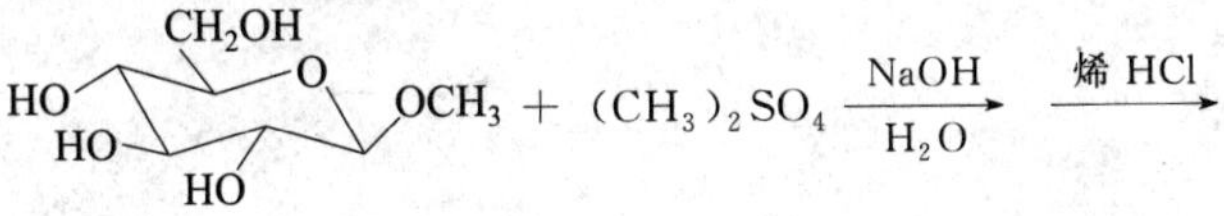

(5) 乳糖 $\xrightarrow{苦杏仁酶}$ $\xrightarrow{稀硝酸}$

解：(1) [结构式] (2) [结构式]

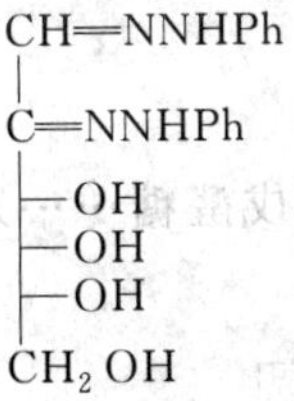

(3) [结构式]，$HCOOH + OHC-C-OCHCH_3$ [结构式]

(4) [结构式]，[结构式]

(5) [结构式] + [结构式]，[结构式] + [结构式]

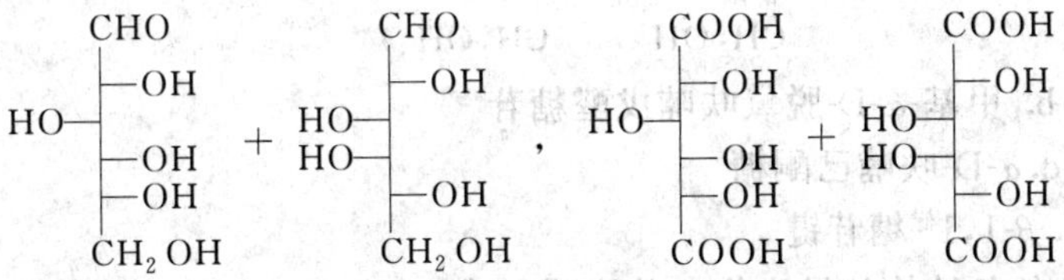

例 14.5 推导结构。

(1) D-戊醛糖（A）氧化后生成具有旋光性的糖二酸（B）。（A）通过碳链缩短反应得到丁醛糖（C），（C）氧化后生成没有旋光性的糖二酸（D）。试推测（A）、（B）、（C）、（D）的结构。

(2) 根据下列实验事实，推断乳糖的结构：
① 乳糖能被 β-葡萄糖苷酶水解生成 D-葡萄糖和 D-半乳糖；
② 乳糖是还原糖，有变旋现象；
③ 乳糖的糖脎进行分解可得 D-半乳糖和 D-葡萄糖脎；
④ 将乳糖温和氧化，甲基化后再水解得到 2,3,5,6-四-O-甲基-D-葡萄糖酸和 2,3,4,6-四-O-甲基-D-半乳糖。

解：(1) 根据题意，可推导出（A）、（B）、（C）、（D）的结构分别如下：

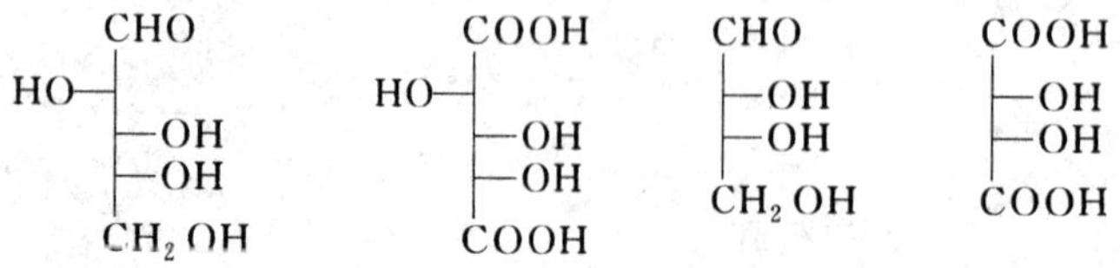

(A)　　　　(B)　　(C)　　　(D)

(2) 根据题意，可以推导出乳糖的结构为：

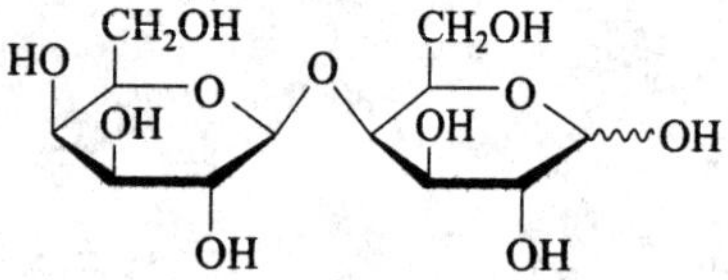

习题解析

★ **14.1** 指出下列结构式所代表的是哪一类化合物（例如：双糖、吡喃戊醛糖……）。指出它们的构型（D或L）及糖苷键类型。

a. 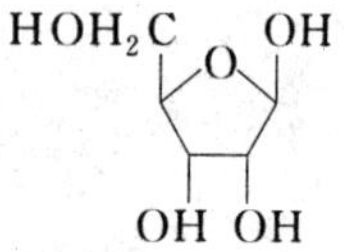　b. 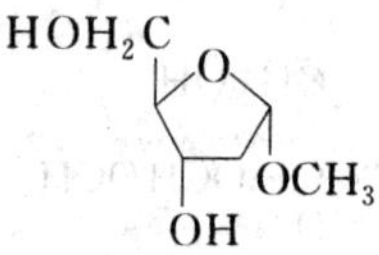　c. 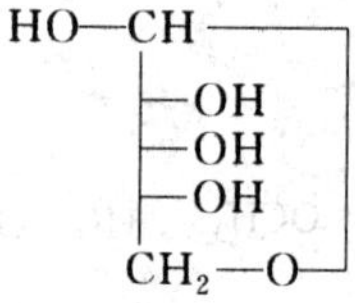

d. 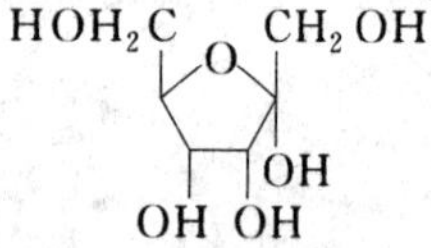　e. 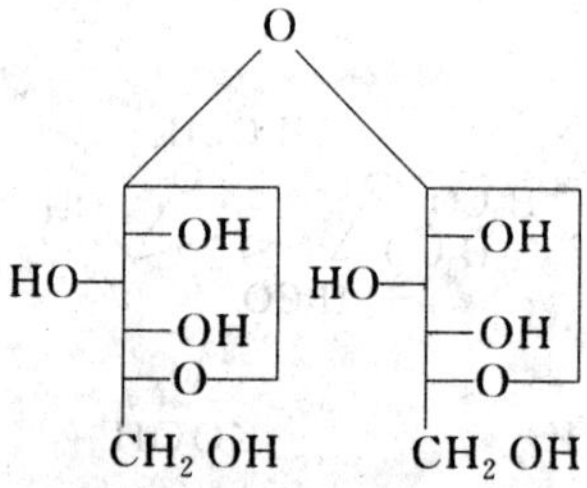

解：a. β-D-呋喃戊醛糖　b. 甲基-α-D-脱氧呋喃戊醛糖苷

c. β-D-吡喃戊醛糖　d. α-D-呋喃己酮糖

e. 双糖（D，D），α，β-1，1′-糖苷键

★ **14.2** 写出上题中a～d的各结构的异头物，并注明α或β。

解：a～d各结构的异头物及表示的α或β式分别如下：

a. 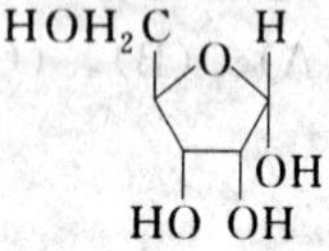 α式　b. 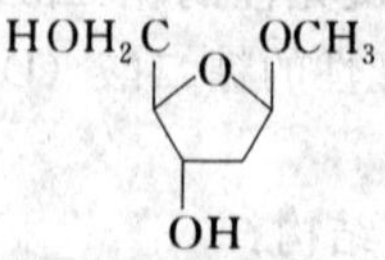 β式

c. 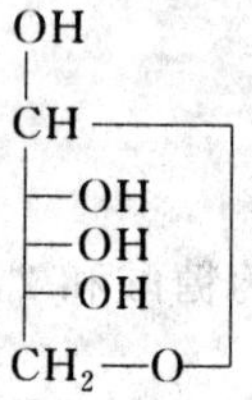 α式　d. 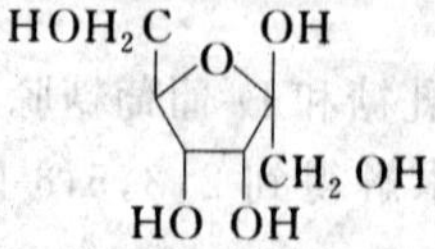 β式

★ **14.3** a. 写出下列各六碳糖的吡喃环式及链式异构体的互变平衡体系。

(i) D-甘露糖　　(ii) D-葡萄糖　　(iii) D-果糖　　(iv) D-半乳糖

解：各六碳糖的吡喃环式及链式异构体的互变平衡体系如下：

(i) 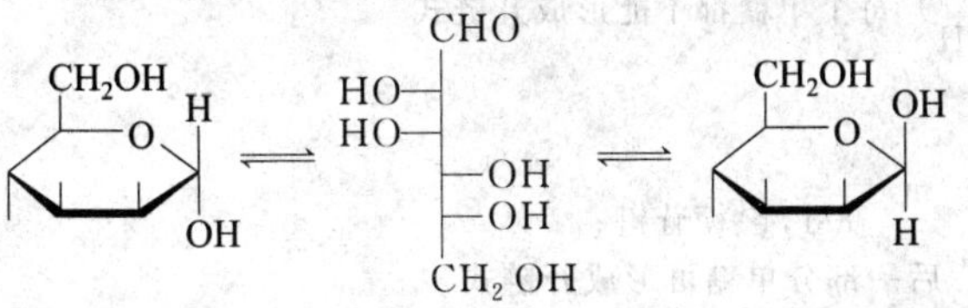
α-D-甘露糖　　　　D-甘露糖　　　　β-D-甘露糖

(ii) 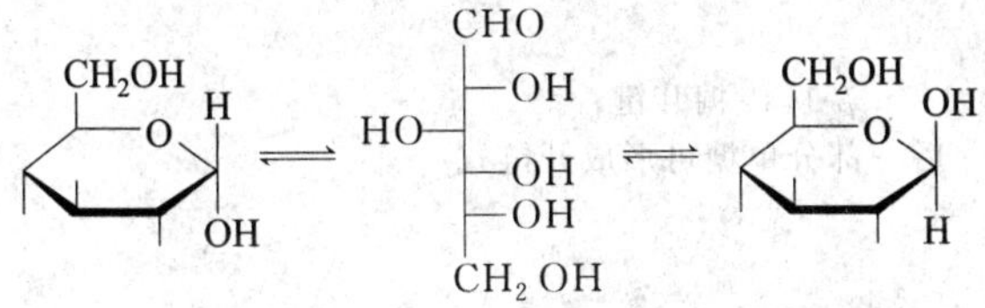
α-D-葡萄糖　　　　D-葡萄糖　　　　β-D-葡萄糖

(iii) 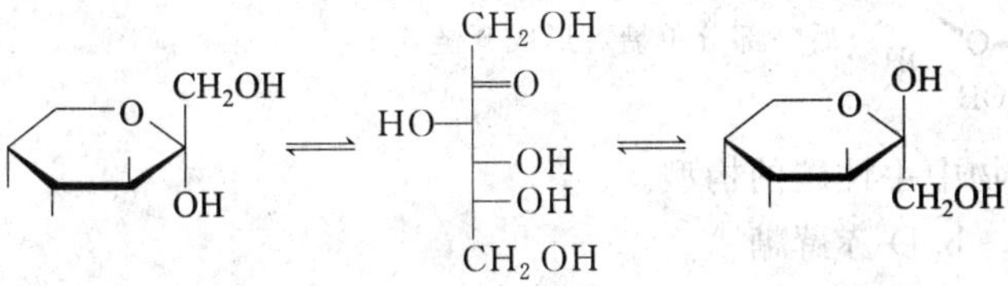
α-D-果糖　　　　D-果糖　　　　β-D-果糖

(iv) 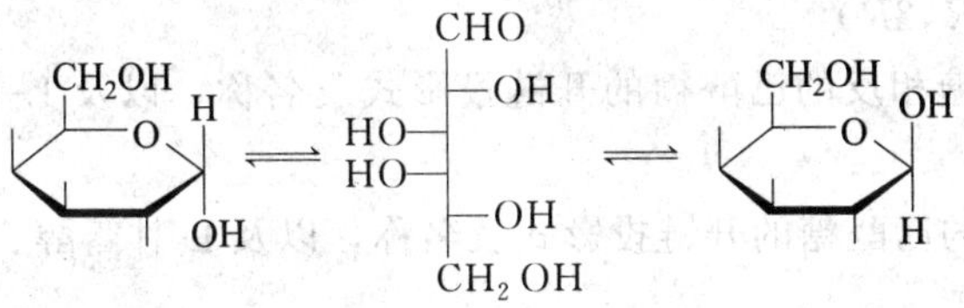
α-D-半乳糖　　　　D-半乳糖　　　　β-D-半乳糖

b. 写出下列五碳糖的呋喃环式及链式异构体的互变平衡体系。

(i) D-核糖　　(ii) D-脱氧核糖

解：各五碳糖的呋喃环式及链式异构体的互变平衡体系如下：

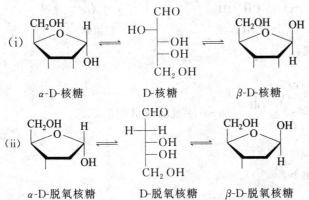

(i)
α-D-核糖　　　　D-核糖　　　　β-D-核糖

(ii)
α-D-脱氧核糖　　D-脱氧核糖　　β-D-脱氧核糖

c. 写出下列双糖的吡喃环型结构式，指出糖苷键的类型，并指出哪一部分单糖可以形成开链式。

(i) D-蔗糖　　(ii) D-麦芽糖　　(iii) D-纤维二糖　　(iv) D-乳糖

解：各双糖的吡喃环型结构式分别为：

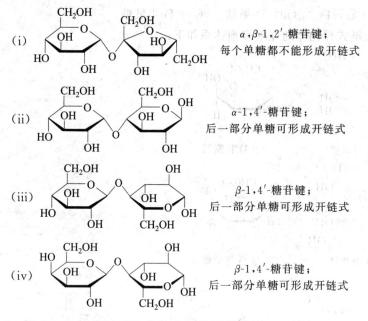

(i) α,β-1,2'-糖苷键；
每个单糖都不能形成开链式

(ii) α-1,4'-糖苷键；
后一部分单糖可形成开链式

(iii) β-1,4'-糖苷键；
后一部分单糖可形成开链式

(iv) β-1,4'-糖苷键；
后一部分单糖可形成开链式

★ **14.4** 以 R，S 标出下列化合物中手性碳的构型。
  a. L-甘油醛   b. D-赤藓糖
解：各手性碳的构型依次为：
  a. R b. $(1R, 2R)$

★ **14.5** 写出只有 C_5 的构型与 D-葡萄糖相反的己醛糖的开链投影式及名称，以及 L-甘露醇、L-果糖的开链投影式。
解：只有 C_5 的构型与 D-葡萄糖相反的己醛糖的开链投影式及名称，以及 L-甘露醇、L-果糖的开链投影式，分别如下：

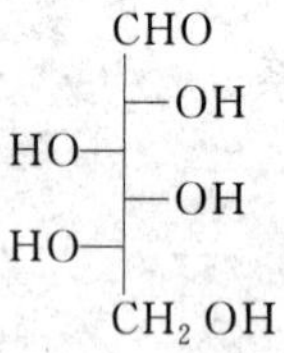

  L-艾杜糖 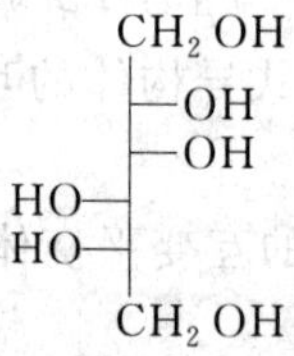   L-甘露醇 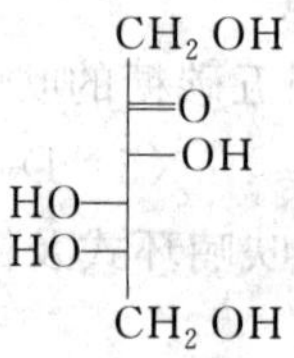   L-果糖

★ **14.6** 将下列化合物写成 Haworth 式：

  a. 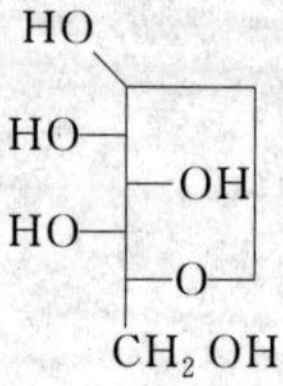   b. 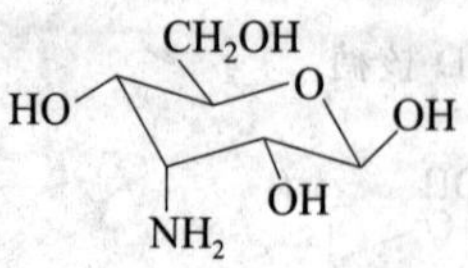   c. α-D-吡喃阿卓糖

解：各化合物分别写成 Haworth 式如下：

  a. 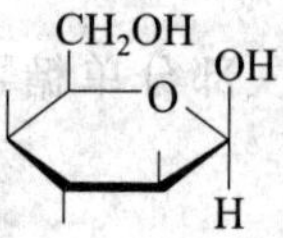   b. 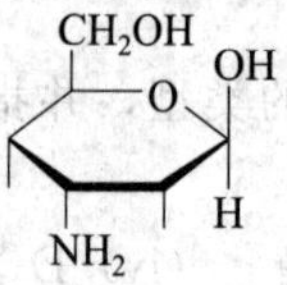   c.

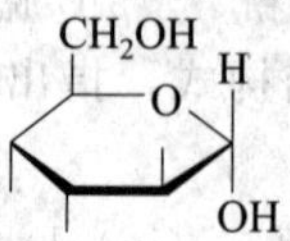

★ **14.7** 将下列化合物写成 Fischer 投影式：

a. 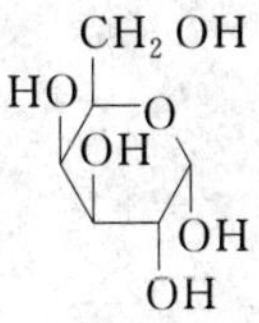 b. 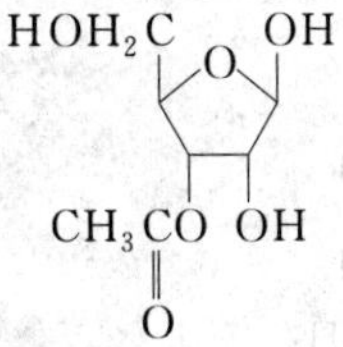 c.

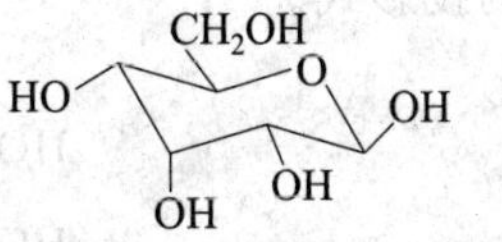

解：各化合物的 Fischer 投影式如下：

a. 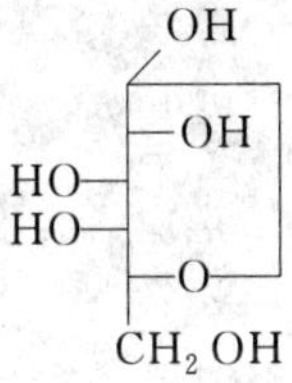 b. 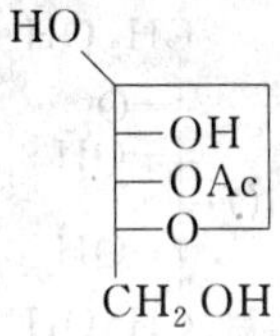 c.

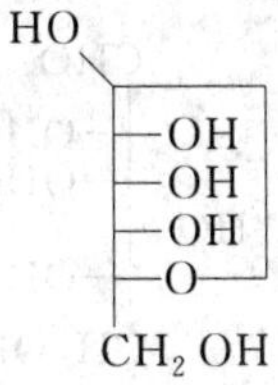

★ **14.8** 下列化合物哪个有变旋现象?

a. 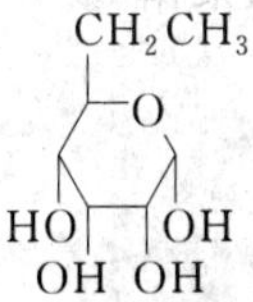 b. 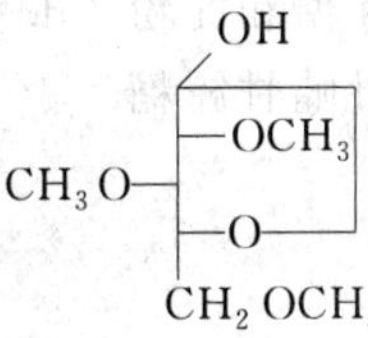 c.

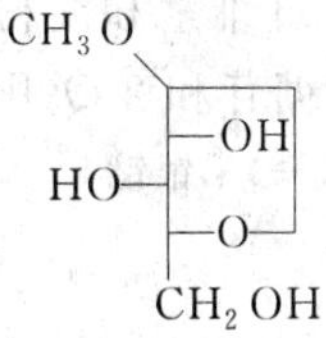

d. 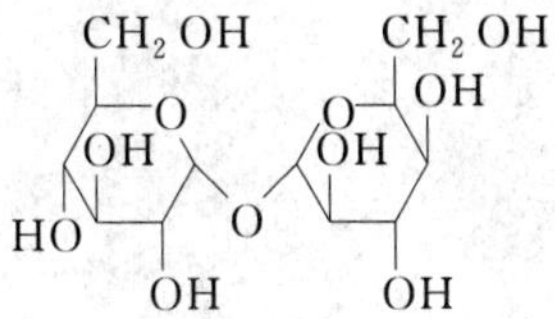 e. 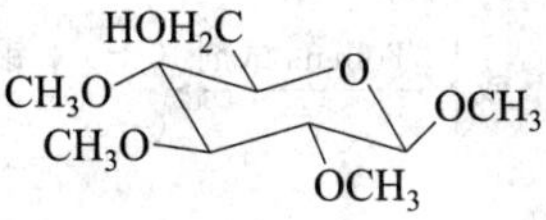 f.

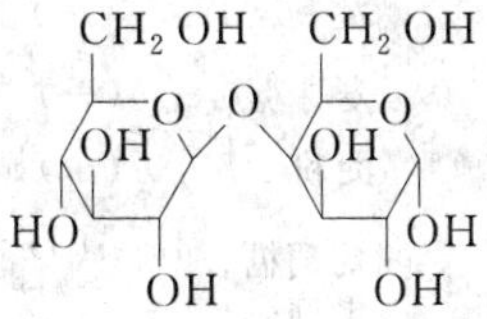

解：有变旋现象的是：a、b、f。

★ **14.9** 下列化合物中，哪个能还原本尼迪特溶液，哪个不能，为什么?

a. 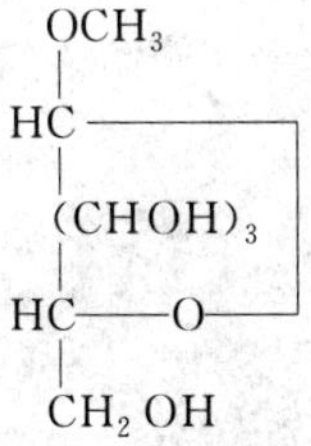 b. 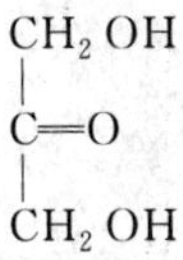 c. 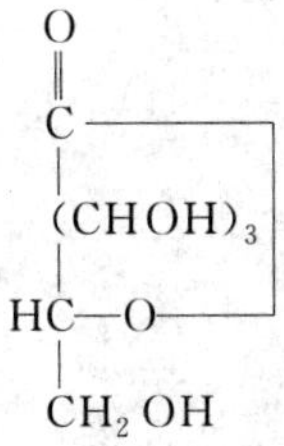 d.

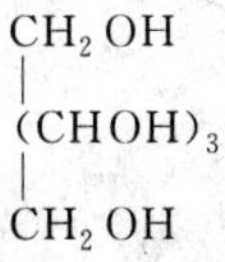

解：能还原本尼迪特溶液的是 b，因其在碱性条件下，可以通过差向异构化为醛基，其余均不能。

★ **14.10** 哪些 D 型己醛糖以 HNO_3 氧化时可以生成内消旋糖二酸? 写出投影式及名称。

解：D 型己醛糖以 HNO_3 氧化时可以生成内消旋糖二酸的是：

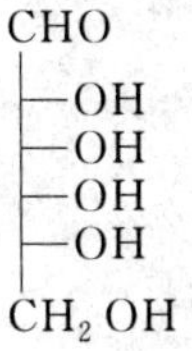

D-(+)-阿洛糖 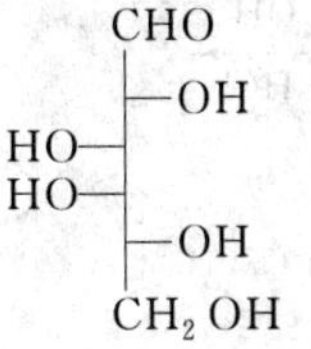   D-(+)-半乳糖

★ **14.11** 三个单糖和过量苯肼作用后，得到同样晶形的脎，其中一个单糖的投影式如下所示，

第十四章 碳水化合物 / 155

写出其他两个异构体的投影式。

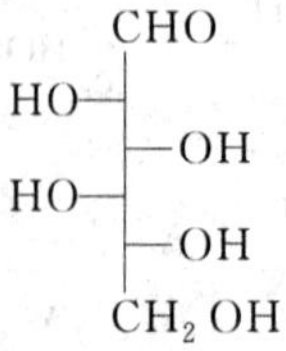

$$\begin{array}{c} CHO \\ HO\!-\!\!\!-\!OH \\ HO\!-\!\!\!-\!OH \\ CH_2OH \end{array}$$

解：根据题意，另两个异构体的投影式为：

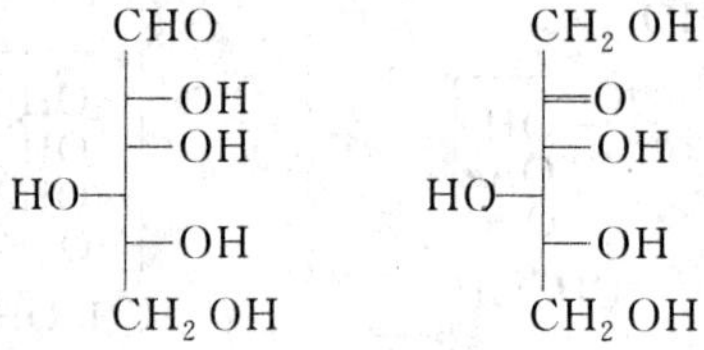

$$\begin{array}{c} CHO \\ -\!\!\!-OH \\ HO\!-\!\!\!- \\ -\!\!\!-OH \\ CH_2OH \end{array} \qquad \begin{array}{c} CH_2OH \\ =\!\!O \\ HO\!-\!\!\!- \\ -\!\!\!-OH \\ CH_2OH \end{array}$$

★ **14.12** 用简单化学方法鉴别下列各组化合物。
    a. 葡萄糖和蔗糖   b. 纤维素和淀粉   c. 麦芽糖和淀粉   d. 葡萄糖和果糖
    e. 甲基-β-D-吡喃甘露糖苷和 2-O-甲基-β-D-吡喃甘露糖

解：
a. 葡萄糖 ⎫ Tollens 试剂 (+)↓银镜
    蔗糖　 ⎭ ⟶ (−)

b. 纤维素 ⎫ I₂ (−)
    淀粉　 ⎭ ⟶ (+) 显蓝色

c. 麦芽糖 ⎫ I₂ (−)　　　　　　　　　Tollens 试剂 (+)↓银镜
    淀粉　 ⎭ ⟶ (+) 显蓝色　或 ⟶ (−)

d. 葡萄糖 ⎫ Br₂-H₂O (+) 褪色
    果糖　 ⎭ ⟶ (−)

e. 甲基-β-D-吡喃甘露糖苷　　　　 ⎫ Tollens 试剂 (+)↓银镜
    2-O-甲基-β-D-吡喃甘露糖 ⎭ ⟶ (−)

★ **14.13** 写出下列反应的主要产物及反应物：

a. 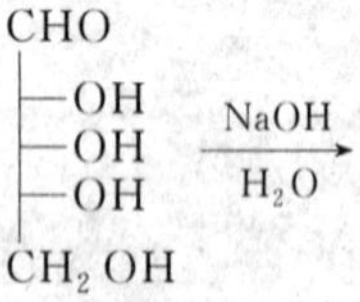 $\begin{array}{c} CHO \\ -\!\!\!-OH \\ -\!\!\!-OH \\ -\!\!\!-OH \\ CH_2OH \end{array} \xrightarrow[H_2O]{NaOH}$

b. $\begin{array}{c} OH \\ -\!\!\!-OH \\ -\!\!\!-OH \\ -\!\!\!-OH \\ CH_2OH \end{array} \xrightarrow{Ag(NH_3)_2^+}$

c. [β-D-吡喃葡萄糖结构] $\xrightarrow[\text{无水 HCl}]{CH_3OH}$

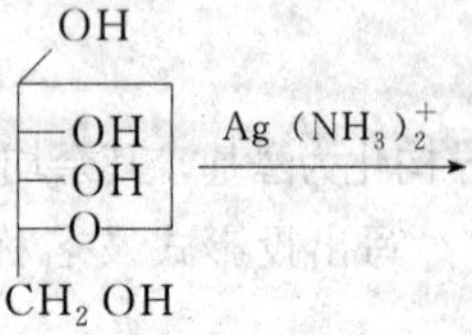

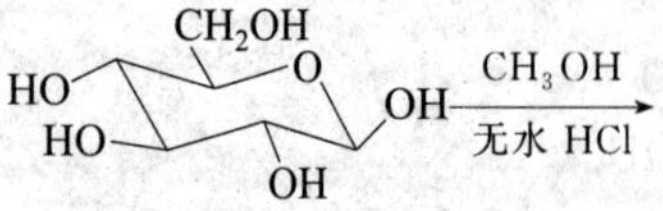

d. β-麦芽糖 $\xrightarrow{Br_2-H_2O}$

e. α-纤维二糖 $\xrightarrow{Ag(NH_3)_2^+}$

f. 某个 D 型丁糖 $\xrightarrow[\triangle]{HNO_3}$ 内消旋酒石酸

156　　有机化学学习指导

解：a., 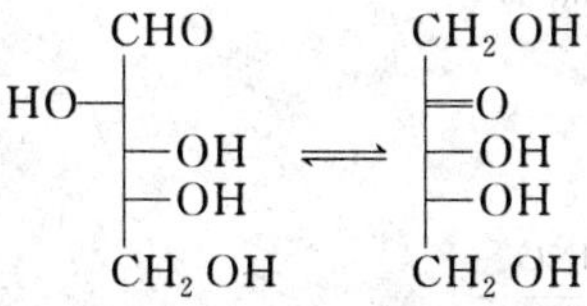 b., 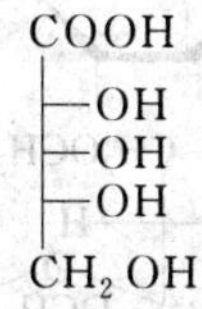 c., 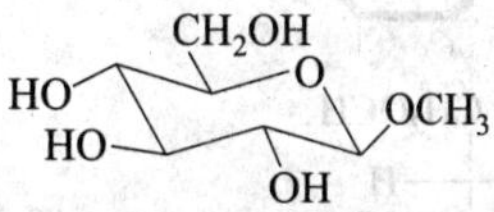 d., 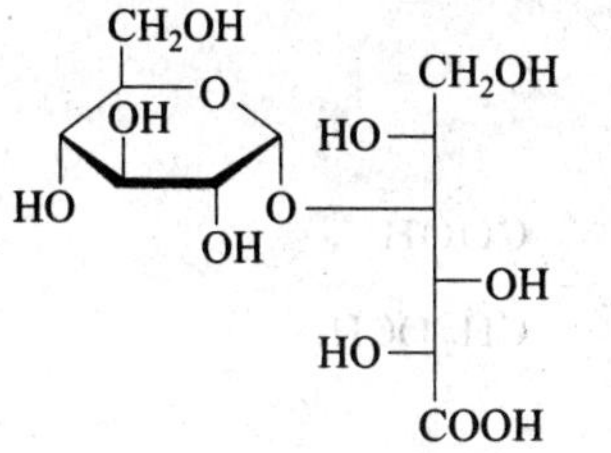 e., 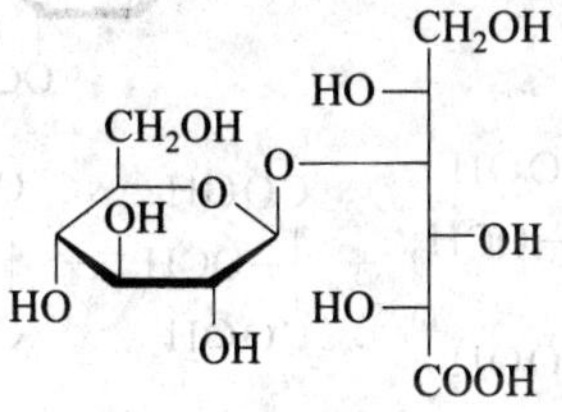 f., 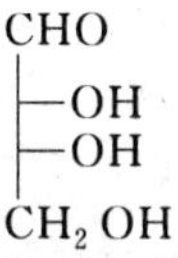 g. 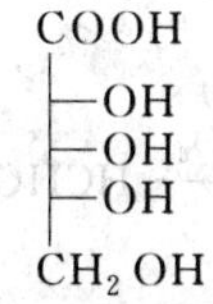 （结构式见图）

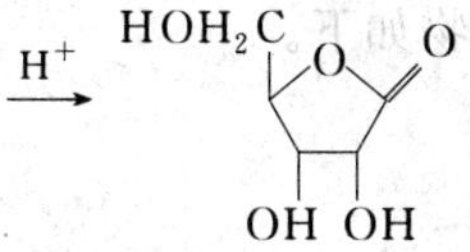

★ 14.4 写出 D-甘露糖与下列试剂作用的主要产物。
a. Br_2-H_2O b. HNO_3 c. C_2H_5OH + 无水 HCl
d. 由 c 得到的产物与硫酸二甲酯及氢氧化钠作用
e. $(CH_3CO)_2O$ f. $NaBH_4$ g. HCN，再酸性水解
h. 催化氢化   i. 由 c 得到的产物与稀盐酸作用   j. HIO_4

解：a., b., 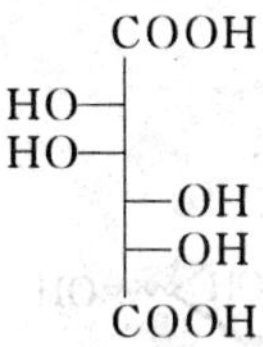 c., 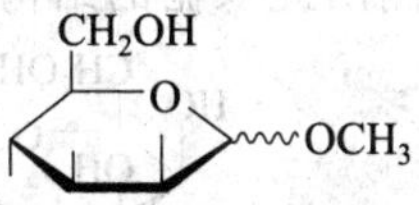 d., 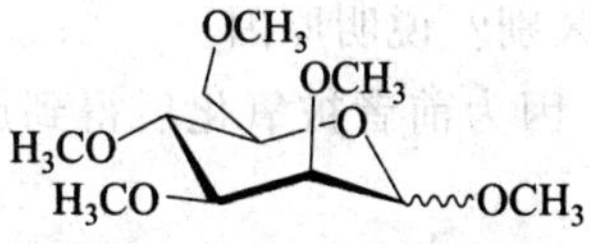 e., 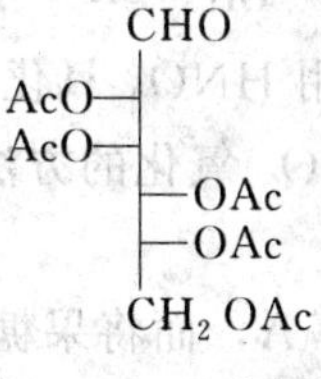 f., 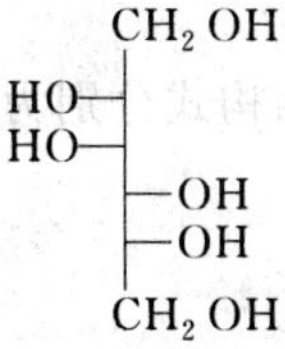 g., 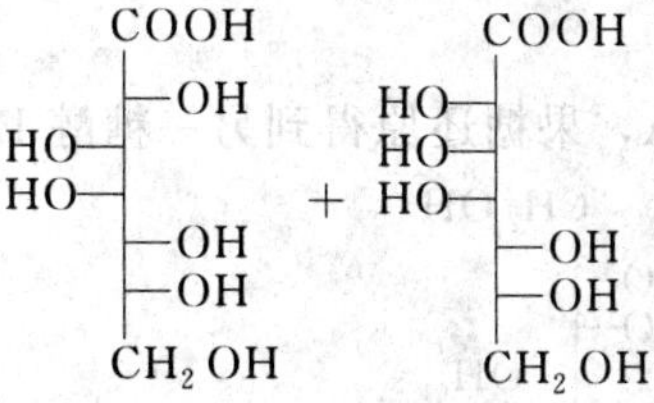 h., 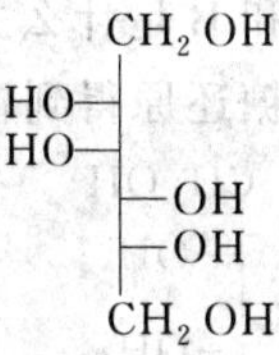 i. 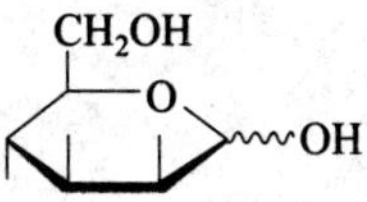 （结构式见图）
j. $5HCOOH + HCHO$

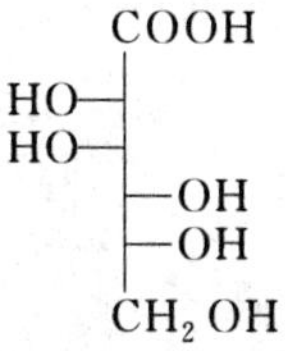

★ 14.15 如果葡萄糖形成的环形半缩醛是五元环，则用甲基化法及高碘酸法测定时，各应得到什么产物？写出反应式。

解： 以 D-葡萄糖形成的环形半缩醛为例，甲基化法测定得到的产物如下。

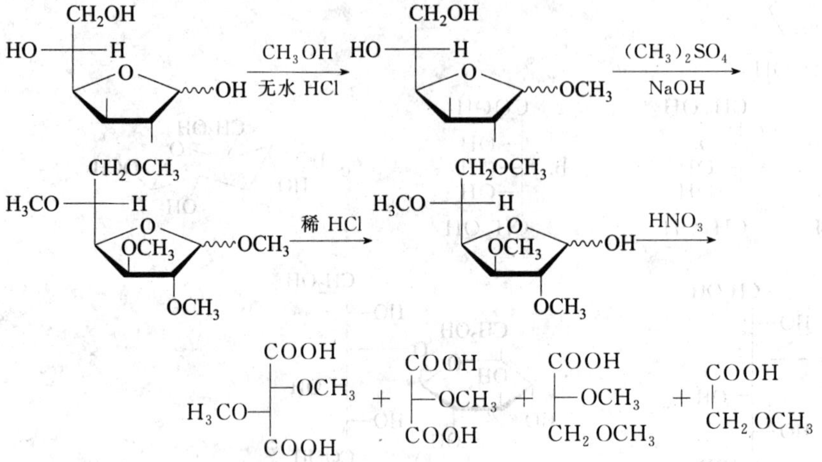

[反应式图：D-葡萄糖半缩醛经 CH₃OH/无水 HCl，再经 (CH₃)₂SO₄/NaOH，再经稀 HCl，再经 HNO₃ 的一系列反应，最终生成四种二元酸产物]

高碘酸法测定时，得到的产物如下：

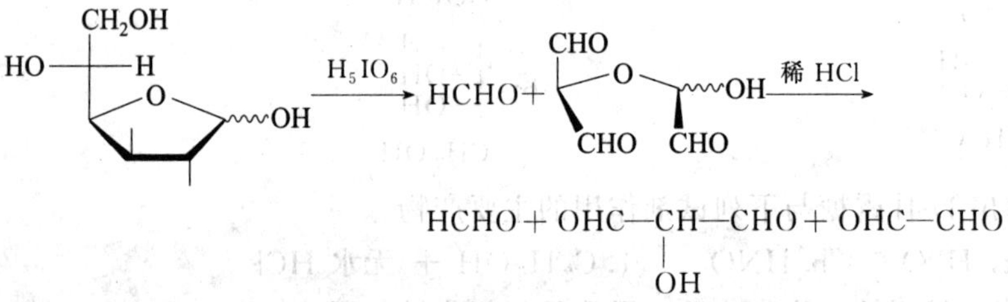

[反应式图：经 H₅IO₆ 氧化得到 HCHO 和中间体，再经稀 HCl 水解得到 HCHO + OHC—CH(OH)—CHO + OHC—CHO]

★ **14.16** 某双糖能发生银镜反应，可被 β-糖苷酶（只水解 β-糖苷键）水解。将此双糖中的羟基全部甲基化后，再用稀酸水解，得到 2,3,4-三-O-甲基-D-甘露糖及 2,3,4,6-四-O-甲基-D-半乳糖，写出此双糖的结构式。

解： 根据题意，可以推测出此双糖的结构式为：

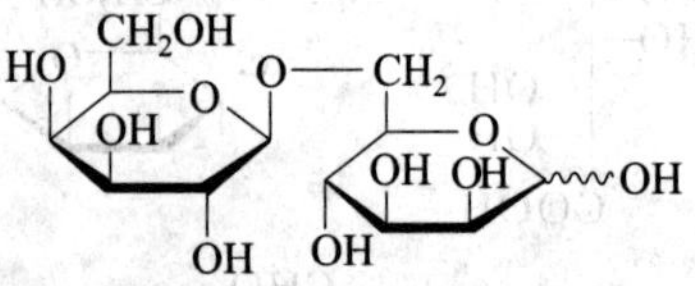

[双糖结构式图]

★ **14.17** D-苏阿糖和 D-赤藓糖是否能用 HNO₃ 氧化的方法来区别？说明原因。

解： D-苏阿糖和 D-赤藓糖可以用 HNO₃ 氧化的方法来区别，因为前者被氧化后得到旋光性的双酸，而后者是无旋光性的双酸。

★ **14.18** 将葡萄糖还原只得到葡萄糖醇 A，而将果糖还原，除得到 A 外，还得到另一糖醇 B，为什么？A 和 B 是什么关系？

解： 将葡萄糖还原得到葡萄糖醇 A，果糖还原得到另一糖醇 B，它们的结构式分别为：

A. 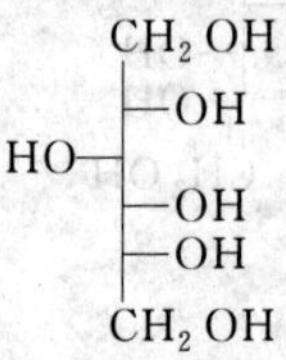 [Fischer 投影式：CH₂OH—H(OH)—HO(H)—H(OH)—H(OH)—CH₂OH]
B. 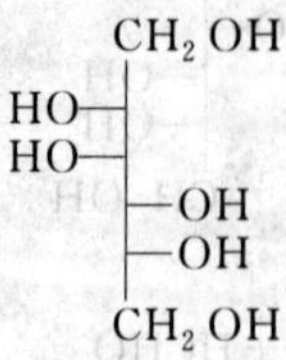 [Fischer 投影式：CH₂OH—HO(H)—HO(H)—H(OH)—H(OH)—CH₂OH]

A 和 B 是差向异构体。

★ **14.19** 纤维素以下列试剂处理时，将发生什么反应？如果可能的话，写出产物的结构式或部分结构式。

a. 过量稀硫酸加热　　　　　b. 热水
c. 热碳酸钠水溶液　　　　　d. 过量硫酸二甲酯及氢氧化钠

解：a. D-葡萄糖 　b. 不反应　c. 不反应

d.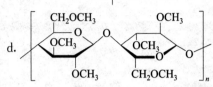

★ 14.20　写出甲壳素（几丁质）用下列试剂处理时所得产物的结构式。
　　a. 过量稀盐酸加热　　　　b. 稀氢氧化钠水溶液加热

解：a. 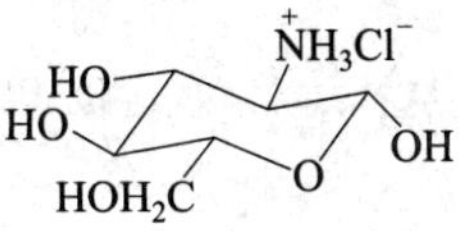 [结构式]

　　b. 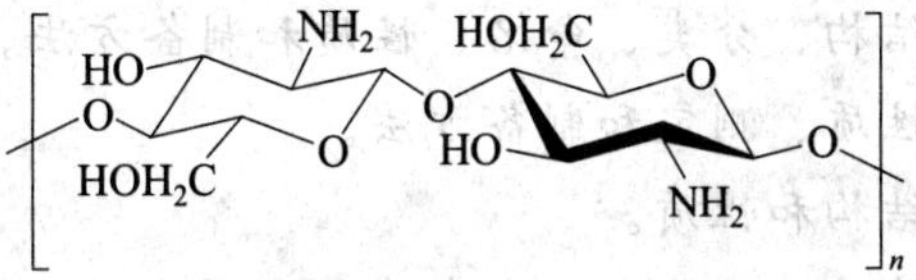 [结构式]

★ 14.21　D-葡萄糖醛酸广泛存在于动植物中，其功能之一是可以在肝中与含羟基的有毒物质生成水溶性的葡糖苷酸（glucuronide），从而由尿中排出。写出 β-D-葡萄糖醛酸与苯酚结合成的葡糖苷酸的结构式。

解：由题意，可写出 β-D-葡萄糖醛酸与苯酚结合成的葡糖苷酸的结构式为：

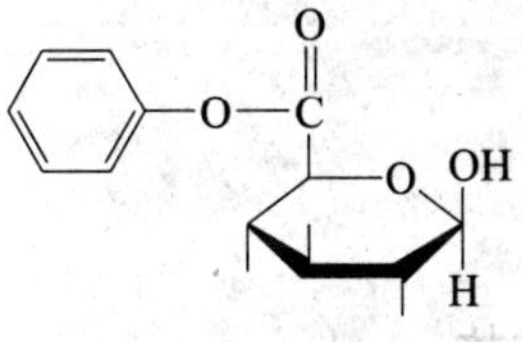

[结构式]

第十四章　碳水化合物　159

第十五章

氨基酸、多肽与蛋白质

基本要求

（1）了解氨基酸的命名；掌握氨基酸的结构、分类、命名、性质和制备方法。
（2）掌握多肽的结构，了解多肽命名、性质、测定和制备方法。
（3）了解蛋白质的分类；理解蛋白质的结构和性质。
（4）了解氨基酸、蛋白质与人体健康的关系；认识人工合成多肽、蛋白质和核酸的意义。

主要内容

一、氨基酸

1. 氨基酸的命名、分类与结构

① 氨基酸是自然界中广泛存在的一类有机化合物，且绝大部分是 α-氨基酸。天然产的氨基酸多按其来源或性质而命名。根据氨基酸中氨基和羧基的数量，可分为中性氨基酸、酸性氨基酸和碱性氨基酸。

② 天然氨基酸中除甘氨酸外，其他所有 α-碳原子都是有手性的，具有旋光性，且都为 L 构型。

2. 氨基酸的性质

（1）氨基酸的酸碱性　氨基酸具有两性，分子内的羧基和氨基可以相互作用形成盐，通常称为内盐，也称为两性离子或偶极离子，在水中存在如下离子平衡。

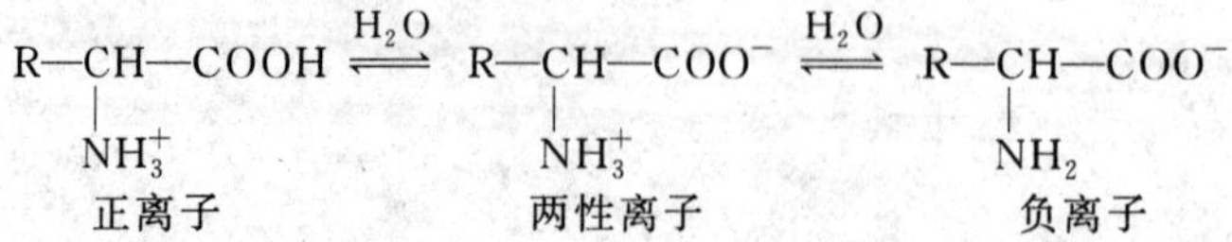

$$\underset{\text{正离子}}{\text{R—CH—COOH}\atop |\atop \text{NH}_3^+} \underset{H_2O}{\rightleftharpoons} \underset{\text{两性离子}}{\text{R—CH—COO}^-\atop |\atop \text{NH}_3^+} \underset{H_2O}{\rightleftharpoons} \underset{\text{负离子}}{\text{R—CH—COO}^-\atop |\atop \text{NH}_2}$$

三种形态的离子相互转化，达到平衡。若往溶液中加碱，使溶液的 pH 升高，可以抑制碱性基团的解离，促进酸性基团的解离，其主要以负离子形式存在；反之，则主要是以正离子形式存在。

(2) **氨基酸的等电点** 在上述氨基酸的平衡中，当调整 pH 到一定值时，氨基酸分子所带电荷呈中性，主要存在形式为两性离子，此时溶液的 pH 称为该氨基酸的等电点，以 pI 表示。不同的氨基酸酸性基团和碱性基团数目不等，两种基团的解离能力也不尽相同，因此不同氨基酸的等电点不一样。

在等电点时，一方面两种离子数量相等，净电荷为零，氨基酸在外电场中不发生移动；另一方面，氨基酸主要以内盐形式存在，与水的缔合能力最低，此时它的溶解度也是最低的。其中，酸性氨基酸加酸调节至其等电点；碱性氨基酸加碱调节至其等电点。

(3) **氨基酸氨基的反应**

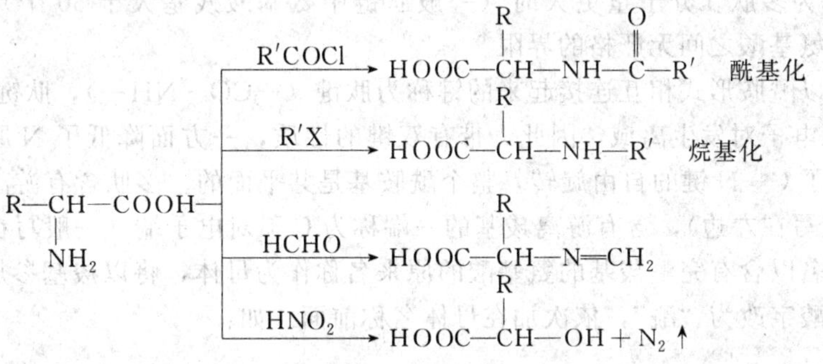

$$\underset{NH_2}{R-CH-COOH} \begin{cases} \xrightarrow{R'COCl} HOOC-\underset{R}{CH}-NH-\underset{O}{\overset{\parallel}{C}}-R' \quad 酰基化 \\ \xrightarrow{R'X} HOOC-\underset{R}{CH}-NH-R' \quad 烷基化 \\ \xrightarrow{HCHO} HOOC-\underset{R}{CH}-N=\underset{R}{CH} \\ \xrightarrow{HNO_2} HOOC-\underset{R}{CH}-OH + N_2\uparrow \quad (Van\ Slyke\ 氨基测定法) \end{cases}$$

另外，α-氨基酸可与水合茚三酮作用生成蓝紫色物质，此反应可用来鉴别及定量分析 α-氨基酸。

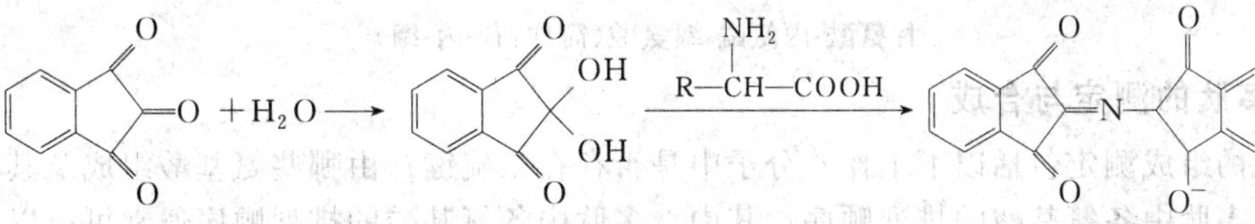

（水合茚三酮）→（蓝紫色）

(4) **氨基酸羧基的反应**

羧基可以成酯、成酐和成酰胺反应，尤其是可以制备叠氮化合物，这个叠氮化合物可与另一氨基酸缩合能得到二肽。

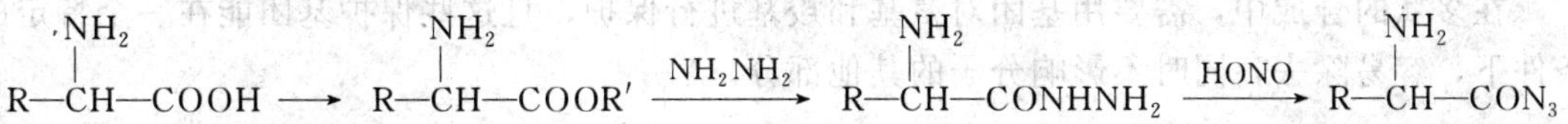

$$\underset{NH_2}{R-CH-COOH} \longrightarrow \underset{NH_2}{R-CH-COOR'} \xrightarrow{NH_2NH_2} \underset{NH_2}{R-CH-CONHNH_2} \xrightarrow{HONO} \underset{NH_2}{R-CH-CON_3}$$

(5) **氨基酸的受热反应**

氨基酸分子内具有氨基和羧基这两个可以相互反应的基团，因此可发生分子间或分子内的反应。

两分子 α-氨基酸受热脱水形成哌嗪二酮：

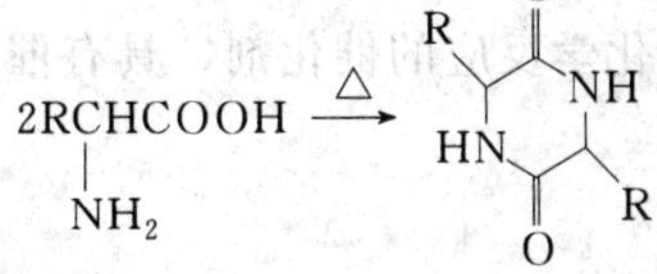

$$2RCHCOOH \xrightarrow{\triangle} \text{哌嗪二酮}$$

β-氨基酸受热发生脱氨反应，氨基与 α-碳原子上的氢一起脱去，生成 α,β-不饱和酸；γ- 与 δ-氨基酸加热至熔点时，分子内氨基与羧基发生脱水反应，生成五元 γ-内酰胺或六元 δ-内酰胺。

3. 氨基酸的制备

氨基酸的制备主要有蛋白质的水解、有机合成和发酵法三种途径。其中，有机合成方法有：醛胺氰化法、α-卤代酸的氨解、加布里埃尔（Gabriel）法和丙二酸酯法等，特别是后两种方法较为重要。

二、多肽

1. 多肽的结构与命名

α-氨基酸分子之间通过酰胺键彼此连接即形成肽，10个氨基酸残基以内的肽称为寡肽，10个以上的称为多肽。分子量更大时（一般肽链中氨基酸残基大于50个），就是蛋白质，因此，多肽和氨基酸之间无严格的界限。

由氨基酸以酰胺形式相互连接起来的键称为肽键（—CO—NH—），肽键中的C—N键，由于N原子孤电子对发生离域，因此，带有双键的性质，一方面降低了N原子的碱性，另一方面也阻碍了C—N键的自由旋转，整个酰胺基是共平面的。多肽含有游离氨基的一端称为N端（一般写在左边），含有游离羧基的一端称为C孤对电子端（一般写在右边）。

多肽的命名以含有完整羧基的氨基酸的原来名称作为母体，将以羧基参加形成肽键的氨基酸名称中的酸字改为"酰"，依次加在母体名称前面。如：

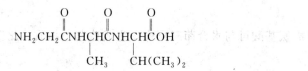

甘氨酰-丙氨酰-缬氨酸（简称：苷-丙-缬）

2. 多肽的测定与合成

多肽的组成测定包括以下工作：分子中是否存在二硫键；由哪些氨基酸组成及其相对比例；测定多肽中各氨基酸的排列顺序。其中，多肽中各氨基酸的排列顺序通常可由以下几种方法配合使用分析推测出来：N端氨基酸单元的分析（包括Sanger法和Edman法）、C端氨基酸单元的分析（通过羧肽酶选择性催化水解游离羧基相邻的肽键）和酶催化部分水解肽键。

在多肽的合成中，需要用基团对氨基和羧基进行保护，且这些保护基团能在一个特定的条件下，容易除去，同时不影响分子的其他部分。

三、蛋白质

1. 蛋白质的分类

蛋白质的种类很多，可以按形状（即纤维蛋白质和球蛋白质）、化学组成（即单纯蛋白质和结合蛋白质）和功能（即活性蛋白质和非活性蛋白质）等进行分类。其中，酶是具有特殊生物活性的蛋白质，它是生物化学反应的催化剂，具有催化效率高、选择性强和条件温和等特异性。

2. 蛋白质的结构

① 蛋白质的结构分为初级结构和高级结构。把一个蛋白质或肽的氨基酸顺序测定后，可得到蛋白质的初级结构，也叫一级结构，是蛋白质最稳定、最基本的结构。蛋白质分子中的肽单元相互旋转，使主链出现各种构象，因此，链与链之间产生一定的空间关系，形成了

蛋白质的空间结构，也称为立体结构或高级结构，其分为二级结构、三级结构和四级结构。

② 蛋白质分子除了一级结构中通过共价键的结合外，还存在原子团间非键合的相互作用，如氢键、疏水作用、范德华力、离子键等，它们比共价键弱得多，称为次级键或副键。

③ 蛋白质的二级结构包括 α-螺旋体或 β-折叠片等，其二级结构主要是由氢键维系。二级结构单元的多肽链卷曲、盘绕或结合，形成蛋白质的三级结构，其主要靠各类化学键和分子间作用力维系，如酯键、离子键、二硫键、疏水交互作用和氢键等。在蛋白质三级结构形状的基础上，由若干个亚基依赖氢键、离子键等作用力缔合形成蛋白质的四级结构。

3. 蛋白质的性质

① 蛋白质大分子的侧链上有碱性基团，如氨基和含氮杂环；也有酸性基团，如羧基或酚羟基，具有两性性质，存在等电点。

② 蛋白质可发生双缩脲反应（主链含有肽键）、黄色反应（侧基含有苯环）、考马斯亮蓝反应、米勒反应和茚三酮反应等显色反应，能应用于蛋白质的定性或定量测定及其鉴别。

③ 蛋白质是高分子化合物，其分子颗粒的直径在胶类范围，呈胶体性质。另外，加入浓无机盐或铵盐可使蛋白质溶解度下降（物理变化），发生可逆的盐析。

④ 蛋白质受强酸、强碱、重金属（如铅、铜、汞等）盐、一些有机物（甲醛、酒精、苯甲酸）等的化学作用。或受干燥、加热、高压、激烈振荡或搅拌、紫外线或 X 射线照射、超声波处理等物理作用，蛋白质会凝结（化学变化），这种凝结是不可逆的，即凝结后不能在水中重新溶解，这种变化叫做变性。蛋白质变性后，不仅丧失了原有的可溶性，同时也失去了生理活性。运用变性原理可以用于消毒，但也可能引起中毒。

例题分析

例 15.1 根据名称写出相应的结构式。
(1) 甘氨酸异丙酯
(2) L-谷氨酸
(3) N-乙酰基脯氨酸
(4) 甘-丙-苏

解：(1) $NH_2CH_2COCH(CH_3)_2$ 中间含 $\overset{O}{\|}$

(2) $H_2N-\overset{COOH}{\underset{CH_2CH_2COOH}{\overset{|}{C}}}-H$

(3) 吡咯烷环 N-$\overset{O}{\|}CCH_3$，环上带 COOH

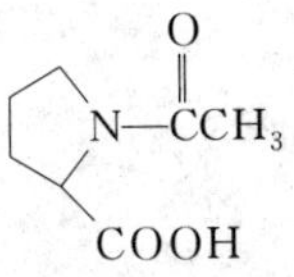

(4) $H_2NCH_2\overset{O}{\|}CNHCHCNHCHCOOH$，其中 CH_3 和 $CH(OH)CH_3$

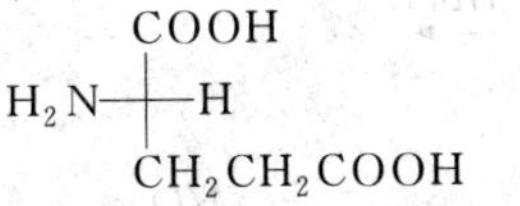

例 15.2 按要求回答下列问题。
(1) 将下列化合物按等电点的大小排列成序（　　）。

A. $HN=\underset{\underset{NH_2}{|}}{C}-NHCH_2CH_2\underset{\underset{CO_2H}{|}}{C}HNH_2$

B. 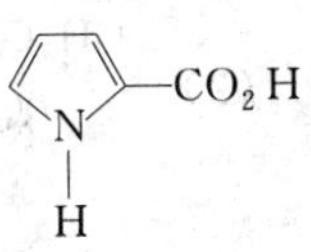 吡咯环-CO_2H（N-H）

C.
$\underset{\underset{H}{N}}{\overset{N}{\diagdown}} \!\!\!\!\!\!\!\! {-}CH_2CHCO_2H$
         $|$
        NH_2

D. $HO_2C(CH_2)_2CHCO_2H$
                    $|$
                   NH_2

(2) 谷氨酸在等电点条件下，主要以（　　）形式存在。

A. $HOOCC$
       $|$
       $\overset{+}{N}H_3$

B. $^-OOCCHCH_2CH_2COOH$
          $|$
          $\overset{+}{N}H_3$

C. $^-OOCCHCH_2CH_2COO^-$
          $|$
          $\overset{+}{N}H_3$

(3) 制多肽时，活化氨基酸的羧基常用的试剂是（　　）。
A. NBS　　B. DCC　　C. Tollens 试剂　　D. 水合茚三酮

(4) 蛋白质发生的下列过程中，可逆的是（　　）。
A. 变性　　B. 煮熟　　C. 盐析　　D. 加入浓硫酸

(5) 谷氨酸溶于水后，如何调节至等电点？组氨酸呢？

解：（1）各化合物按等电点大小排列顺序是 A＞C＞B＞D。

（2）谷氨酸在等电点条件下，主要以 B 形式存在。

（3）制多肽时，活化氨基酸的羧基常用的试剂是 B。

（4）蛋白质发生的下列过程中，可逆的是 C。

（5）谷氨酸是酸性氨基酸，因此将其溶于水后加入酸可调节至其等电点；而组氨酸是碱性氨基酸，则加碱可调节至其等电点。

▶ **例 15.3** 完成下列各反应式：

(1) $CH_3CHCOOH \xrightarrow{\triangle}$
         $|$
        NH_2

(2) $CH_3CHCOOH + CH_3CHO \longrightarrow$
         $|$
        NH_2

(3) $CH_3CHCOOC_2H_5 \xrightarrow{Ac_2O}$
         $|$
        NH_2

(4)
$\underset{\underset{NH_2}{|}}{\overset{\overset{COOH}{|}}{\bigcirc}} \xrightarrow{\triangle} \xrightarrow{HBr}$

(5) $NH_2CHCOOH + O_2N\!\!-\!\!\overset{NO_2}{\underset{}{\diagup}}\!\!\!\!\!\!\!\bigcirc\!\!\!\!\!\!\!\diagdown F \longrightarrow$
         $|$
        $CH_2CH_2SCH_3$

(6) $(CH_3)_2CHCH_2CHCOOH + CH_3CH_2CH_2I \longrightarrow$
                       $|$
                      NH_2

解：（1）
$\begin{matrix} H_3C & & O \\ & \diagdown & \diagup \\ & & NH \\ HN & & \\ \diagup & \diagdown & \\ O & & CH_3 \end{matrix}$

(2) $CH_3CHCOOH$
         $\|$
        $N\!\!=\!\!CHCH_3$

(3) $CH_3CHCOOC_2H_5$
      $|$
      $NHCOCH_3$

(4) [cyclohexenyl-COOH], [2-bromocyclohexyl-COOH]

(5) $O_2N-\underset{NO_2}{\underset{|}{C_6H_3}}-NHCHCOOH$
                              $|$
                              $CH_2CH_2SCH_3$

(6) $(CH_3)_2CHCH_2CHCOOH$
                    $|$
                    $NHCH_2CH_2CH_3$

● **例 15.4**　用三种方法，分别以醛、酸和酯为原料出发合成缬氨酸。

解：方法一（从异丁醛出发）

$(CH_3)_2CHCHO \xrightarrow[NH_3]{HCN} (CH_3)_2CHCHCN \xrightarrow{H_3^+O} (CH_3)_2CHCHCOOH$
$\qquad\qquad\qquad\qquad\quad |\qquad\qquad\qquad\qquad\qquad\quad |$
$\qquad\qquad\qquad\qquad\quad NH_2\qquad\qquad\qquad\qquad\qquad\ NH_2$

方法二（从 3-甲基丁酸出发）

$(CH_3)_2CHCH_2COOH \xrightarrow[P]{Br_2} (CH_3)_2CHCHCOOH \xrightarrow{NH_3} (CH_3)_2CHCHCOOH$
$\qquad\qquad\qquad\qquad\qquad\qquad\qquad |\qquad\qquad\qquad\qquad\qquad\quad |$
$\qquad\qquad\qquad\qquad\qquad\qquad\qquad Br\qquad\qquad\qquad\qquad\qquad\ NH_2$

方法三（从丙二酸二乙酯出发）

$CH_2(COOCH_2CH_3)_2 \xrightarrow[CCl_4]{Br_2} BrCH(COOCH_2CH_3)_2$

[邻苯二甲酰亚胺钾] $\xrightarrow{BrCH(COOEt)_2}$ [phthalimide-NCH(COOEt)_2] $\xrightarrow[②(CH_3)_2CHBr]{①EtONa}$

[phthalimide-N-C(COOEt)_2-CH(CH_3)_2] $\xrightarrow[\Delta]{OH^-} \xrightarrow{H_3^+O} (CH_3)_2CHCHCOOH$
$\qquad\qquad\qquad\qquad\qquad\qquad\qquad\qquad\qquad\qquad\qquad\qquad |$
$\qquad\qquad\qquad\qquad\qquad\qquad\qquad\qquad\qquad\qquad\qquad\qquad NH_2$

● **例 15.5**　推断题：

一种名为 Aspartame 的人工合成甜味剂比常用的白糖甜 100 倍，它是由天冬氨酸和苯丙氨酸组成的二肽甲酯 Asp-Phe-OCH$_3$。已知天冬氨酸和苯丙氨酸的结构式分别为：

$H_2N-\underset{CH_2COOH}{\underset{|}{\overset{COOH}{\overset{|}{C}}}}-H$　Asp(天冬氨酸)　　　$H_2N-\underset{CH_2C_6H_5}{\underset{|}{\overset{COOH}{\overset{|}{C}}}}-H$　Phe(苯丙氨酸)

(1) 画出 Aspartame 的结构式；
(2) 已知 Aspartame 的等电点为 5.9，画出它在等电点时水溶液中的结构式；
(3) 画出 Aspartame 在 pH 为 7.3 的生理条件下的结构式。

解：(1) 根据题意，可画出 Aspartame 的结构式为：

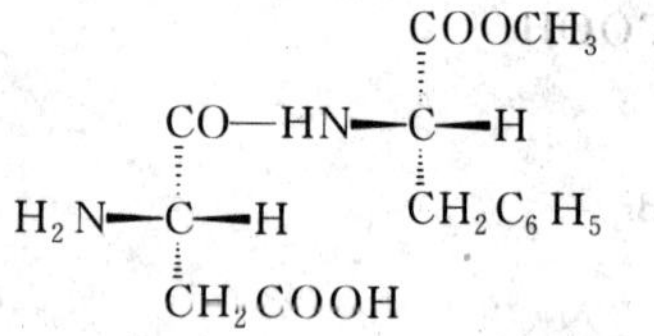

(2) 它在等电点时水溶液中的结构式为：

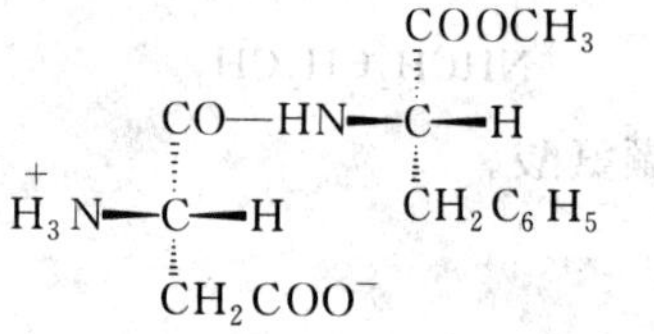

(3) 它在 pH 为 7.3 的生理条件下的结构式为：

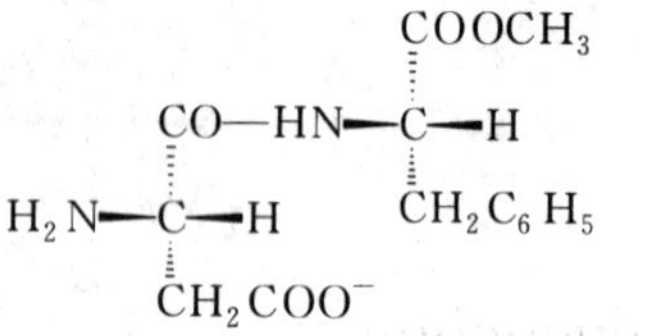

习题解析

★ 15.1 下列氨基酸溶于水后，其溶液是酸性的或碱性的，还是近乎中性的？
a. 谷氨酸　　　b. 谷氨酰胺（$H_2NOCCH_2CH_2CHCOOH$）　　c. 亮氨酸
$\qquad\qquad\qquad\qquad\qquad\qquad\qquad\qquad\qquad\quad |$
$\qquad\qquad\qquad\qquad\qquad\qquad\qquad\qquad\quad NH_2$

d. 赖氨酸　　　e. 丝氨酸

解：下列氨基酸溶于水后，溶液呈酸性的有 a；呈碱性的有 d；近乎中性的有 b、c 及 e。

★ 15.2 写出下列氨基酸分别与过量盐酸或过量氢氧化钠水溶液作用的产物。
a. 脯氨酸　b. 酪氨酸　c. 丝氨酸　d. 天冬氨酸

解：

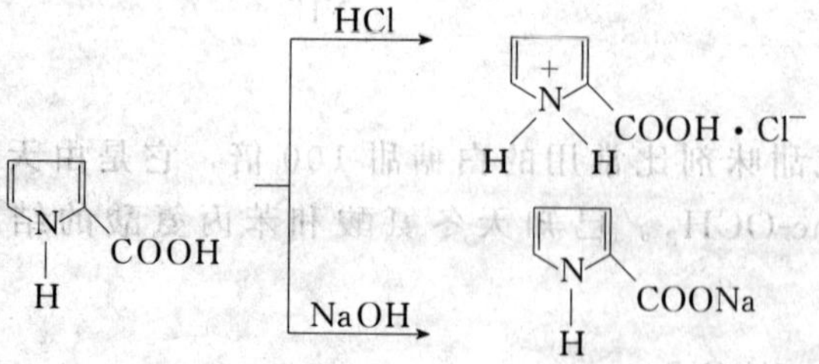

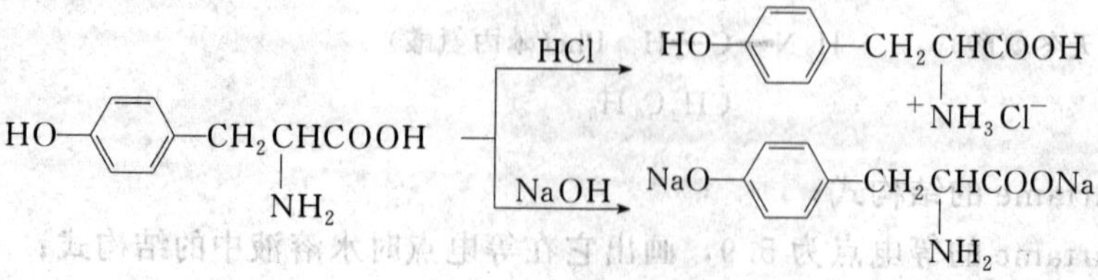

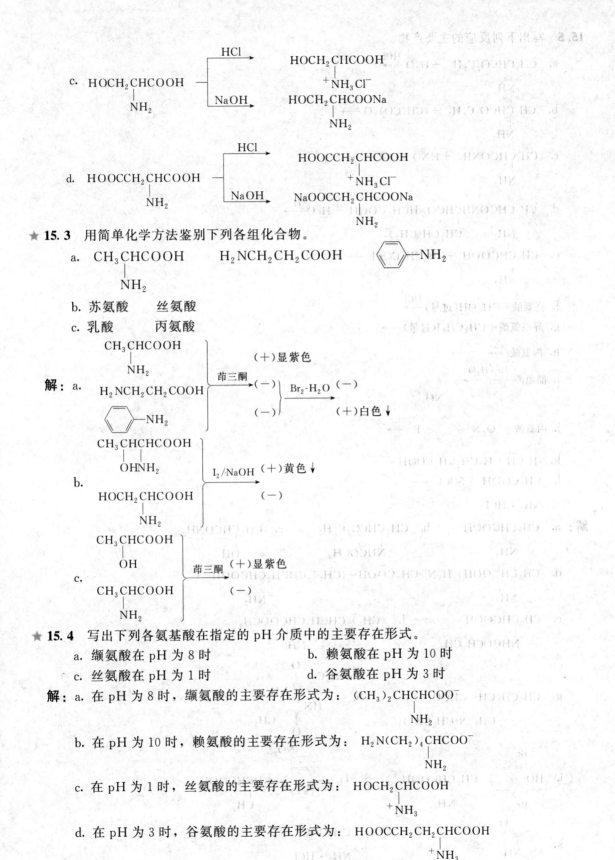

15.3 用简单化学方法鉴别下列各组化合物。

15.4 写出下列各氨基酸在指定的pH介质中的主要存在形式。

    a. 缬氨酸在pH为8时   b. 赖氨酸在pH为10时

    c. 丝氨酸在pH为1时   d. 谷氨酸在pH为3时

解：a. 在pH为8时，缬氨酸的主要存在形式为：$(CH_3)_2CHCHCOO^-$ 带 NH_2

b. 在pH为10时，赖氨酸的主要存在形式为：$H_2N(CH_2)_4CHCOO^-$ 带 NH_2

c. 在pH为1时，丝氨酸的主要存在形式为：$HOCH_2CHCOOH$ 带 $^+NH_3$

d. 在pH为3时，谷氨酸的主要存在形式为：$HOOCCH_2CH_2CHCOOH$ 带 $^+NH_3$

15.5 写出下列反应的主要产物。

a. $\text{CH}_3\text{CHCO}_2\text{C}_2\text{H}_5 + \text{H}_2\text{O} \xrightarrow[\Delta]{\text{HCl}}$
　　　$|$
　　NH_2

b. $\text{CH}_3\text{CHCO}_2\text{C}_2\text{H}_5 + (\text{CH}_3\text{CO})_2\text{O} \longrightarrow$
　　　$|$
　　NH_2

c. $\text{CH}_3\text{CHCONH}_2 + \text{HNO}_2$（过量）$\longrightarrow$
　　　$|$
　　NH_2

d. $\text{CH}_3\text{CHCONHCHCONHCH}_2\text{COOH} + \text{H}_2\text{O} \xrightarrow{\text{H}^+}$
　　　$|$　　　　$|$
　　NH_2　$\text{CH}_2\text{CH}(\text{CH}_3)_2$

e. $\text{CH}_3\text{CHCOOH} + \text{CH}_3\text{CH}_2\text{COCl} \longrightarrow$
　　　$|$
　　NH_2

f. 亮氨酸 + CH_3OH（过量）$\xrightarrow{\text{HCl}}$

g. 异亮氨酸 + $\text{CH}_3\text{CH}_2\text{I}$（过量）$\longrightarrow$

h. 丙氨酸 $\xrightarrow{\Delta}$

i. 酪氨酸 $\xrightarrow{\text{Br}_2\text{-H}_2\text{O}}$

j. 丙氨酸 + O_2N-〈 〉-F（带 NO_2）$\longrightarrow$

k. $\text{NH}_2\text{CH}_2\text{CH}_2\text{CH}_2\text{CH}_2\text{COOH} \xrightarrow{\Delta}$

l. $\text{CH}_2\text{COOH} + \text{SOCl}_2 \longrightarrow$
　　$|$
　$\text{NH}_2 \cdot \text{HCl}$

解：

a. CH_3CHCOOH
　　　$|$
　　NH_2

b. $\text{CH}_3\text{CHCO}_2\text{C}_2\text{H}_5$
　　　$|$
　　NHCOCH_3

c. $\text{CH}_3\text{CHCONH}_2$
　　　$|$
　　OH

d. $\text{CH}_3\text{CHCOOH} + \text{H}_3\overset{+}{\text{N}}\text{CH}_2\text{COOH} + (\text{CH}_3)_2\text{CHCH}_2\text{CHCOOH}$
　　　$|$　　　　　　　　　　　　　　　　　　　　　　$|$
　$\overset{+}{\text{N}}\text{H}_3$　　　　　　　　　　　　　　　　　　　$\overset{+}{\text{N}}\text{H}_3$

e. CH_3CHCOOH
　　　$|$
　　$\text{NHCOCH}_2\text{CH}_3$

f. $(\text{CH}_3)_2\text{CHCH}_2\text{CHCOOCH}_3$
　　　　　　　　　　$|$
　　　　　　　　NH_2

g. $\text{CH}_3\text{CH}_2\text{CH}-\text{CHCOOH}$
　　　　　　　$|$　　$|$
　　　CH_3　$\overset{+}{\text{N}}(\text{CH}_2\text{CH}_3)_3$

h. 2,5-二酮哌嗪（H_3C, CH_3 取代的二酮哌嗪环）

i. HO-〈3,5-二Br〉-CH_2CHCOOH
　　　　　　　　　　　　　$|$
　　　　　　　　　　　　NH_2

j. O_2N-〈2-NO_2〉-NHCHCOOH
　　　　　　　　　　　　　$|$
　　　　　　　　　　　　CH_3

k. δ-戊内酰胺（六元环 C=O, NH）

l. CH_2COCl
　　$|$
　$\text{NH}_2 \cdot \text{HCl}$

★ **15.6** 某化合物分子式为 $C_3H_7O_2N$，有旋光性，能分别与 NaOH 或 HCl 成盐，并能与醇成酯，与 HNO_2 作用时放出氮气，写出此化合物的结构式。

解：根据题意，可以推测出此化合物的结构式为：
$$CH_3\underset{NH_2}{CH}COOH$$

★ **15.7** 由 3-甲基丁酸合成缬氨酸，产物是否有旋光性？为什么？

解：由 3-甲基丁酸合成缬氨酸的路线如下：

$$(CH_3)_2CHCH_2COOH \xrightarrow[P]{Br_2} (CH_3)_2CH\underset{Br}{CH}COOH \xrightarrow{NH_3} (CH_3)_2CH\underset{NH_2}{CH}COOH$$

产物没有旋光性，因为在 α-溴代酸生成的这一步中无立体选择性。

★ **15.8** 下面的化合物是二肽、三肽还是四肽？指出其中的肽键、N 端及 C 端氨基酸，此肽可被认为是酸性的、碱性的还是中性的？

$$(CH_3)_2CHCH_2\underset{NH_2}{CH}CONH\underset{CH_2CH_2SCH_3}{CH}CONHCH_2CO_2H$$

解：下面的化合物是三肽，其肽键如下图所示：

$$(CH_3)_2CHCH_2\underset{NH_2}{CH}\boxed{CONH}\underset{CH_2CH_2SCH_3}{CH}\boxed{CONH}CH_2CO_2H$$

N 端的氨基酸是亮氨酸，C 端的氨基酸是甘氨酸，此肽可被认为是中性的。

★ **15.9** 写出下列化合物的结构式：

　　a. 甘氨酰-亮氨酸　　b. 脯氨酰-苏氨酸　　c. 赖氨酰-精氨酸乙酯

　　d. 脯-亮-丙-NH_2　　e. 天冬-天冬-色

解：a. $NH_2CH_2CONH\underset{COOH}{CH}CH_2CH(CH_3)_2$

b. 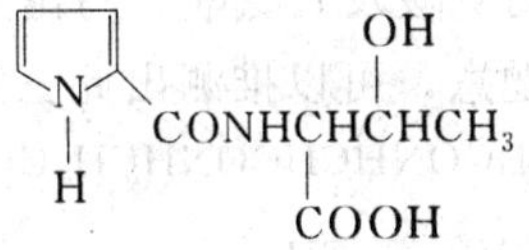 吡咯-$CONH\underset{COOH}{CH}\overset{OH}{\underset{}{CH}}CH_3$

c. $H_2N(CH_2)_4\underset{NH_2}{CH}CONH\underset{COOC_2H_5}{CH}(CH_2)_3NH\underset{NH}{C}NH_2$

d. 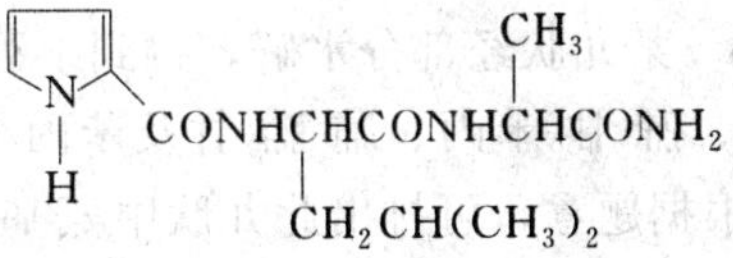 吡咯-$CONH\underset{CH_2CH(CH_3)_2}{CH}CONH\underset{CH_3}{CH}CONH_2$

e. 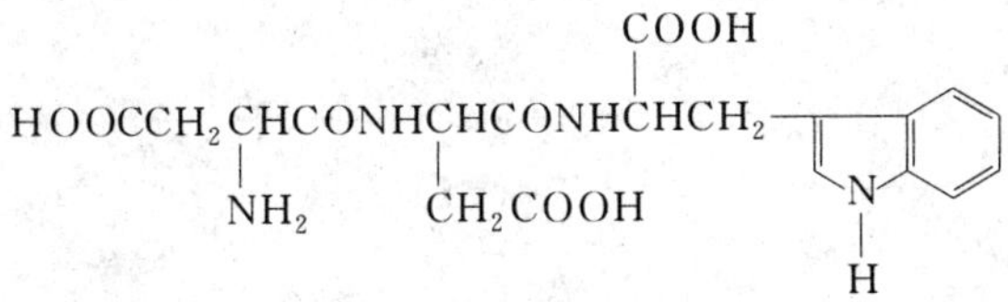 $HOOCCH_2\underset{NH_2}{CH}CONH\underset{CH_2COOH}{CH}CONH\underset{}{CH}\overset{COOH}{\underset{}{CH_2}}$-吲哚

★ **15.10** 命名下列肽，并给出简写名称。

a. $H_2N\underset{CH_2OH}{CH}CONHCH_2CONH\underset{CH_2CH(CH_3)_2}{CH}CO_2H$

b. $HOOCCH_2CH_2\underset{NH_2}{CH}CONH\underset{CH_2C_6H_5}{CH}CONH\underset{CH(OH)CH_3}{CH}COOH$

解：a. 丝氨酰-甘氨酰-亮氨酸，简写：丝-甘-亮。

b. 谷氨酰-苯丙氨酰-苏氨酸，简写：谷-苯丙-苏。

★ **15.11** 将催产素结构式中各氨基酸用虚线分隔开。

解：

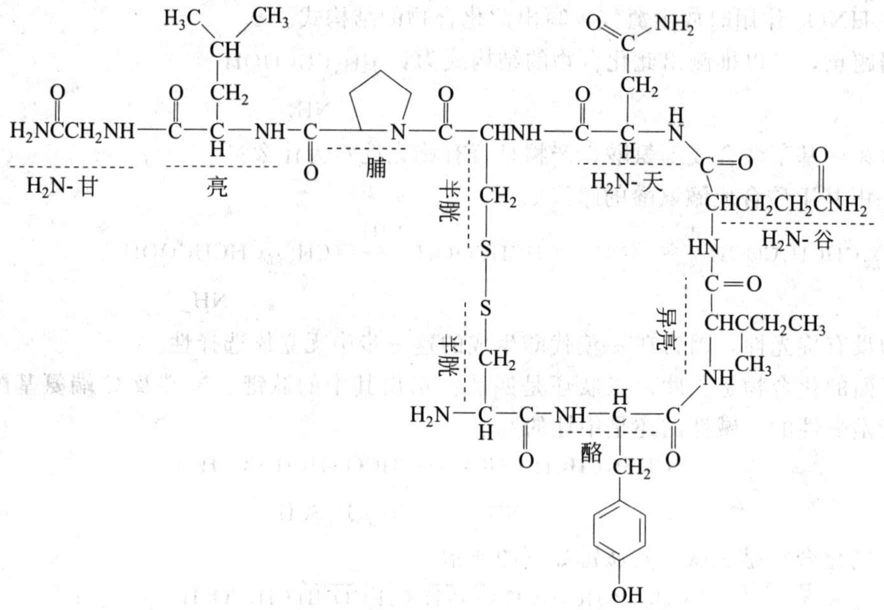

★ **15.12** 某多肽以酸水解后，再以碱中和水解液时，有氨气放出。由此可以得出有关此多肽结构的什么信息？

解： 此多肽含有游离的羧基，且羧基与 NH_3 形成酰胺。

★ **15.13** 某三肽完全水解后，得到甘氨酸及丙氨酸。若将此三肽与亚硝酸作用后再水解，则得乳酸、丙氨酸及甘氨酸。写出此三肽的可能结构式。

解： 根据题意，可以推测出此三肽的结构式为：

$CH_3CHCONHCHCONHCH_2COOH$ 或 $CH_3CHCONHCH_2CONHCHCOOH$
　　|　　　|　　　　　　　　　　　　　|　　　　　　　　　|
　　NH_2　CH_3　　　　　　　　　　　NH_2　　　　　　CH_3

★ **15.14** 某九肽经部分水解，得到下列一些三肽：丝-脯-苯丙、甘-苯丙-丝、脯-苯丙-精、精-脯-脯、脯-甘-苯丙、脯-脯-甘及苯丙-丝-脯。以简写方式排出此九肽中氨基酸的顺序。

解： 根据题意，可排出此九肽中氨基酸的顺序为：精-脯-脯-甘-苯丙-丝-脯-苯丙-精。

第十六章

类脂化合物

基本要求

（1）掌握油脂的组成和性质；了解蜡及表面活性剂的概念及用途。
（2）掌握萜类化合物的定义及其结构特点（如单环单萜、开链单萜和双环单萜等）；熟悉重要萜类化合物的分子结构。
（3）掌握甾体化合物的分子结构特点、命名和分类；了解常见的甾体化合物。

主要内容

一、油脂和肥皂

1. 油脂

油脂是高级脂肪酸的甘油酯，一般在室温下是液体的则称为油，是固体或半固体的则称为脂，其通式可表示为：

$$\begin{array}{l} H_2C\text{—}OCOR \\ HC\text{—}OCOR' \\ H_2C\text{—}OCOR'' \end{array}$$

油脂比水轻，不易溶于水，但易溶于乙醚、汽油、苯、丙酮等有机溶剂中。因油脂一般都是混合物，所以它们没有明显的熔点和沸点。但脂肪的饱和与否，对其所组成的油脂的熔点有一定的影响，液态油比固态脂肪含有较多量的不饱和脂肪酸甘油酯。

油脂的化学性质与它的主要成分脂肪酸甘油酯的结构密切相关，其重要的化学性质有水解（酸性、碱性）、加成（氢化、加碘）、氧化（干性、酸败）。其中，油脂的水解反应可在酸的存在下与水共沸，生成甘油和高级脂肪酸，这是工业上制取高级脂肪酸和甘油的重要方法。若是在碱性条件下（氢氧化钠、氢氧化钾）的水解，产物为肥皂和甘油，该反应亦称为皂化作用。

2. 肥皂

制造肥皂的主要原料是油脂，一般以硬化油为主，油脂和碱（NaOH 或 KOH）溶液发生皂化，生成甘油及高级脂肪酸的钠（钾）盐，通常用下式表示：

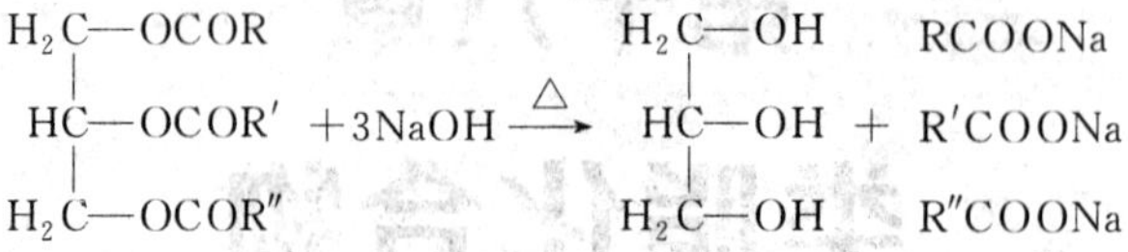

$$\begin{array}{l}H_2C-OCOR\\HC-OCOR'\\H_2C-OCOR''\end{array} +3NaOH \xrightarrow{\triangle} \begin{array}{l}H_2C-OH\\HC-OH\\H_2C-OH\end{array} + \begin{array}{l}RCOONa\\R'COONa\\R''COONa\end{array}$$

肥皂具有优良的洗涤作用，它的去污能力来自高级脂肪酸钠盐的分子中包含着非极性的憎水部分（烃基）和极性的亲水部分（羧基）。

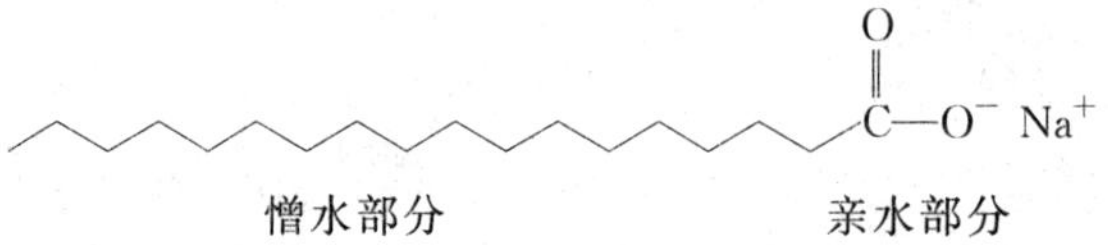

憎水部分　　　　　亲水部分

二、萜类化合物

1. 萜类化合物的分子结构特点

萜类化合物的结构特点是：碳原子数为 5 的整数倍，碳干骨骼由两个或两个以上的异戊二烯分子，以头尾相连结合而成。这种结构上的特点被称为"异戊二烯规则"。

2. 萜类化合物的分类及重要的代表性物质

根据分子中所含异戊二烯单元的数目，萜类化合物的分类及重要的代表性物质见表 16-1。

表 16-1　萜类化合物的分类及重要的代表性物质

萜类名称	异戊二烯单元	碳原子数	重要的代表性物质
单萜	2	10	月桂烯、柠檬醛、香茅醇；薄荷醇（酮）、芑烯；菠醇（酮）、漾烯
倍半萜	3	15	金合欢醇、山道年
二萜	4	20	叶绿醇、维生素 A、松香酸
三萜	6	30	角鲨烯
四萜	8	40	胡萝卜素、叶黄素、番茄红素
多萜类	>8		

三、甾体化合物

1. 甾体化合物的分子结构特点

甾体化合物的结构特点是：分子中都含有一个环戊烷并多氢菲的基本骨架，一般带有三个侧链——R^1、R^2、R^3，其通式可表示为：

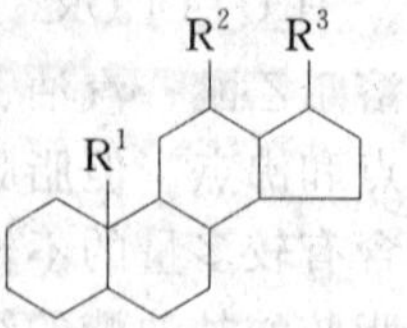

"甾"字上面的"巛"表示三个侧链（R^1、R^2、R^3），其中，R^1、R^2 一般为甲基，通常把这种甲基称为角甲基，R^3 为其他取代基。甾体类化合物中的"甾"字下面的"田"表示四个环，分别以 A、B、C、D 表示，环上的碳原子按如下顺序编号：

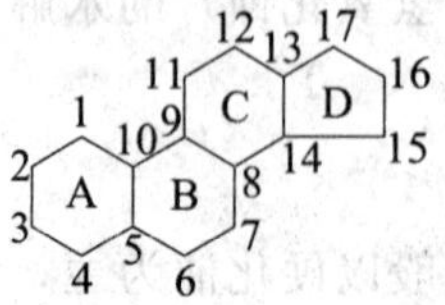

2. 甾体化合物的命名

常见的甾体母核有 6 种,即甾烷、雄甾烷、雌甾烷、孕甾烷、胆烷及胆甾烷。与母核碳架相连的基团,若在环平面的前面称为 β-构型,用实线相连;反之,称为 α-构型,用虚线相连。

甾体化合物的命名可分为两部分:首先是母核的选择与命名;其次是表明衍生物中各取代基或官能团的位置、名称、数目及构型,如下例:

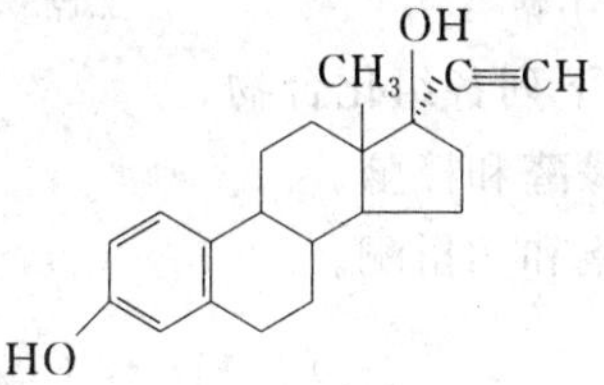

17α-乙炔基-1,3,5(10)- 雌甾三烯-3,17β-二醇

3. 甾体化合物的构型和构象

甾体化合物碳架的构型,取决于分子中碳环的稠合方式。在甾体母核中,有 6 个手性碳原子,理论上应有 64 个构型异构体,但实际上由于环的存在,使得异构体的数目大大减少。

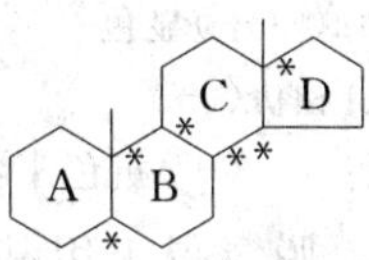

以胆甾烷为例,其异构体有两种类型:胆甾烷系(别系)和粪甾烷系(正系)。这两类化合物的区别在于:A 环和 B 环的稠合方式——顺式稠合为正系,反式稠合为别系,而它们的 B 系和 C 系及 C 系和 D 系都是反式稠合。它们的构象如下:

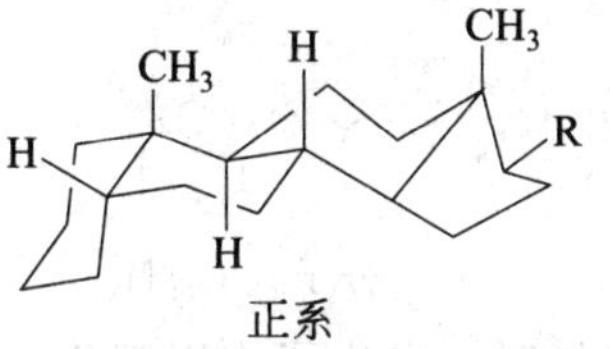

正系 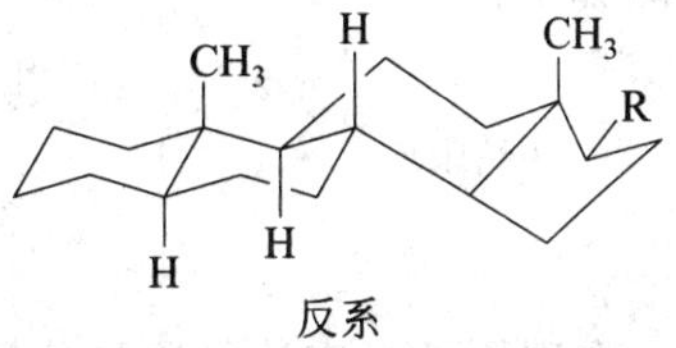　　　　　　　　　反系

例题分析

◉ **例 16.1** 按要求回答下列问题。

(1) 下列各物质中,饱和脂肪酸含量最高的是(　　)。

A. 棕榈油　　B. 花生油　　C. 桐油　　D. 牛油

(2) 植物油中含有的脂肪酸是(　　)。

A. 较多的饱和直链　　　　B. 较多不饱和的偶数碳直链

C. 较多的不饱和直链　　　D. 较多不饱和的奇数碳直链

(3) 将下列化合物划分为若干个异戊二烯单位,并指出属于哪一类(单萜、倍半萜等)?

A. 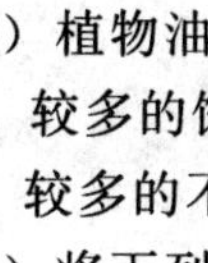　　　　B. 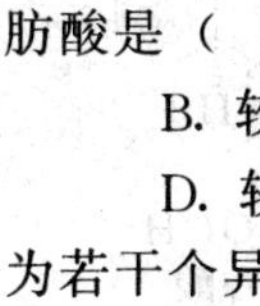　　　　C.

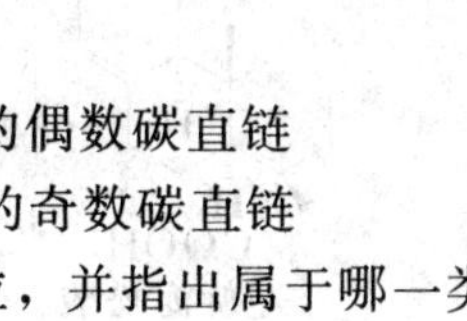

第十六章　类脂化合物　173

解：(1) D。(2) B。

(3) 各化合物划分的异戊二烯单元及归属如下：

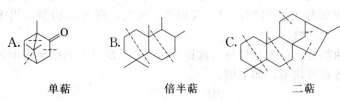

A. 单萜　　B. 倍半萜　　C. 二萜

▶ **例 16.2**　用简单的化学方法鉴别下列各组化合物。

(1) 角鲨烯、金合欢醇、柠檬醛和樟脑。

(2) 胆甾醇、雌二醇、睾甾酮和孕甾酮。

解：(1) 角鲨烯　　(−)　　　　　(−)　　　　(+)褪色
　　　金合欢醇　Na (+)↑　Tollens 试剂　　　　Br₂
　　　柠檬醛　　(−)　　　　　(+)银镜　CCl₄
　　　樟脑　　　(−)　　　　　(−)　　　　(−)

(2) 胆甾醇　　　　　　　(−) FeCl₃ (−)
　　雌二醇　2,4-二硝基苯肼 (−) 溶液 (+)显色
　　睾甾酮　　　　　　　(+)黄色 碘仿(−)
　　孕甾酮　　　　　　　(+)黄色 → (+)黄色↓

▶ **例 16.3**　β-蛇床烯的分子式为 $C_{15}H_{24}$，脱氢得 1-甲基-7-异丙基萘。臭氧化得两分子甲醛和 $C_{13}H_{20}O_2$。$C_{13}H_{20}O_2$ 与碘和氢氧化钠溶液反应时生成碘仿和羧酸 $C_{12}H_{18}O_3$。推测出 β-蛇床烯的结构。

解：根据题意推测如下：

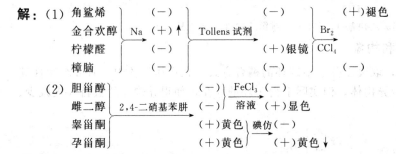

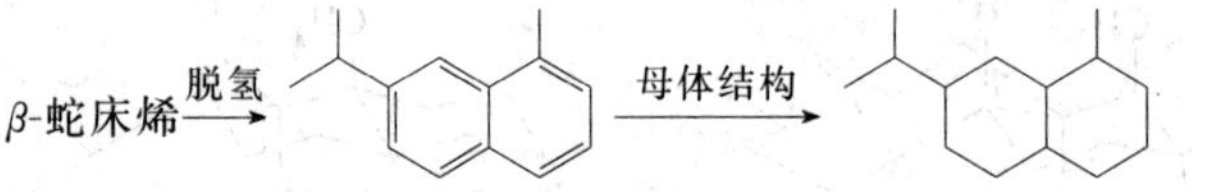

分子式 $C_{14}H_{26}$

比原分子少一个碳原子，应该是原料分子在脱氢时，发生了去甲基化；另根据臭氧化得两分子甲醛且能发生碘仿反应，其可能的结构如下：

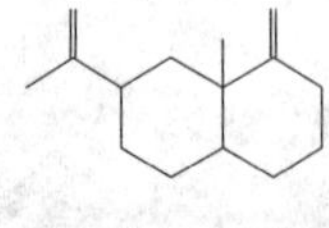

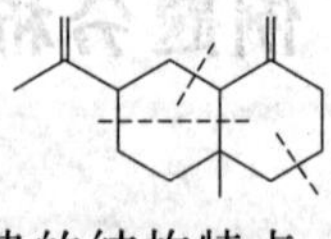

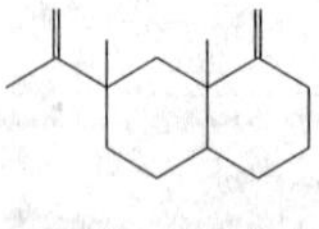

再根据萜类化合物符合异戊二烯规律的结构特点，可以推出例 β-蛇床烯的结构为 b。

▶ **例 16.4**　松香酸可以由左旋海松酸在酸的作用下转变而来：

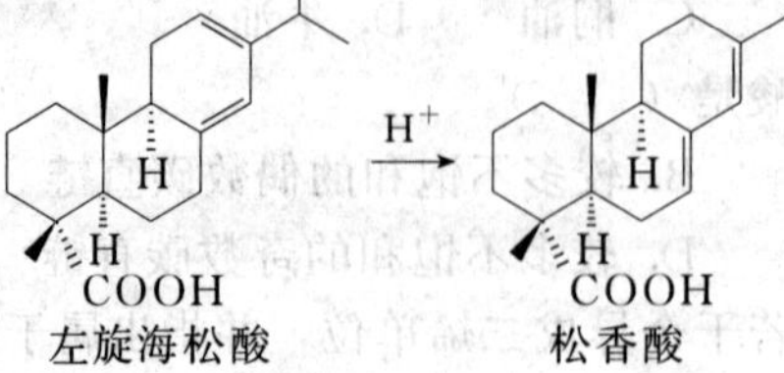

左旋海松酸　→ H⁺ →　松香酸

(1) 按照异戊二烯规则，划分松香酸的结构单元；

(2) 写出由左旋海松酸转变为松香酸的反应机理。

解：(1) 按照异戊二烯规则，划分松香酸的结构单元如下：

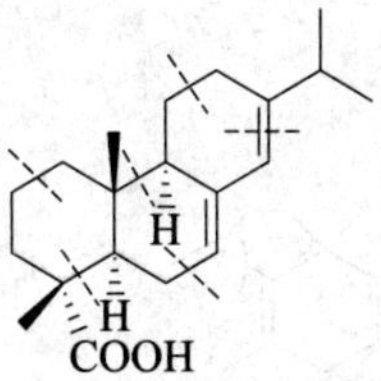

(属于二萜)

(2) 由左旋海松酸转变为松香酸的反应机理如下：

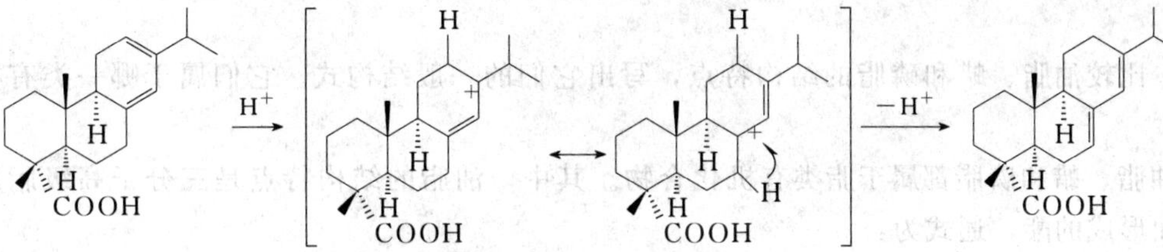

● **例 16.5** 以取代环戊二烯为起始原料，合成 2-α-氯蒎。

解：

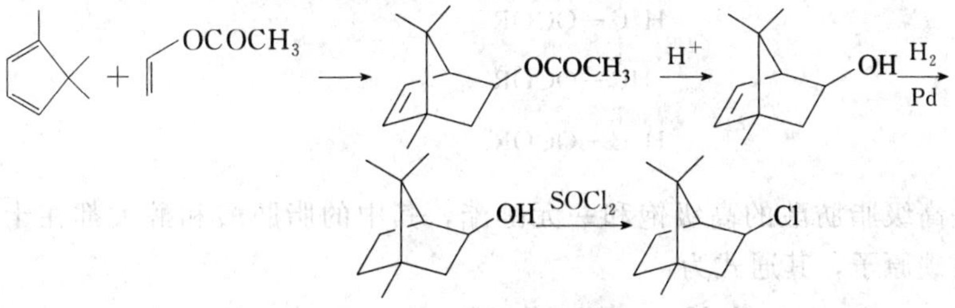

习题解析

★ **16.1** 写出下列化合物的结构式：
  a. 三乙酸甘油酯   b. 硬脂酸   c. 软脂酸   d. 油酸
  e. 亚油酸   f. 亚麻酸   g. 桐油酸   h. 樟脑
  i. 薄荷醇   j. 胆固醇   k. 维生素 D_3 l. 维生素 A_1

解：a. $H_2C-OCOCH_3$
    $HC-OCOCH_3$
    $H_2C-OCOCH_3$
  b. $CH_3(CH_2)_{16}COOH$
  c. $CH_3(CH_2)_{14}COOH$

  d. $CH_3(CH_2)_7CH=CH(CH_2)_7COOH$
  e. $CH_3(CH_2)_4CH=CHCH_2CH=CH(CH_2)_7COOH$
  f. $CH_3CH_2CH=CHCH_2CH=CHCH_2CH=CH(CH_2)_7COOH$
  g. $CH_3(CH_2)_3(CH=CH)_3(CH_2)_6CH_2COOH$

  h. 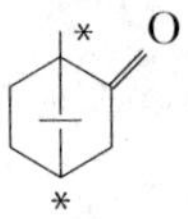   i. 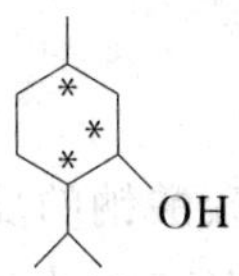   j.

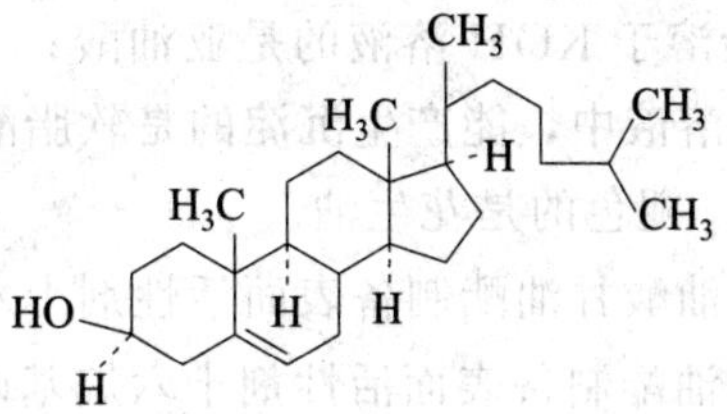

k. 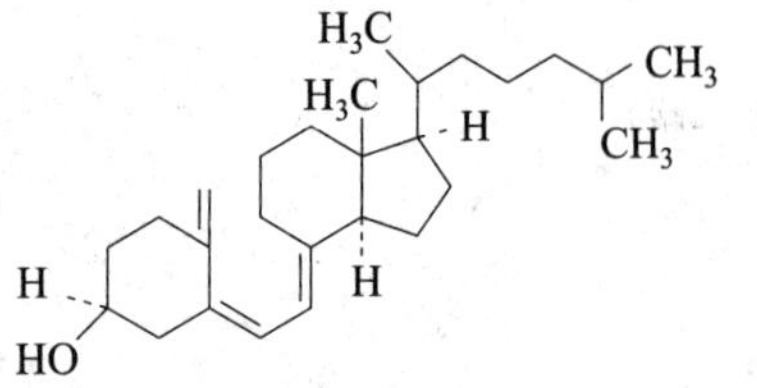 [structure of vitamin D-like compound with HO group] l. 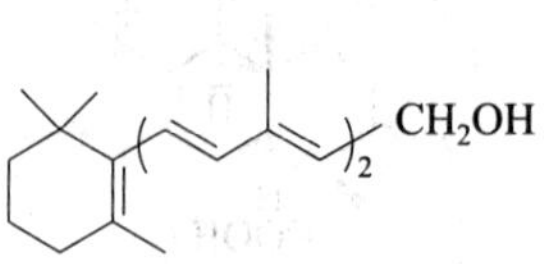 [structure with CH$_2$OH group]

★ **16.2** 比较油脂、蜡和磷脂的结构特点，写出它们的一般结构式。它们属于哪一类有机化合物？

解：油脂、蜡和磷脂都属于脂类有机化合物。其中，油脂的结构特点是三分子高级脂肪酸与甘油形成的酯，通式为：

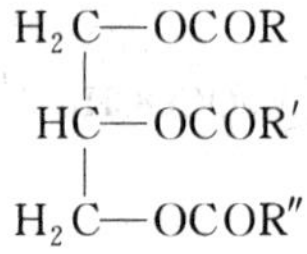

$$\begin{array}{l} H_2C-OCOR \\ HC-OCOR' \\ H_2C-OCOR'' \end{array}$$

蜡的主要组成是高级脂肪酸的高级饱和一元醇酯，其中的脂肪酸和醇大都在十六碳以上，并且也都含偶数碳原子，其通式为：

$$C_nH_{2n+1}COOC_{n'}H_{2n'-1}$$

磷脂是一类含磷的类脂化合物，其中卵磷脂和脑磷脂的结构特点是：甘油分子中的三个羟基有两个与高级脂肪酸形成酯，另一个与磷酸形成酯基；另一类重要的磷脂是鞘磷脂，它们是鞘氨醇衍生物，这两类磷脂的一般结构式为：

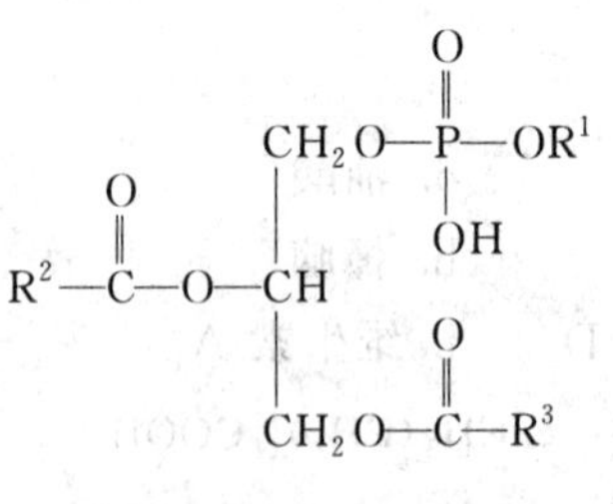

[结构式：磷脂酸]　　　　[结构式：鞘磷脂]

磷脂酸 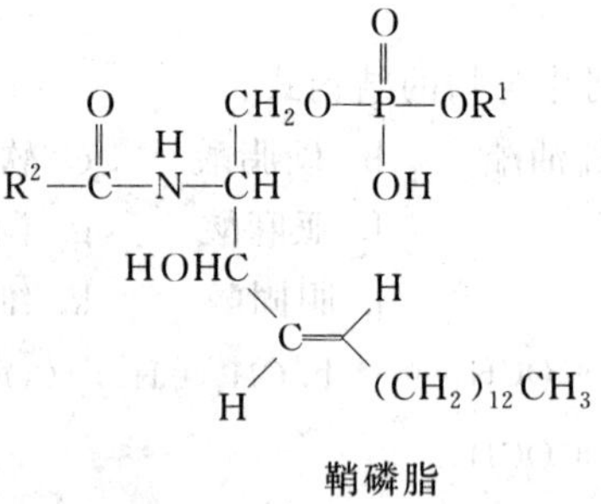　　　　　　　　　鞘磷脂

★ **16.3** 用化学方法鉴别下列各组化合物。

　　a. 硬脂酸和蜡　　　　b. 三油酸甘油酯和三硬脂酸甘油酯
　　c. 亚油酸和亚麻子油　　d. 软脂酸钠和十六烷基硫酸钠
　　e. 花生油和柴油

解：a. 在加热下，能溶于 KOH 溶液的是硬脂酸；
　　b. 能使 Br_2/CCl_4 褪色的是三油酸甘油酯；
　　c. 在加热下，能溶于 KOH 溶液的是亚油酸；
　　d. 在 $Ca(OH)_2$ 溶液中，能产生沉淀的是软脂酸钠；
　　e. 能使 Br_2/CCl_4 褪色的是花生油。

★ **16.4** 写出由三棕榈油酸甘油酯制备表面活性剂十六烷基硫酸钠的反应式。

解：由三棕榈油酸甘油酯制备表面活性剂十六烷基硫酸钠的反应式如下：

$$\begin{array}{l}CH_2OC-(CH_2)_7CH=CH(CH_2)_5CH_3\\ \|\\ O\\ CHOC-(CH_2)_7CH=CH(CH_2)_5CH_3 \xrightarrow[\text{② }H^+]{\text{① KOH}} CH_3(CH_2)_5CH=CH(CH_2)_7COOH\\ \|\\ O\\ CH_2OC-(CH_2)_7CH=CH(CH_2)_5CH_3\\ \|\\ O\end{array}$$

$$\xrightarrow[Pt]{H_2} CH_3(CH_2)_{14}COOH \xrightarrow{LiAlH_4} CH_3(CH_2)_{14}CH_2OH \xrightarrow{H_2SO_4} CH_3(CH_2)_{14}CH_2OSO_3H$$

$$\xrightarrow{NaOH} CH_3(CH_2)_{14}CH_2OSO_3Na$$

★ **16.5** 在巧克力、冰淇淋等许多高脂肪含量的食品以及医药或化妆品中，常用卵磷脂来防止发生油和水分层的现象，这是根据卵磷脂的什么特性？

解：卵磷脂结构中既含有亲水基，又含有疏水基，因此可以将水与油两相较好地相溶在一起。

★ **16.6** 下列化合物哪个有表面活性剂的作用？

a. $CH_3(CH_2)_5\overset{\overset{\displaystyle CH_3}{|}}{CH}(CH_2)_3OSO_3K$ b. $CH_3(CH_2)_{16}CH_2OH$

c. $CH_3(CH_2)_{16}COOH$ d. $CH_3(CH_2)_8CH_2$-\<benzene\>-SO_3NH_4

解：化合物 a 和 d 有表面活性剂的作用。

★ **16.7** 一未知结构的高级脂肪酸甘油酯，有旋光活性。将其皂化后再酸化，得到软脂酸及油酸，其摩尔比为 2∶1。写出此甘油酯的结构式。

解：根据题意，可以推测出此甘油酯的结构式为：

$$\begin{array}{l}CH_2O-C-(CH_2)_{14}CH_3\\ \|\\ O\\ CHO-C-(CH_2)_{14}CH_3\\ \|\\ O\\ CH_2O-C-(CH_2)_7CH=CH(CH_2)_7CH_3\\ \|\\ O\end{array}$$

★ **16.8** 鲸蜡中的一个主要成分是十六酸十六酯，它可被用作肥皂及化妆品中的润滑剂。怎样以三软脂酸甘油酯为唯一的有机原料合成它？

解：用三软脂酸甘油酯为唯一的有机原料来合成十六酸十六酯的路线如下：

$$\begin{array}{l}CH_2O-C-(CH_2)_{14}CH_3\\ \|\\ O\\ CHO-C-(CH_2)_{14}CH_3\\ \|\\ O\\ CH_2O-C-(CH_2)_{14}CH_3\\ \|\\ O\end{array} \xrightarrow{KOH} \xrightarrow{H^+} CH_3(CH_2)_{14}COOH \xrightarrow{LiAlH_4} CH_3(CH_2)_{14}CH_2OH$$

$$\xrightarrow[H_2SO_4,\triangle]{CH_3(CH_2)_{14}COOH} CH_3(CH_2)_{14}\overset{\overset{\displaystyle O}{\|}}{C}OCH_2(CH_2)_{14}CH_3$$

★ **16.9** 由某种树叶中取得的蜡的分子式为 $C_{40}H_{80}O_2$，它的结构应该是下列哪一个？

a. $CH_3CH_2CH_2COO(CH_2)_{35}CH_3$ b. $CH_3(CH_2)_{16}COO(CH_2)_{21}CH_3$

c. $CH_3(CH_2)_{15}COO(CH_2)_{22}CH_3$

解：根据蜡的主要组分是高级脂肪酸的高级饱和一元醇酯，其中的脂肪酸和醇大都在十六碳以上，并且也都含有偶数碳原子的特点，可以得出它的结构是：b。

★ **16.10** 脑苷脂是由神经组织中得到的一种鞘糖脂。如果将它水解，将得到哪些产物？

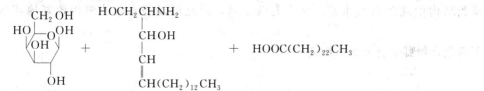

脑苷脂

解：脑苷脂水解将得到如下产物：

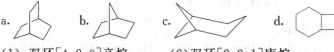

★ **16.11** 下列 a ~ d 四个结构式应分别用(1)~(4)哪一个名称表示？

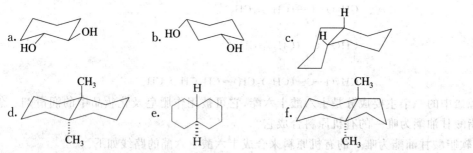

(1) 双环[4.2.0]辛烷　　(2) 双环[2.2.1]庚烷
(3) 双环[3.1.1]庚烷　　(4) 双环[2.2.2]辛烷

解：a—（4）；b—（2）；c—（3）；d—（1）。

★ **16.12** 下列化合物中的取代基或环的并联方式是顺式还是反式？

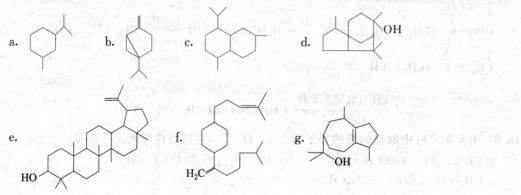

解：a. 反；b. 顺；c. 顺；d. 反；e. 反；f. 反。

★ **16.13** 划分下列各化合物中的异戊二烯单位，并指出它们各属哪类萜（如单萜、双萜……）

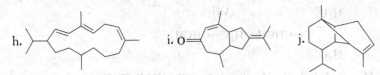

解： 下列化合物划分的异戊二烯单元及归属如下：

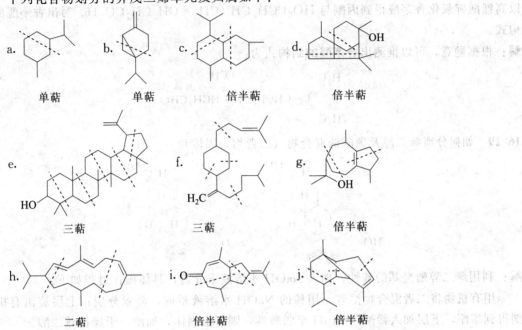

★ **16.14** 写出薄荷醇的另三个立体异构体的椅式构型（只写占优势的构象，不必写出对映体）。

解：

★ **16.15** 写出甾族化合物的基本骨架，并标出碳原子的编号顺序。

解： 甾族化合物的基本骨架及其碳原子编号如下所示：

★ **16.16** 维生素 A 与胡萝卜素有什么关系，它们各属哪一类萜？

解： 维生素 A 为二萜类化合物，而胡萝卜素为四萜类化合物。在动物体内，胡萝卜素能够被转化为维生素 A，而且其生理功能也相同，具有良好的抗衰老和抗癌功能。

★ **16.17** 某单萜 A，分子式为 $C_{10}H_{18}$，催化氢化后得分子式为 $C_{10}H_{22}$ 的化合物。用高锰酸钾氧化 A，得到 $CH_3COCH_2CH_2COOH$、CH_3COOH 及 CH_3COCH_3，推测 A 的结构。

解： 根据题意，可以推测出该单萜 A 的结构为：

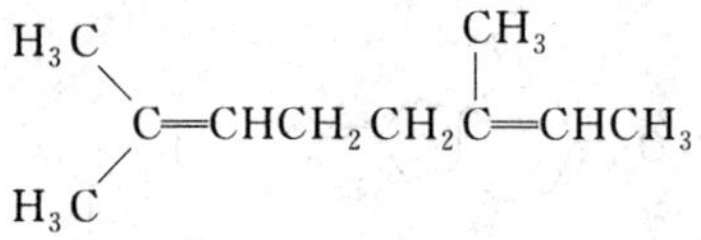

$$\text{H}_3\text{C}-\underset{\underset{\text{H}_3\text{C}}{|}}{\text{C}}=\text{CHCH}_2\text{CH}_2-\underset{\underset{\text{CH}_3}{|}}{\text{C}}=\text{CHCH}_3$$

★ **16.18** 香茅醛是一种香原料，分子式为 $C_{10}H_{18}O$，它与吐伦试剂作用得到香茅酸 $C_{10}H_{18}O_2$。以高锰酸钾氧化香茅醛得到丙酮与 $HO_2CCH_2CH(CH_3)CH_2CH_2CO_2H$。写出香茅醛的结构式。

解：根据题意，可以推测出香茅醛的结构式为：

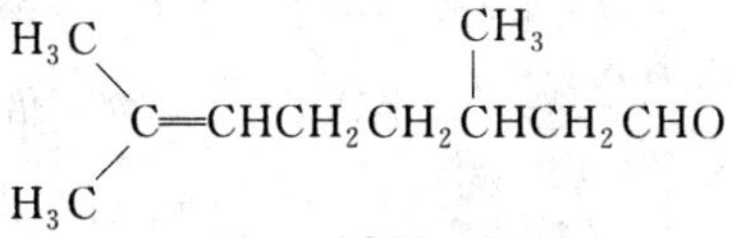

$$\text{H}_3\text{C}-\underset{\underset{\text{H}_3\text{C}}{|}}{\text{C}}=\text{CHCH}_2\text{CH}_2-\underset{\underset{\text{CH}_3}{|}}{\text{CH}}-\text{CH}_2\text{CHO}$$

★ **16.19** 如何分离雌二醇及睾酮的混合物（二者均为固体）?

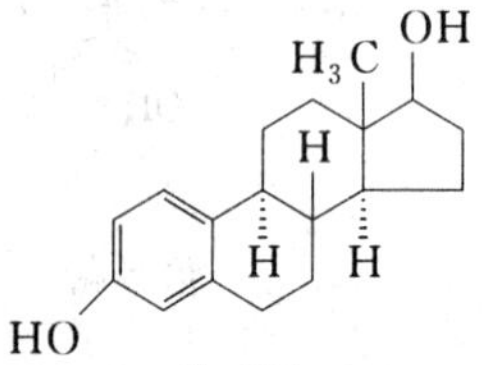

雌二醇 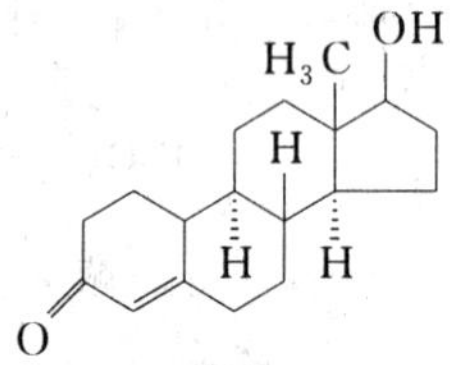　　　　　睾酮

解：利用雌二醇酚羟基的酸性，加入 NaOH 水溶液来分离，具体操作过程如下：

用有机物将二者混合物溶解，用稀的 NaOH 水溶液萃取，静置分层；上层旋出有机溶剂得到睾酮，下层加入稀酸调节 pH 至弱酸性，则析出固体，抽滤，干燥得雌二醇。

★ **16.20** 完成下列反应式：

a. 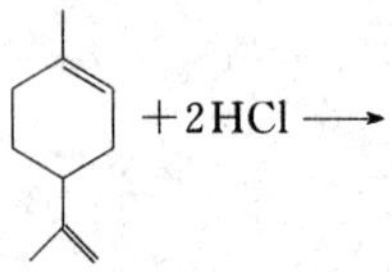 [结构式] +2HCl ⟶

b. 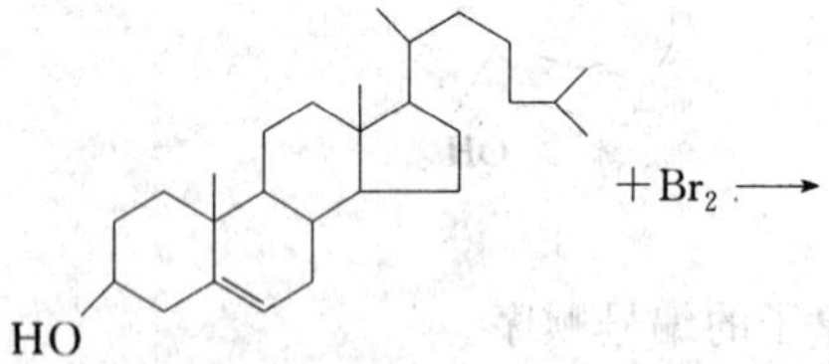 [结构式] +Br₂ ⟶

c. 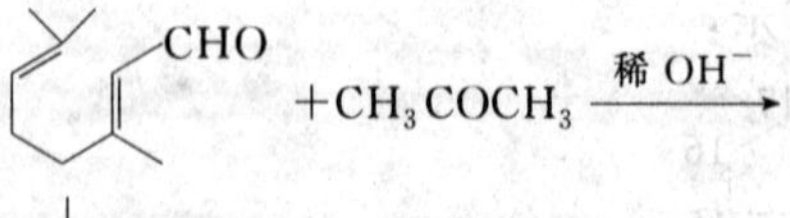 [结构式] +CH₃COCH₃ $\xrightarrow{\text{稀 OH}^-}$

d. 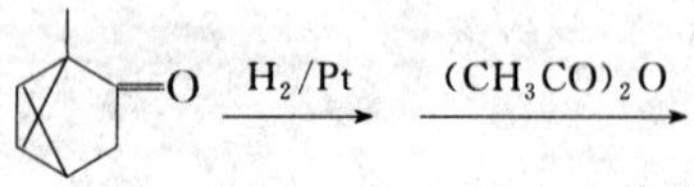 [结构式] $\xrightarrow{\text{H}_2/\text{Pt}}$ $\xrightarrow{(\text{CH}_3\text{CO})_2\text{O}}$

解：

a. 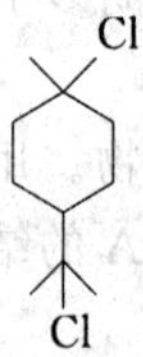 [结构式，含两个Cl]

b. 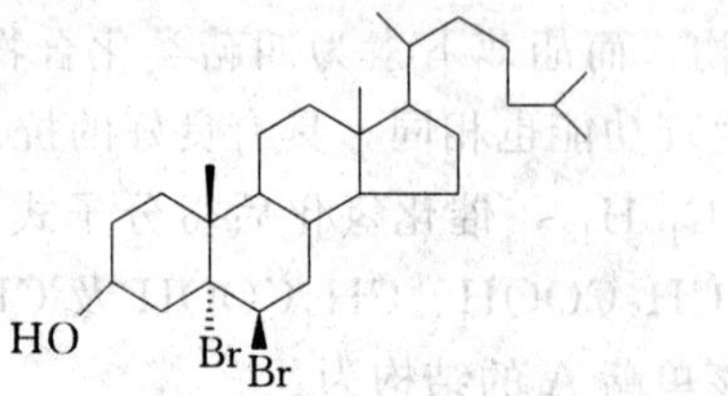 [结构式，含HO和两个Br]

c. 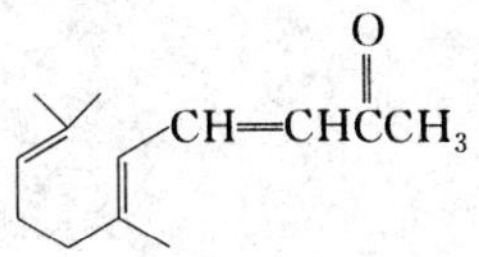 [structure: (CH₃)₂C=CHCH₂CH₂C(CH₃)=CHCH=CHCOCH₃]

d. 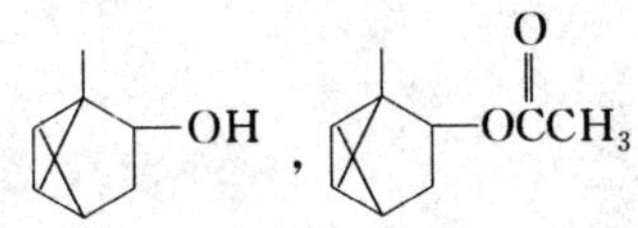 [structures: bicyclic with OH, and bicyclic with OCCH₃ (acetate)]

★ **16.21** 在 16.20(c)中得到的假紫罗兰酮,在酸的催化下可以关环形成紫罗兰酮的 α- 及 β- 两种异构体,它们都可用于调制香精,β-紫罗兰酮还可用作制备维生素 A 的原料。写出由假紫罗兰酮关环的机理。

α-紫罗兰酮   β-紫罗兰酮

解：根据条件,假紫罗兰酮关环的机理如下。

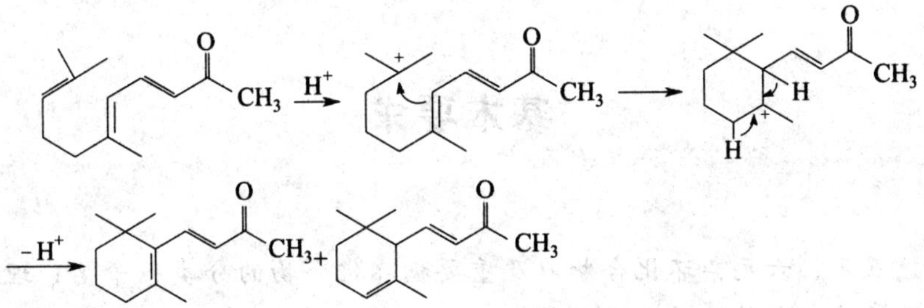

第十七章
杂环化合物

基本要求

（1）掌握五元、六元杂环化合物以及重要稠环化合物的分类、命名；理解芳杂环的概念及与苯系芳香化合物性质上的差异。

（2）掌握五元、六元杂环化合物以及重要稠环化合物的典型反应，如碱性、亲电取代反应、还原反应、烷基吡啶侧链上的反应等。

（3）掌握五元、六元杂环化合物以及重要稠环化合物的亲电取代反应定位规律及其合成方法。

（4）了解一些著名杂环化合物在自然界中的存在以及它们对生物体的重要性；同时要了解常见生物碱的来源、分类、命名以及该类药物的生理活性。

主要内容

一、杂环化合物的概念与命名

在有机化学中，将非碳原子统称为杂原子，最常见的杂原子是氮原子、氧原子和硫原子。由碳原子与杂原子共同组成的具有一定稳定性的环状化合物，称为杂环化合物。杂环化合物一般分为单杂环和稠杂环两类，其中最稳定、最常见的是五元、六元杂环化合物。

杂环化合物的命名一般采用音译法，即根据外文名称的音译，并在同音的汉字旁加上口字旁，口表示环状化合物。

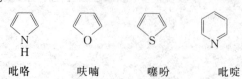

吡咯　　呋喃　　噻吩　　吡啶

吲哚　　喹啉　　异喹啉

命名时,各原子的编号自杂原子开始,作为 1,依杂原子旁的碳原子依次编为 α、β 来命名。若环上有多个不同杂原子时,按 O→S→N 的顺序从小到大依次编号。

二、杂环化合物的结构

1. 五元杂环化合物的结构

五元芳杂环化合物都是富电子的芳环,每个碳原子及杂原子均为 sp^2 杂化,彼此以 σ 键相连接,组成一个平面的五元环结构。其中,杂原子中未参与杂化的 p 轨道(其上有一对电子)与同环的四个碳原子的 p 轨道(各有一个电子),相互平行"肩并肩"重叠形成大的 π_5^6 键——封闭环状共轭体系,符合 Hückel [4n+2] 规则。这些杂环化合物的芳香性强弱次序为:苯>噻吩>吡咯>呋喃。

由于五元杂环化合物形成了"五中心六电子"的大共轭离域体系,电子云密度比苯环高,相当于在苯环上连接了—NH₂、—OH、—SH,所以它们比苯环更容易发生亲电取代反应,如硝化、磺化等反应必须使用温和的反应试剂才能得到预期的产物,其活性顺序为:吡咯>呋喃>噻吩>苯。同时,由于杂原子的电负性比碳原子高,导致环上电子云分布并没有完全平均化,具有较明显的单双键之分,因而也表现出不饱和化合物的性质,如易进行亲电加成、双烯合成等。

2. 六元杂环化合物的结构

六元芳杂环系主要为含氮杂环,以吡啶为例:每个碳原子和氮原子均为 sp^2 杂化,彼此以 σ 键相连接,组成一个平面的六元环结构。其中,杂原子中未参与杂化的 p 轨道(其上有一个电子)与同环的五个碳原子的 p 轨道(各有一个电子),相互平行"肩并肩"重叠形成大的 π_6^6 键——封闭环状共轭体系,符合 Hückel [4n+2] 规则。

但由于氮原子的电负性比碳原子大,结果降低了碳原子上的电子云密度,相当于苯环上连接了—NO₂,从而使其成为缺电子芳环,不易发生亲电取代反应,活性与硝基苯相似,不发生傅-克酰基化反应。与之相对应,环上的亲核取代反应则比较容易发生,而且其相应位置侧链上的 α-H 也表现出一定的活性,成为活泼氢原子。

吡啶氮原子的一个 sp^2 杂化轨道上有一对未共用电子,故显碱性且具有亲核性,其碱性比吡咯强但又比脂肪胺弱得多,碱性强弱顺序为:脂肪胺>吡啶>苯胺>吡咯。

三、杂环化合物的性质

1. 五元杂环化合物的典型反应

在吡咯、呋喃和噻吩的环内,形成了"五中心六电子"的大共轭离域体系,电子云密度比苯环高,所以它们比苯环更容易发生亲电取代反应,必须使用温和的反应试剂才能得到预期的产物。

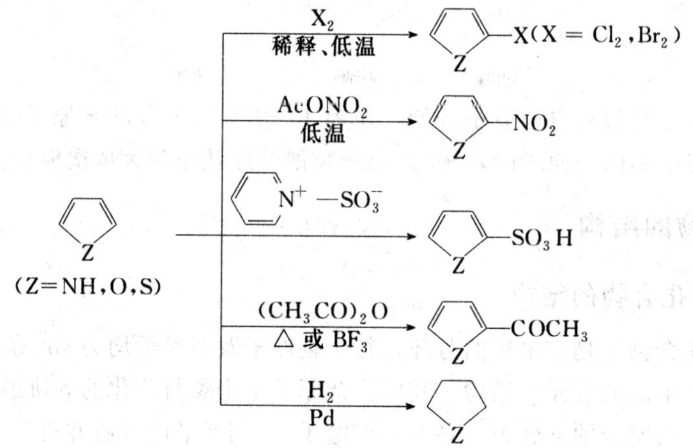

同时，由于杂原子（N、O、S）的电负性比碳原子高，导致环上电子云分布并没有完全平均化，具有较明显的单双键之分，因而也表现出不饱和化合物的性质，如易进行亲电加成、双烯合成等。

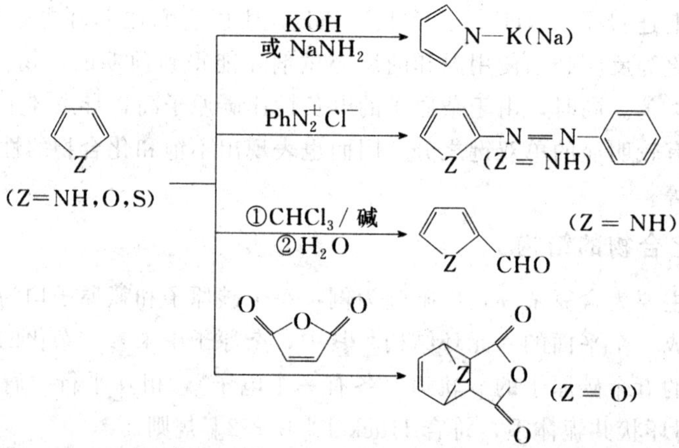

2. 六元杂环化合物的典型反应

(1) 与亲电试剂的反应

① 在氮上发生反应

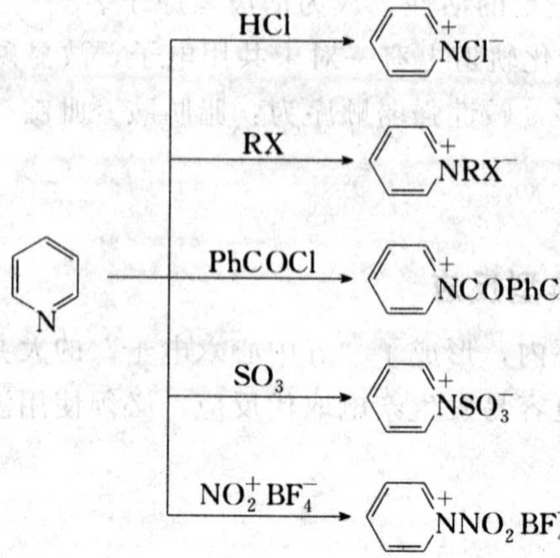

② 在碳上发生反应

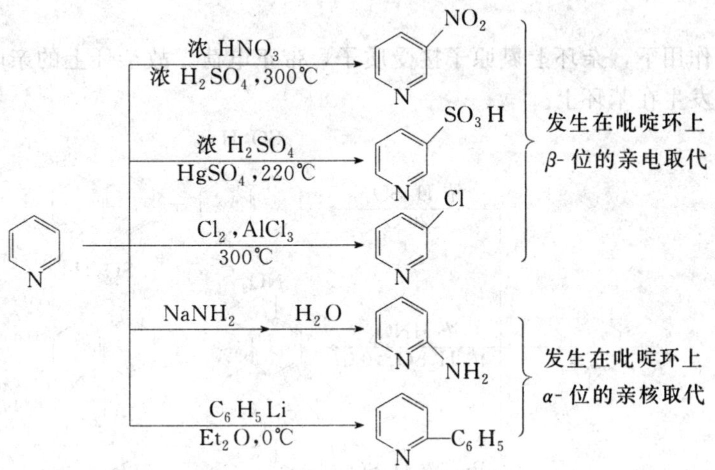

吡啶 →
- 浓 HNO₃ / 浓 H₂SO₄, 300℃ → 3-硝基吡啶
- 浓 H₂SO₄ / HgSO₄, 220℃ → 3-磺酸基吡啶
- Cl₂, AlCl₃ / 300℃ → 3-氯吡啶

  〉发生在吡啶环上 β-位的亲电取代

- NaNH₂ / H₂O → 2-氨基吡啶
- C₆H₅Li / Et₂O, 0℃ → 2-苯基吡啶

  〉发生在吡啶环上 α-位的亲核取代

(2) 与亲核试剂的反应

吡啶环在 α-或 γ-位的碳缺少电子，当在其上有好的离去基团（如 Cl、Br、NO₂ 等），则可以与氨（或胺）、烷氧化物、水等亲核试剂发生亲核取代反应：

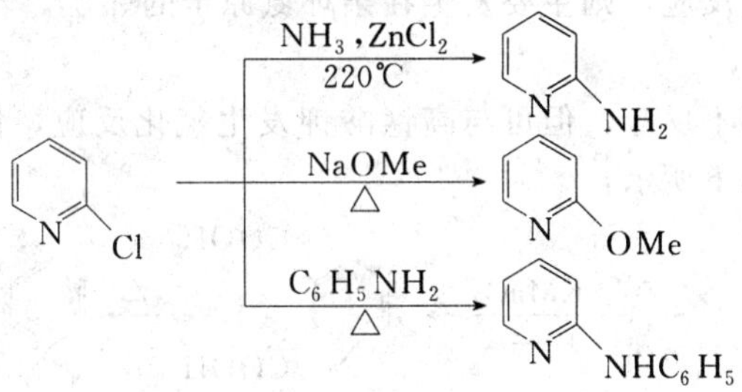

2-氯吡啶 →
- NH₃, ZnCl₂ / 220℃ → 2-氨基吡啶
- NaOMe / △ → 2-甲氧基吡啶
- C₆H₅NH₂ / △ → 2-苯氨基吡啶

(3) 与氧化剂的反应

吡啶环不易被氧化，但烷基吡啶可氧化成吡啶羧酸或相应的醛：

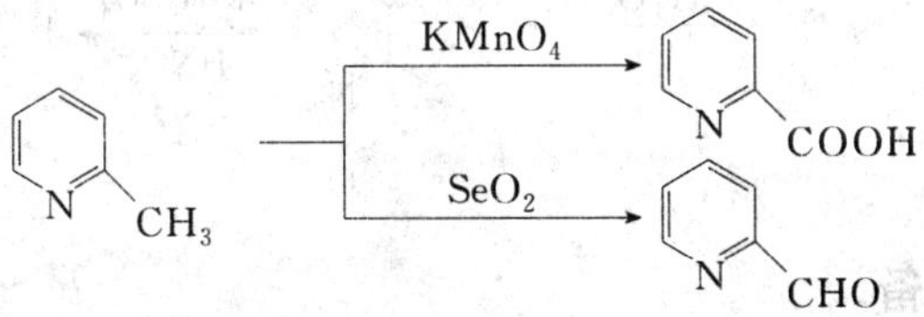

2-甲基吡啶 →
- KMnO₄ → 2-吡啶甲酸
- SeO₂ → 2-吡啶甲醛

另外，吡啶与过酸反应能得到 N-氧化吡啶，该化合物在合成上是很有用的中间体。

(4) 还原反应

吡啶在催化剂作用下氢化或用化学试剂如金属钠与无水乙醇还原可得到六氢吡啶。

3. 稠环化合物的典型反应

(1) 吲哚

吲哚的亲电取代反应活性比吡咯低，但比苯高，其亲电取代反应主要发生在杂环的 β-位。

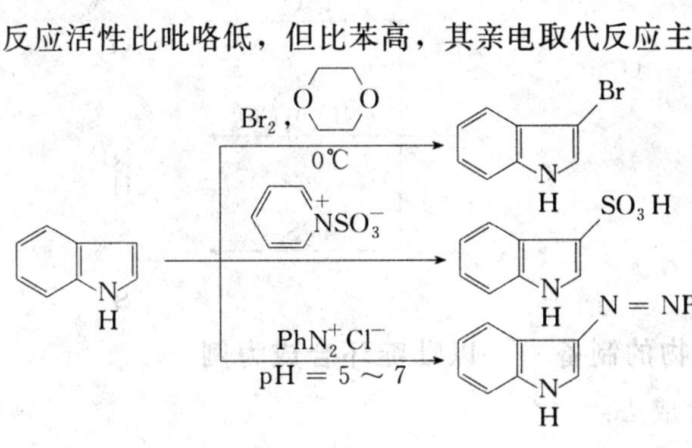

吲哚 →
- Br₂, (二氧六环) / 0℃ → 3-溴吲哚
- 吡啶·SO₃ → 3-磺酸基吲哚
- PhN₂⁺Cl⁻ / pH = 5~7 → 3-(苯偶氮基)吲哚

（2）喹啉

喹啉在强酸作用下，杂环上氮原子接受质子，带正电荷，故杂环上的亲电取代反应比较困难，反应主要发生在苯环上。

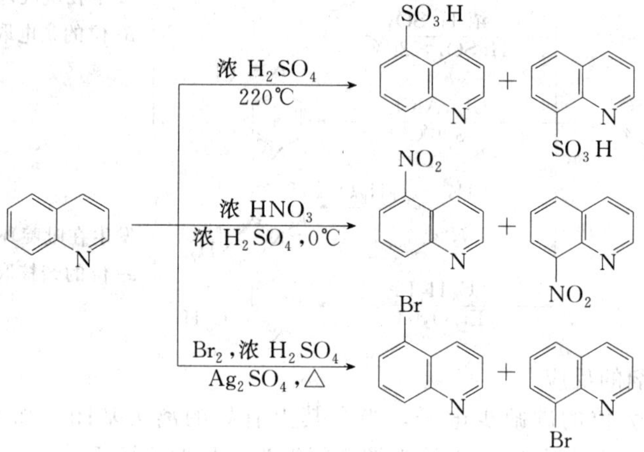

喹啉若发生亲核取代反应，则主要发生在杂环氮原子的邻位，若邻位有取代基，则发生在氮原子的对位。

喹啉与大多数氧化剂不反应，但可与高锰酸钾发生氧化反应，使苯环氧化成邻二羧基；也可被过氧化氢氧化，如下所示：

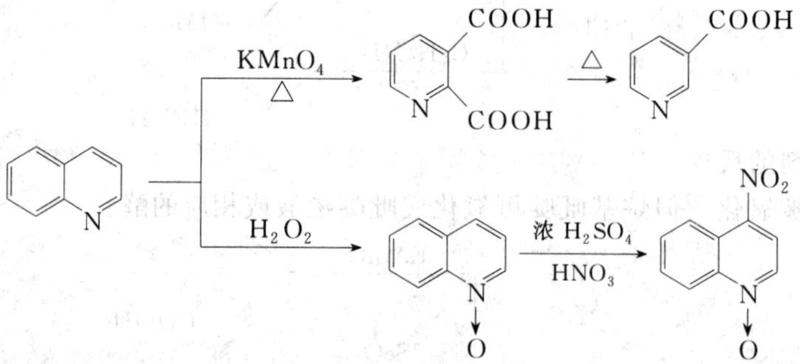

四、杂环化合物的制备

1. 五元杂环化合物的制备

Poal-Knorr 合成法：

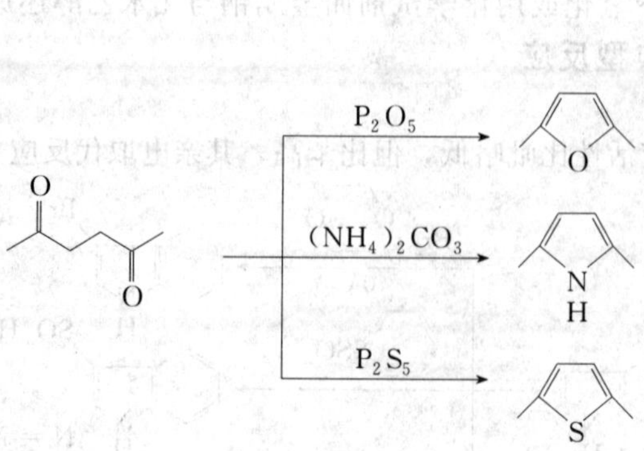

2. 六元杂环化合物的制备——以吡啶环合成为例

Hantzsch 吡啶环合成法：

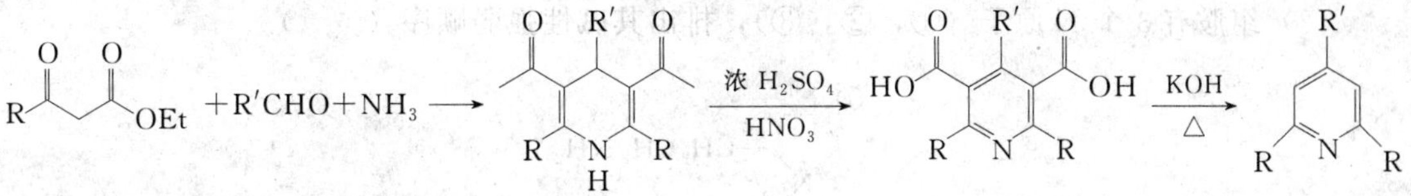

$$\underset{\text{OEt}}{\overset{\text{O}\ \ \ \ \ \ \ \text{O}}{R\diagdown\diagup\diagdown\diagup}} + R'CHO + NH_3 \longrightarrow \text{(dihydropyridine)} \xrightarrow[\text{HNO}_3]{\text{浓 H}_2\text{SO}_4} \text{(pyridine dicarboxylic acid)} \xrightarrow[\triangle]{\text{KOH}} \text{(pyridine)}$$

3. 稠杂环化合物的制备——以喹啉环合成为例

Skraup 喹啉合成法：

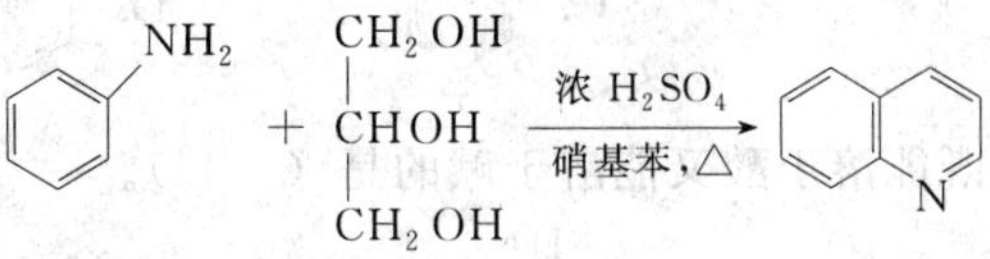

$$\text{PhNH}_2 + \text{CH}_2\text{OH-CHOH-CH}_2\text{OH} \xrightarrow[\text{硝基苯},\triangle]{\text{浓 H}_2\text{SO}_4} \text{喹啉}$$

Skraup 合成法是喹啉及其衍生物最重要的合成方法，是用苯胺（或其他芳胺）、甘油、硫酸和硝基苯（相应于所用芳胺）、五氧化二砷（As_2O_5）或三氯化铁等氧化剂一起作用下发生反应。

注意选择原料的规律。从目标产物喹啉环上取代基与氮原子的相对位置确定原料芳胺芳环上取代基的相对位置。如芳胺环上间位有给电子基团，则在给电子基团的对位关环，得到 7-取代喹啉；若芳胺环上间位是吸电子基团，则在吸电子基团的邻位关环，得到 5-取代喹啉。

例题分析

◉ **例 17.1** 按照要求命名或写出结构式。

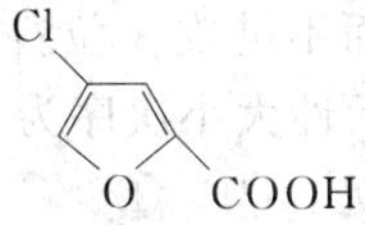

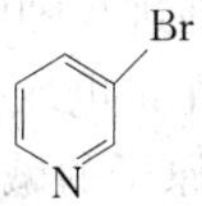

(1) 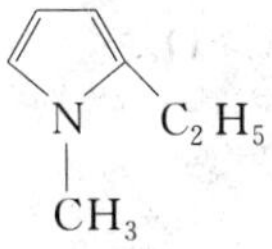 1-甲基-2-乙基吡咯
(2) 4-氯-2-呋喃甲酸
(3) 3-溴吡啶
(4) 8-羟基喹啉
(5) 4-甲基咪唑
(6) 3-吲哚乙酸

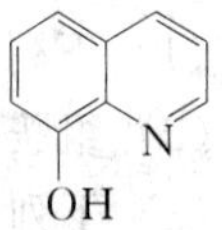

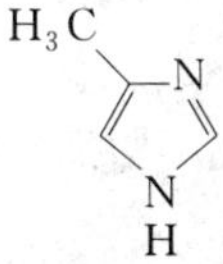

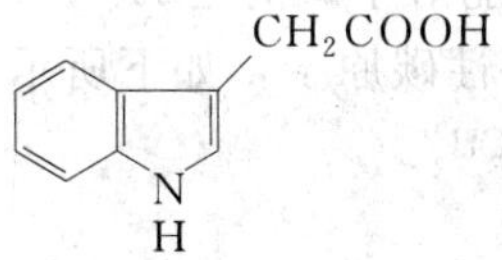

解：(1) 1-甲基-2-乙基吡咯　　(2) 4-氯-2-呋喃甲酸
　　(3) 3-溴吡啶　　　　　　(4) 8-羟基喹啉
　　(5) 4-甲基咪唑　　　　　(6) 3-吲哚乙酸

(7)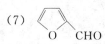

(8)

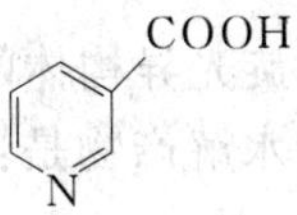

◉ **例 17.2** 按照要求回答下列问题。

(1) 排出下列各化合物在亲电取代反应中的活性大小次序（　　）。

A. 苯　　B.  呋喃　　C.  噻吩　　D. 吡啶

(2) 组胺有 3 个 N 原子（①，②，③），排出其碱性强弱顺序（   ）。

(3) 下列化合物中，有芳香性的是（   ）。

A.   B.   C.   D.

(4) 下列化合物中，既能溶于酸又能溶于碱的是（   ）。

A. 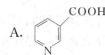   B. 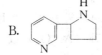   C.

(5) 阿托品的分子结构为：

(A) 该分子有无手性碳原子？若有，请标出。
(B) 该分子有无旋光异构体？若有，试推测旋光异构体的数目。
(C) 写出该化合物在碱性条件下的水解产物。

(6) 为什么发生亲电取代反应的难易顺序如下：吡咯＞呋喃＞噻吩？试解释之。

(7) 为什么亲电试剂进攻吲哚的 α-位，而不进攻 β-位？

解：(1) 下列各化合物在亲电取代反应中的活性大小次序为：B＞C＞A＞D。

(2) 组胺中 3 个 N 原子的碱性强弱顺序为：③＞①＞②。

(3) 下列化合物中，有芳香性的是 A。

(4) 下列化合物中，既能溶于酸又能溶于碱的是 A。

(5)（A）阿托品的分子中有 3 个手性碳原子，如下所示：

(B) 该分子有旋光异构体，其旋光异构体的数目是 1 个。

(C) 该化合物在碱性条件下的水解产物是：

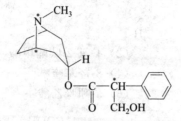

(6) 从电负性看，氧、氮、硫均有吸电子的诱导效应，但 O（3.5）＞N（3.0）＞S（2.6）；从共轭效应看，它们均有给电子共轭效应，但 N＞O＞S（因硫的 3p 轨道与碳的 2p 轨道共轭相对较差），综合上述两种电子效应，N 对环贡献的电子最多，S 最少。

(7) 亲核试剂进攻吲哚的 α-位和 β-位，可以分别写出如下的共振杂化体：

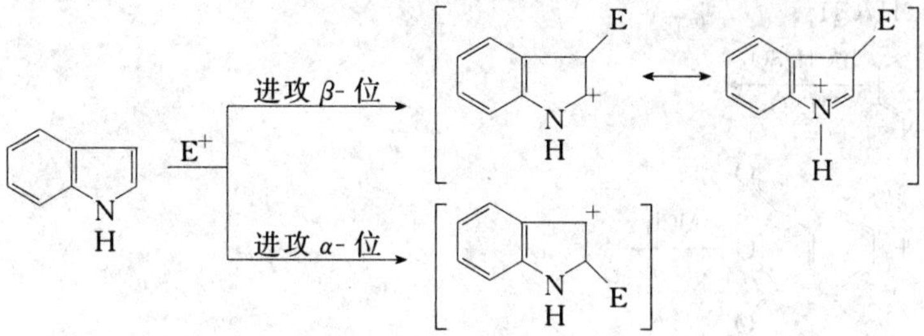

其中，进攻 β-位可以得到两个带有完整苯环的稳定极限式，而进攻 α-位仅能得到一个带有完整苯环的稳定极限式，因此，亲电试剂主要是进攻吲哚的 α-位而不进攻 β-位。

● **例 17.3** 用化学方法鉴别下列各组化合物。
(1) 苯、噻吩和苯酚；
(2) 糠醇、糠醛和糠酸；
(3) 苯、吡咯和吡啶。

解：(1)
苯 ─┐
噻吩 ├ FeCl₃ 溶液 ─→ (−) ─ H₂SO₄/室温 ─→ (−)
苯酚 ─┘   (−)   (+) 溶解
                       (+) 显色

(2)
糠醇 ─┐
糠醛 ├ NaHCO₃ 溶液 ─→ (−) ─ Tollens 试剂 ─→ (−)
糠酸 ─┘   (−)   (+) 银镜现象
                       (+) 气泡

(3)
苯 ─┐
吡咯 ├ H₂O ─→ (−) ─ NaOH 溶液 ─→ (−)
吡啶 ─┘   (−)   (+) 溶解
               (+) 溶解

● **例 17.4** 完成下列反应式。

(1) 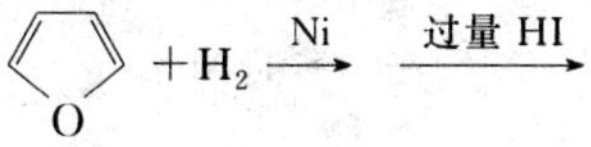 [呋喃] + H_2 $\xrightarrow{Ni}$ $\xrightarrow{过量\ HI}$

(2) 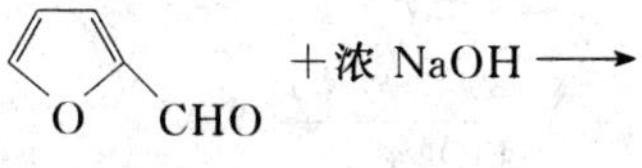 [呋喃-2-甲醛] + 浓 NaOH ⟶

(3) 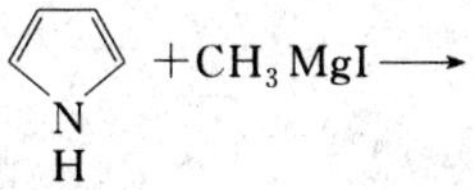 [吡咯] + CH_3MgI ⟶

(4) [2-甲基噻吩] + $(CH_3CO)_2O$ $\xrightarrow{SnCl_4}$

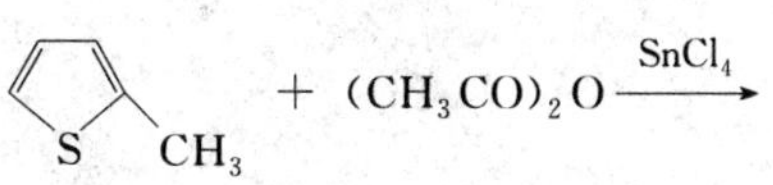

(5) 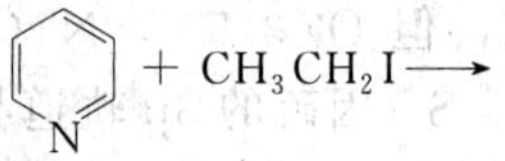 ![pyridine] + CH₃CH₂I ⟶

(6) 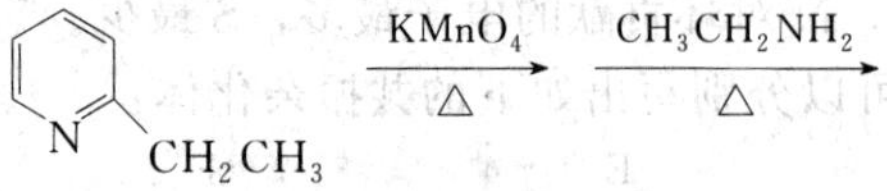 ![2-methylpyridine] $\xrightarrow[\Delta]{KMnO_4}$ $\xrightarrow[\Delta]{CH_3CH_2NH_2}$

(7) 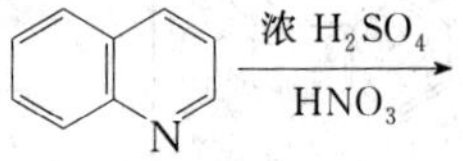 ![quinoline] $\xrightarrow[HNO_3]{浓 H_2SO_4}$

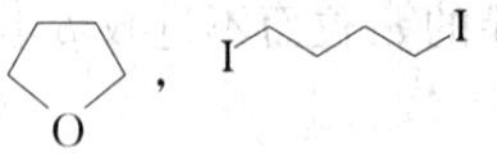

(8) 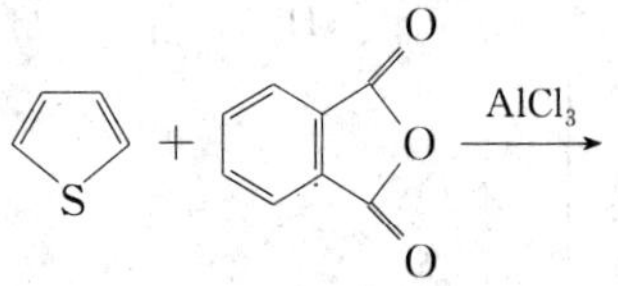 ![thiophene] + ![phthalic anhydride] $\xrightarrow{AlCl_3}$

解：(1) ![tetrahydrofuran] , I(CH₂)₄I (2) 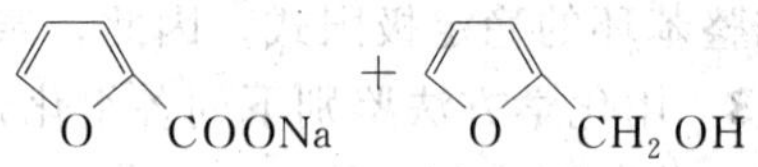 ![furan-2-COONa] + ![furan-2-CH₂OH]

(3) 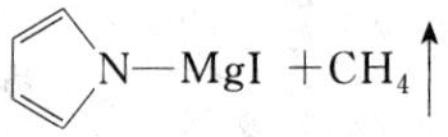 ![pyrrole-N-MgI] + CH₄↑ (4) 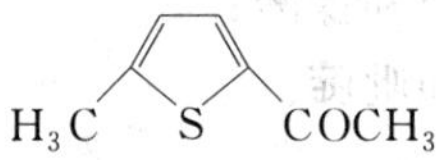 H₃C—![thiophene]—COCH₃

(5) 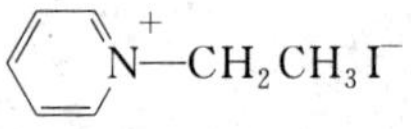 ![N-ethylpyridinium iodide]

(6) 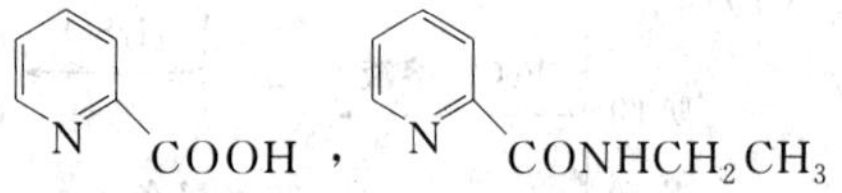 ![pyridine-2-COOH] , ![pyridine-2-CONHCH₂CH₃]

(7) 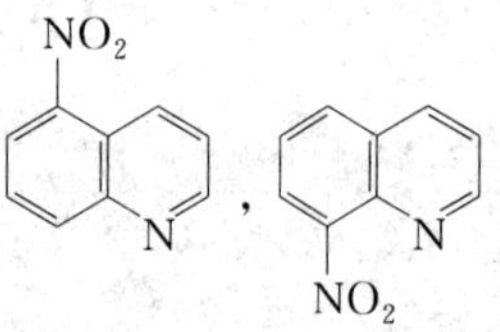 ![5-nitroquinoline] , ![8-nitroquinoline]

(8) ![2-thienyl 2-carboxyphenyl ketone]

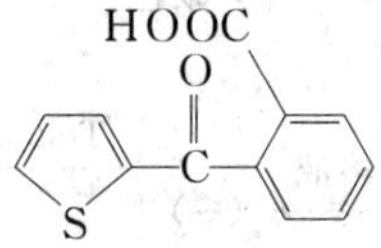

● **例 17.5** 根据要求合成下列化合物。

(1) 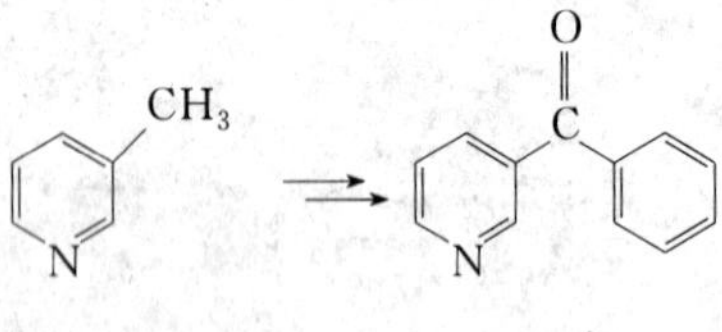 ![3-methylpyridine] ⟹ ![3-benzoylpyridine]

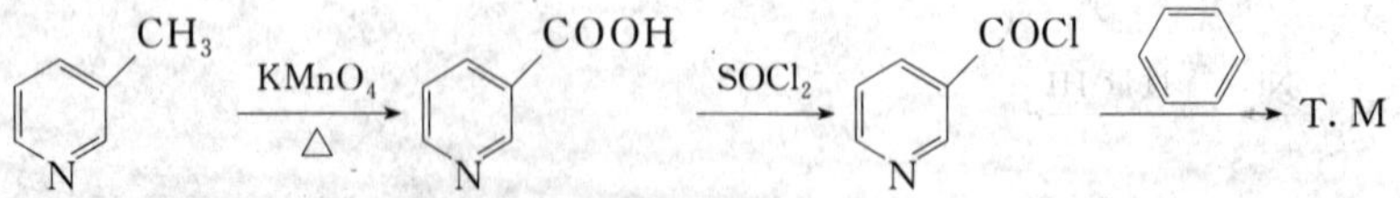

(2) 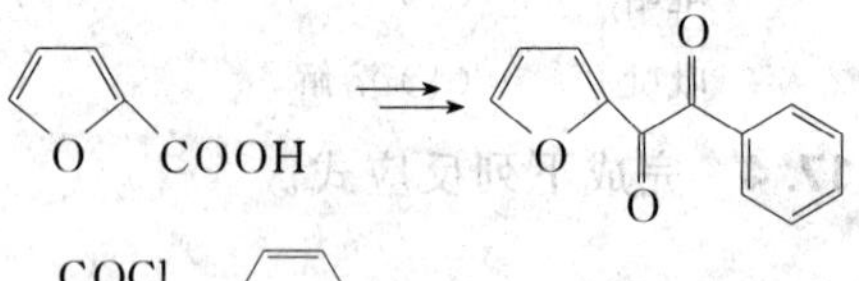 ![furan-2-COOH] ⟹ ![furan-2-CO-CO-Ph]

解：(1) ![3-methylpyridine] $\xrightarrow[\Delta]{KMnO_4}$![nicotinic acid] $\xrightarrow{SOCl_2}$![nicotinoyl chloride] $\xrightarrow{苯}$ T.M

(2) ![furan-2-COOH] $\xrightarrow{SOCl_2}$ $\xrightarrow{EtOH}$![furan-2-COCH₂CH₃] $\xrightarrow[EtONa]{acetophenone}$ T.M

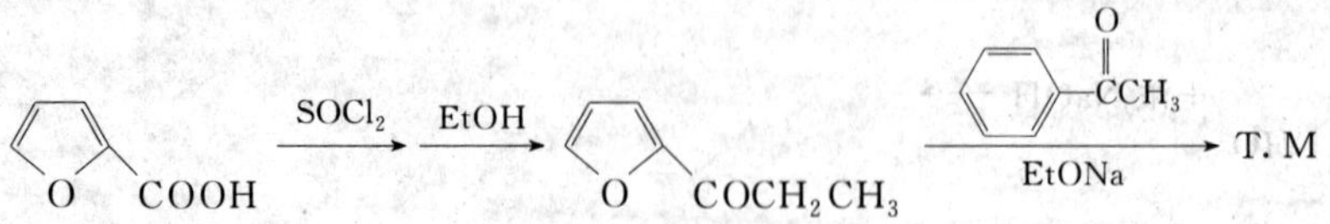

习题解析

★ **17.1** 命名或写出结构式。

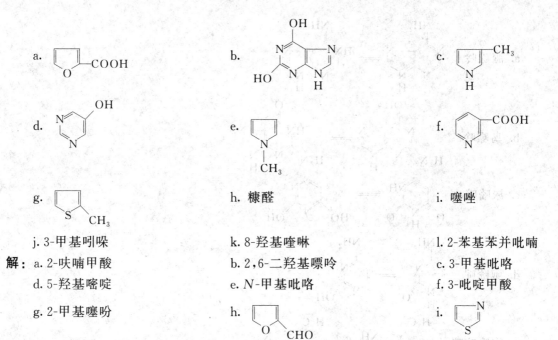

j. 3-甲基吲哚 k. 8-羟基喹啉 l. 2-苯基苯并吡喃

解：a. 2-呋喃甲酸   b. 2,6-二羟基嘌呤   c. 3-甲基吡咯
　　d. 5-羟基嘧啶   e. N-甲基吡咯   f. 3-吡啶甲酸

　　g. 2-甲基噻吩   h. 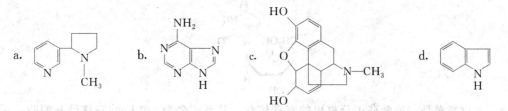   i.

★ 17.2 下列维生素各属于哪一类化合物？
　　a. 维生素 A   b. 维生素 B_1，维生素 B_2，维生素 B_6，维生素 B_{12}
　　c. 维生素 PP   d. 维生素 C   e. 维生素 D   f. 维生素 K   g. 叶酸
解：a. 维生素 A　萜类　　b. 维生素 B_1，维生素 B_2，维生素 B_6，维生素 B_{12}　杂环化合物
　　c. 维生素 PP　杂环化合物　　d. 维生素 C　单糖衍生物
　　e. 维生素 D　己三烯衍生物　　f. 维生素 K　醌类化合物
　　g. 叶酸　杂环化合物

★ 17.3 从结构的角度来说，所学过的生物体中有颜色的物质有哪几类？
解：从结构的角度来说，所学过的生物中有颜色的物质有：卟啉类化合物（如叶绿素、血红素、维生素 B_{12} 等）、苯并吡喃环类化合物（如花色素等）和苯并喋啶类化合物（如维生素 B_2、叶酸等）。

★ 17.4 下列化合物哪个可溶于酸，哪个可溶于碱，或既溶于酸又溶于碱？

解：a. 能溶于酸；
　　b. 既能溶于酸又能溶于碱；
　　c. 既能溶于酸又能溶于碱；
　　d. 能溶于碱。

★ 17.5 写出下列化合物的互变平衡体系。
　　a. 腺嘌呤   b. 鸟嘌呤   c. 尿嘧啶   d. 胞嘧啶   e. 胸腺嘧啶   f. 尿酸
解：各化合物的互变平衡体系如下：

a. 腺嘌呤

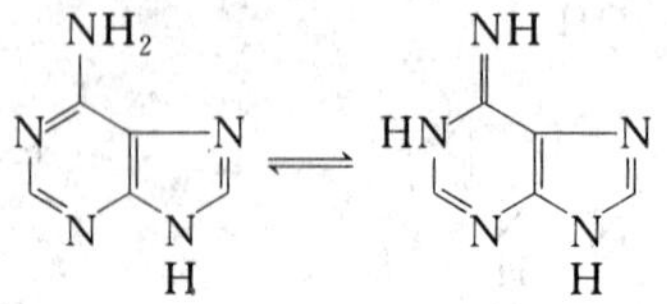

b. 鸟嘌呤

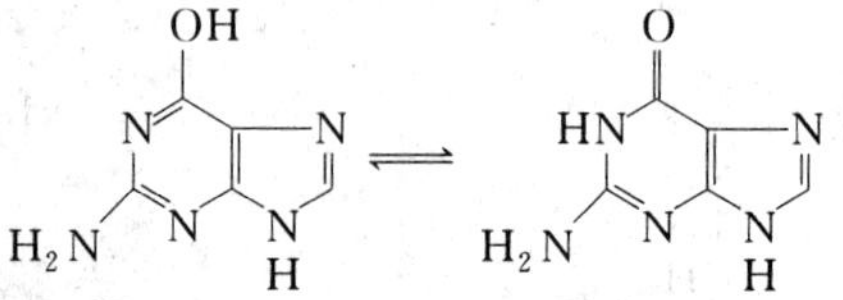

c. 尿嘧啶

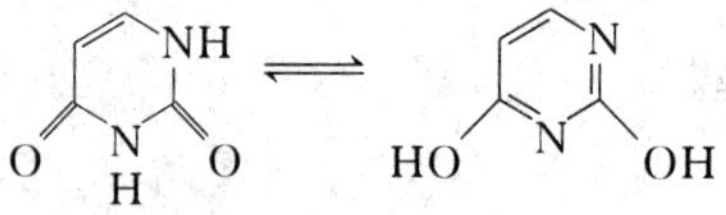

d. 胞嘧啶

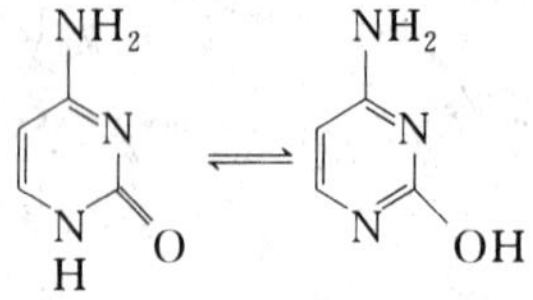

e. 胸腺嘧啶

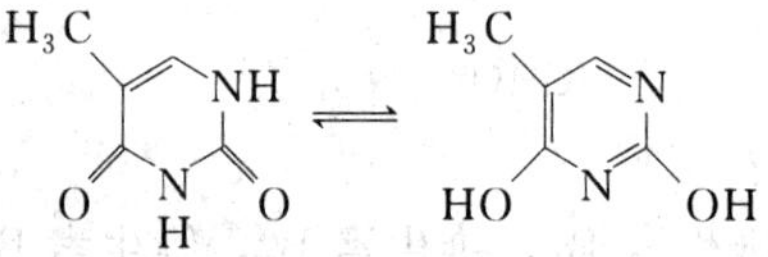

f. 尿酸

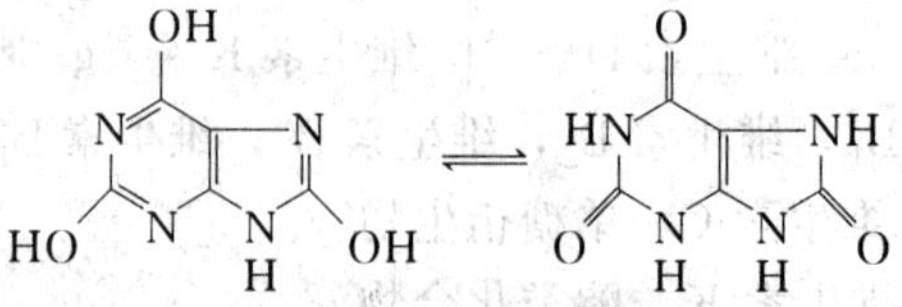

★ 17.6　核苷与核苷酸的结构有什么区别？

解：核酸中两种核糖（β-D-核糖和 β-D-2-脱氧核糖）与五种碱基（尿嘧啶、腺嘌呤、鸟嘌呤、胞嘧啶和胸腺嘧啶）形成的糖苷统称为核苷；而核苷酸则是构成核酸的单体，它是核苷的磷酸酯。

★ 17.7　写出尿嘧啶与脱氧核糖形成的核苷酸。

解：尿嘧啶与脱氧核糖形成的核苷酸的结构式为：

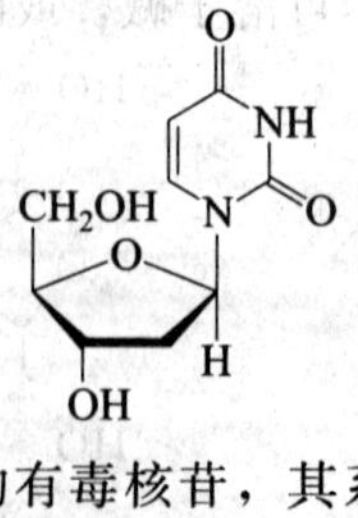

★ 17.8　水粉蕈素是一种蘑菇中分离出的有毒核苷，其系统名为 9-β-D-呋喃核糖基嘌呤。写出水粉蕈素的结构式。

解：水粉蕈素的系统名为 9-β-D-呋喃核糖基嘌呤，可写出其结构式为：

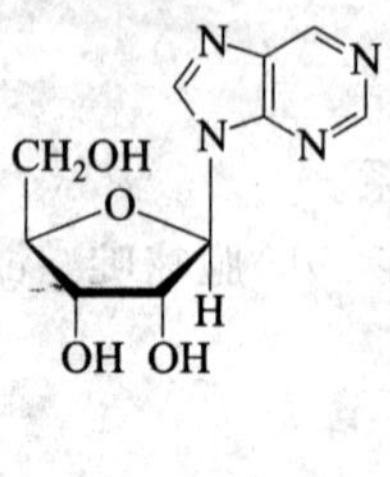

17.9 5-氟尿嘧啶是一种抗癌药物，在医药上叫做 5-Fu。写出其结构式。

解：5-氟尿嘧啶的结构式为：

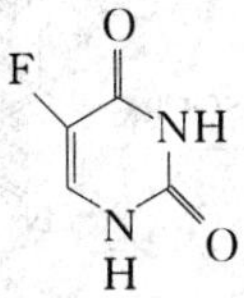

17.10 写出下列反应的产物：

a. 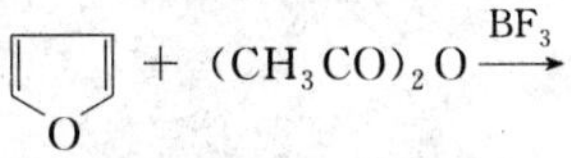 呋喃 + $(CH_3CO)_2O \xrightarrow{BF_3}$ （BF_3 是一种温和的 Lewis 酸）

b. 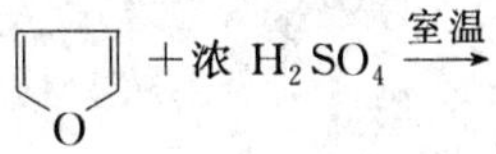 呋喃 + 浓 $H_2SO_4 \xrightarrow{\text{室温}}$

c. 吡啶 + HBr ⟶

d. 吡啶 + CH_3CH_2Br ⟶

e. 呋喃-2-CHO $\xrightarrow{\text{浓 NaOH}}$

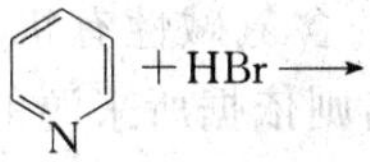

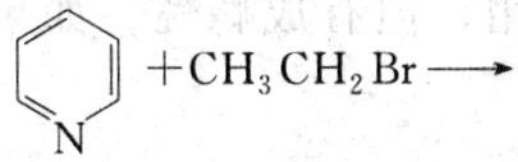

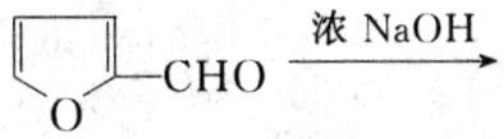

f. 呋喃-2-CHO + $CH_3COCH_3 \xrightarrow{\text{稀 }OH^-}$

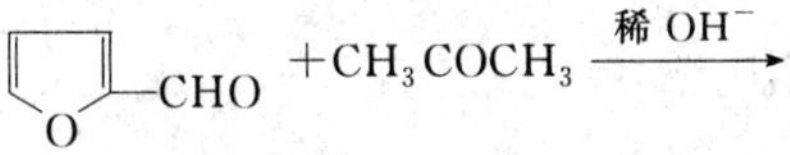

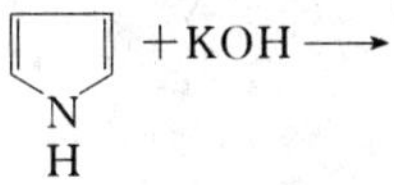

g. 吡咯 + KOH ⟶

h. 4-甲基喹啉 $\xrightarrow[\triangle]{KMnO_4}$

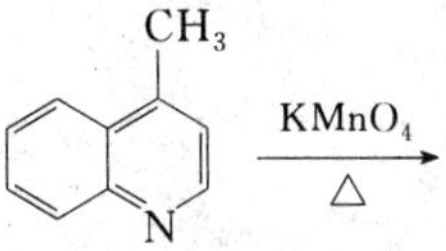

解：
a. 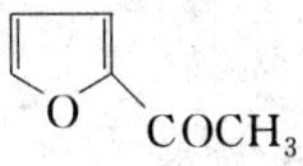 2-乙酰基呋喃 （呋喃-2-$COCH_3$）
b. 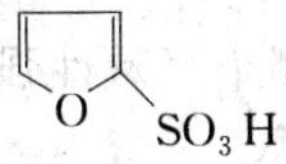 呋喃-2-SO_3H
c. 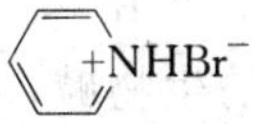 吡啶 $^+$NHBr$^-$
d. 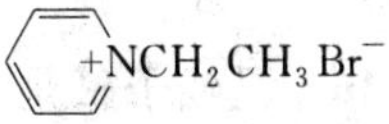 吡啶 $^+$NCH_2CH_3 Br$^-$
e. 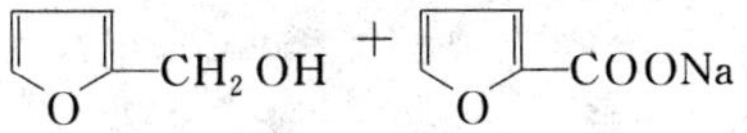 呋喃-2-CH_2OH + 呋喃-2-COONa
f. 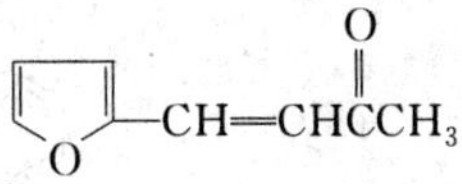 呋喃-2-$CH=CHCOCH_3$
g. 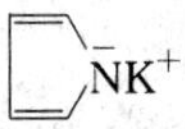 吡咯-N^-K^+
h. 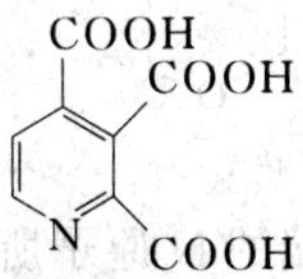 吡啶-2,3,4-三甲酸（2,3,4-三羧基吡啶）

★ 17.11 为什么吡咯不显碱性而噻唑显碱性？

解：吡咯环中，N 原子的孤对电子因参与形成 π_5^6 封闭环状共轭体系，符合 Hückel 规则，所以降低了 N 原子的碱性；同时由于共轭效应导致了 N—H 中 N 对于 H 的吸引力，反而使得 H 容易发生解离，显酸性。

而在噻唑环中，N 原子提供一个 p 电子，S 原子提供一对孤电子形成 π_5^6 封闭环状共轭体系，符合 Hückel 规则，此时 N 原子和 S 原子上均剩余一对孤电子，从而使得噻唑呈现碱性。

★ 17.12 写出由 4-甲基吡啶合成雷米封的反应式。

解：

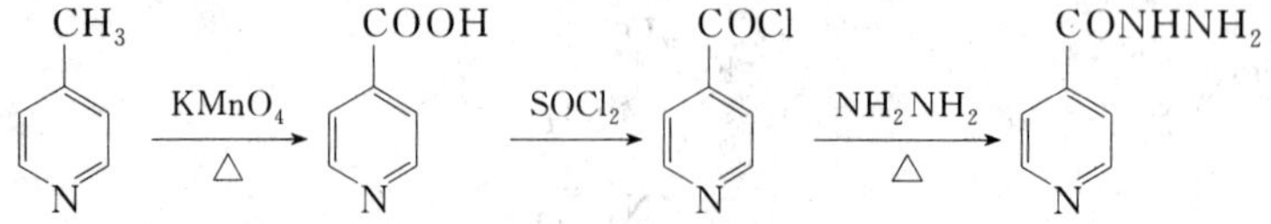

4-甲基吡啶 $\xrightarrow{\text{KMnO}_4, \Delta}$ 4-COOH吡啶 $\xrightarrow{\text{SOCl}_2}$ 4-COCl吡啶 $\xrightarrow{\text{NH}_2\text{NH}_2, \Delta}$ 4-CONHNH$_2$吡啶

★ 17.13 怎样鉴别下列各组化合物？

a. 苯与噻吩　　b. 吡咯与四氢吡咯　　c. 吡啶与苯

解：a. 室温下，能与浓硫酸反应无分层的是噻吩；

b. 能与盐酸浸湿的松木片呈红色的是吡咯；

c. 能与水互溶的是吡啶。

★ 17.14 什么叫做生物碱，它们大多属于哪一类化合物？

解：生物碱是指一类存在于植物体内，对人和动物有强烈生理作用的含氮碱性有机化合物。它们大多属于杂环化合物，其分类常根据基本骨架或杂环，而其命名则依据所来源的植物。

★ 17.15 古柯碱也叫可卡因，是一种莨菪族生物碱，有止痛作用，但有成瘾性。如果将它用盐酸水解，将得到什么产物？

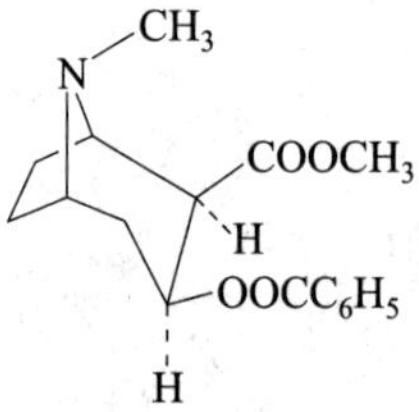

解：古柯碱用盐酸水解后的产物是：

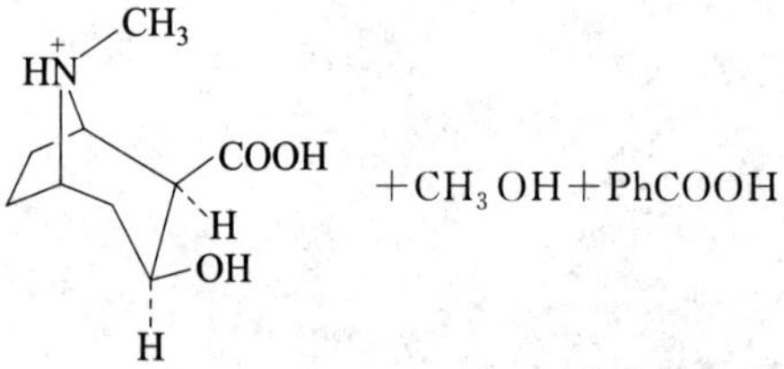

[结构式] + CH_3OH + $PhCOOH$

★ 17.16 马钱子碱是一种极毒的生物碱，分子中哪个氮碱性强？

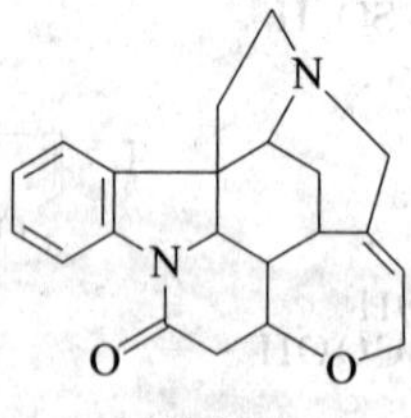

马钱子碱

解：因上端的 N 原子所形成的是三级胺，而下端的 N 原子所形成的是酰胺，且与苯环相连，所以上端 N 原子的碱性强。

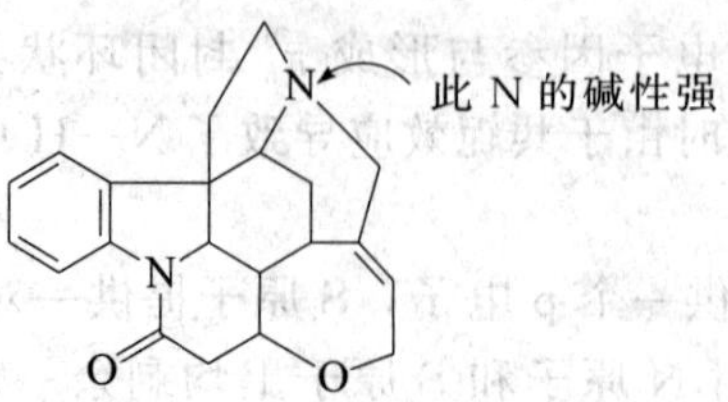

此 N 的碱性强

第十八章
分子轨道理论简介

基本要求

(1) 掌握关于协同反应的一些基本概念、周环反应原理及其应用。
(2) 掌握电环化反应、环加成反应和 σ 迁移反应的原理及其应用。
(3) 了解前线轨道理论、能级相关理论和芳香过渡态理论对周环反应的解释；能运用前线轨道理论对反应产物进行正确判断。

主要内容

一、周环反应

1. 协同反应

在众多的有机化学反应中，大多数是通过化学键的均裂或异裂来进行的，在反应过程中会生成一些活性中间体如：自由基、碳正离子、碳负离子、碳烯（卡宾）、氮烯（乃春）、苯炔等，反应遵循反应物→中间体→产物的模式。

但在有机化学反应中还有一类反应，从反应物到产物是一步完成的，化学键的断裂和形成是同时进行的，反应不受溶剂、酸碱、催化剂等的影响，其反应机理既非离子型，也非自由基型，反应过程中没有任何中间体生成，反应具有很高的立体选择性，这种类型的反应称为协同反应，如 S_N2 和 E2 等就属于这种类型的反应。协同反应遵守分子轨道对称守恒规则。

2. 周环反应

周环反应指的是在反应过程中形成环状过渡态的一类协同反应，如 Diels-Alder 反应，具有协同反应的特征，具有高度的立体选择性。周环反应一般包括电环化反应、环加成反应和 σ 键迁移反应几种类型。

目前，对周环反应的理论解释有 3 种：前线轨道理论、能级相关理论和芳香过渡态理论。其中，前线轨道理论比较容易理解。该理论最早是由日本化学家福井谦一提出的。他以量子力学为基础提出了前线分子轨道和前线电子概念：分子轨道中的最高已占轨道（HOMO）和最低未占轨道（LUMO）合称为前线轨道（FMO）；分布在前线轨道上的电子称为前线电子。前线轨道理论认为：在反应中，起关键作用的是前线轨道和前线电子。因此，在考察化学反应时，只需对前线轨道的对称性进行考察即可。

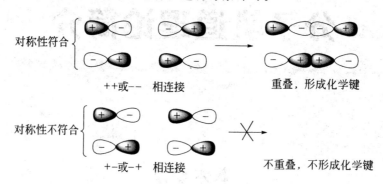

二、电环化反应

在光照或加热的作用下，直链共轭烯烃经环状过渡态转变为环状烯烃或它的逆反应——环烯烃变为直链共轭烯烃，这类反应统称为电环化反应，这是一种分子内的周环反应。由于分子轨道对称守恒的要求，电环化反应遵循电环合反应规则（也称 Woodward-Hoffmann 规则），见表 18-1。

表 18-1　电环化反应的选择性规则

π 电子数	加热	光照
$4n$	顺旋	对旋
$4n+2$	对旋	顺旋

三、环加成反应

在光照或加热的作用下，两个或多个带有双键、共轭双键或孤对电子的分子相互作用，形成一个稳定的环状化合物的反应称为环加成反应，这是一类最重要的协同反应。根据参与反应的总的 π 电子数目，可以将环加成反应分为 [2+2] 和 [4+2] 两种类型。同样，由于分子轨道对称守恒的要求，反应遵循环加成的选律，见表 18-2。

表 18-2　环加成反应的选律

π 电子数	加热	光照
$4n$	禁阻	允许
$4n+2$	允许	禁阻

四、σ 迁移反应

共轭 π 键体系中，σ 键沿着共轭链由一个位置迁移到另一位置，同时伴随着 π 键转移的反应，称为 σ 迁移反应。按照 σ 键迁移前后的位置变化，可分为 [1, j] 迁移和 [i, j] 迁移。[1, j] σ 迁移的选择性规则见表 18-3。

表 18-3 [1,j] σ 迁移的选择性规则

[1,j]		参与环状过渡态的电子总数	加热	光照
[1,3]	[1,j]	$4n$	异面迁移	同面迁移
[1,5]	[1,j]	$4n+2$	同面迁移	异面迁移

[i,j] σ 迁移的选择性规则见表 18-4。

表 18-4 [i,j] σ 迁移的选择性规则

[i,j]		参与环状过渡态的电子总数	加热	光照
[3,3]	[5,5]	$4n$	同面—异面 异面—同面	同面—同面 异面—异面
[3,5]		$4n+2$	同面—同面 异面—异面	同面—异面 异面—同面

例题分析

例 18.1 按要求回答下列问题。

(1) 写出下列物质的分子轨道，并指出其中的 HOMO 和 LUMO。
  A. (Z,E)-2,4-己二烯　　B. 1,4-戊二烯正离子

(2) 下列各组化合物中，最易发生 Diels-Alder 反应的是（　　）。

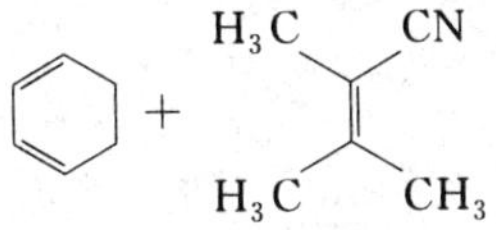

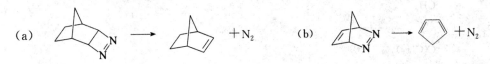

(3) 下列反应的正确途径是（　　）。

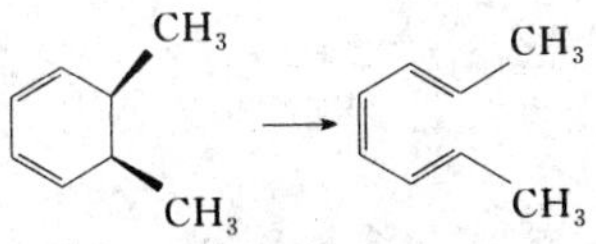

（结构图）

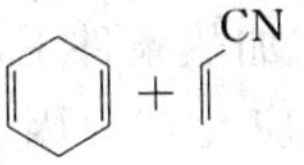

A. 加热对旋　　B. 光照对旋　　C. 加热顺旋　　D. 光照顺旋

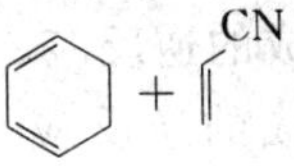

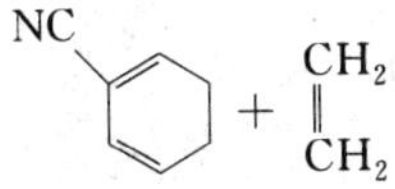

(4) 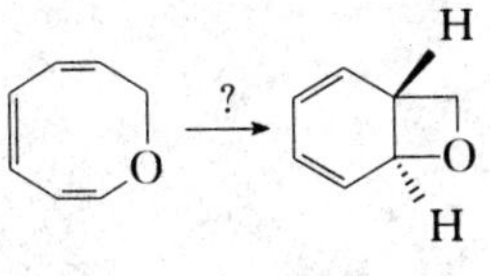 （结构图） ? = （　　）。

A. $h\nu$　　B. $\triangle$　　C. [H]　　D. [O]

(5) 试解释下列现象：
A. 在 Diels-Alder 反应时，2-叔丁基-1,3-丁二烯反应速率比 1,3-丁二烯快；
B. 在 $-78\ ℃$ 时，下面的反应速率 (b) 比 (a) 快 10^{22} 倍。

(a) （结构图） → （结构图） + N_2　　(b) （结构图） → （结构图） + N_2

解：(1) A.(Z,E)-2,4-己二烯的分子轨道及其 HOMO 和 LUMO 轨道如下左侧所示；B.1,4-戊二烯正离子的分子轨道及其 HOMO 和 LUMO 轨道如下右侧所示。

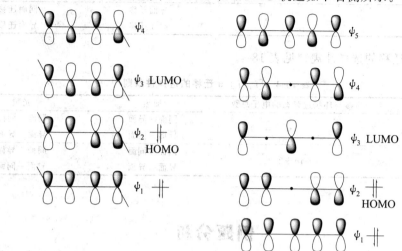

(2) 最易发生 Diels-Alder 反应的是 B（Diels-Alder 反应属于环加成反应，一般来说，连有给电子基的双烯体与连有吸电子基的亲双烯体反应速率较快）。

(3) 该反应的正确途径是 A。

(4) A（π 电子数为 6，光照顺旋）。

(5) A. 在 Diels-Alder 反应时，成环过程需要丁二烯具有 s-顺式构型，叔丁基有较大的空间位阻效应，有利于 s-顺式构型的存在，使顺式构型的比例增加，因此前者反应速率快。

B. 反应（a）为 [2+2] 环加成的逆反应，反应条件为光照；但在加热条件下，反应禁阻。而反应（b）为 [4+2] 环加成的逆反应，反应条件为加热，反应允许。因此，反应（b）的速率快。

例 18.2 完成下列反应式。

(1) [structure with COOCH₃, H, H, COOCH₃] $\xrightarrow{\triangle}$ $\xrightarrow{h\nu}$

(2) [structure with CH₃, H, H, CH₃] $\xrightarrow{h\nu}$

(3) [diene] + [CHO] →

(4) [cyclopentadienone] + ∥ $\xrightarrow{h\nu}$

(5) [structure with OH and vinyl groups] $\xrightarrow{\triangle}$

(6) [structure with CH₂, C(CH₃)₂] $\xrightarrow{\triangle}$

解：(1)

(4)～(6) 结构式如图所示。

- **例 18.3** 如何使反-9,10-二氢化萘转化成顺-9,10-二氢化萘？

解：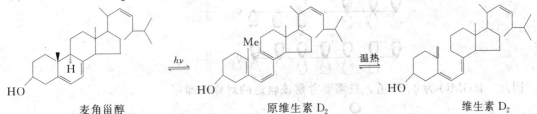

- **例 18.4** 维生素 D_2 的制备过程如下。

麦角甾醇　　　　　原维生素 D_2　　　　　维生素 D_2

(1) 写出各步反应的反应类型及立体化学特点。

解：第一步反应是一个逆向的 6π 电子体系电环化反应，在光照条件下顺旋开环；第二步反应为[1,7]氢迁移反应，因同面禁阻，所以是异面迁移反应。

(2) 用前线轨道理论分析各步反应的规律。

解：第一步，这是一个 6π 电子的共轭体系，在光照条件下，其 π 电子轨道如下：

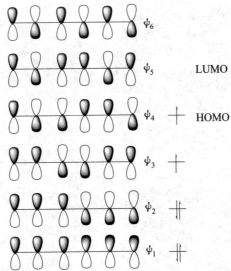

在光照下，由激发态的 HOMO 轨道的对称性来决定，只有顺旋才是对称性允许的，所以是顺旋开环。

第二步，可以将这个体系分解为一个 π 体系与一个亚甲基自由基的共轭体系，这个体系

第十八章　分子轨道理论简介　　199

的分子轨道为：

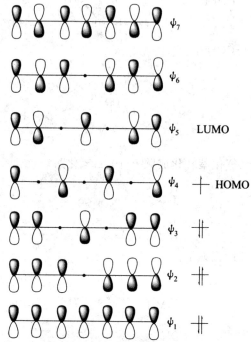

因此，HOMO 为 ψ_4 轨道，只需要考察该轨道的对称性即可。

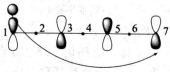

显然，H 的[1,7]迁移属于异面迁移。

主要参考文献

[1] 李景宁，杨定乔，张前．有机化学（上、下）．第5版．北京：高等教育出版社，2011．
[2] 汪小兰．有机化学．第5版．北京：高等教育出版社，2017．
[3] 邢其毅，裴伟伟，徐瑞秋，裴坚．基础有机化学（上、下）．第4版．北京：北京大学出版社，2016．
[4] 胡宏纹．有机化学（上、下）．第4版．北京：高等教育出版社，2013．
[5] 王积涛，王永梅，张宝申，胡青眉，庞美丽．有机化学（上、下）．第3版．天津：南开大学出版社，2009．
[6] 徐寿昌．有机化学．第2版．北京：高等教育出版社，2014．
[7] 天津大学有机化学教研室．有机化学．第5版．北京：高等教育出版社，2014．
[8] 华东理工大学有机化学教研组．有机化学．第2版．北京：高等教育出版社，2013．
[9] 王彦广，吕萍，傅春玲，马成．有机化学．第3版．北京：化学工业出版社，2015．
[10] 高鸿宾．有机化学．第4版．北京：高等教育出版社．
[11] 冯骏材．有机化学．北京：科学出版社，2012．
[12] 裴伟伟．基础有机化学习题解析．北京：高等教育出版社，2010．